現象を解き明かす
微分方程式の
定式化と解法

小中 英嗣 著

森北出版株式会社

● 本書のサポート情報を当社 Web サイトに掲載する場合があります．下記の URL にアクセスし，サポートの案内をご覧ください．

http://www.morikita.co.jp/support/

● 本書の内容に関するご質問は，森北出版 出版部「(書名を明記)」係宛に書面にて，もしくは下記の e-mail アドレスまでお願いします．なお，電話でのご質問には応じかねますので，あらかじめご了承ください．

editor@morikita.co.jp

● 本書により得られた情報の使用から生じるいかなる損害についても，当社および本書の著者は責任を負わないものとします．

■ 本書に記載している製品名，商標および登録商標は，各権利者に帰属します．

■ 本書を無断で複写複製（電子化を含む）することは，著作権法上での例外を除き，禁じられています．複写される場合は，そのつど事前に(社)出版者著作権管理機構（電話 03-3513-6969，FAX 03-3513-6979，e-mail：info@jcopy.or.jp）の許諾を得てください．また本書を代行業者等の第三者に依頼してスキャンやデジタル化することは，たとえ個人や家庭内での利用であっても一切認められておりません．

まえがき

　微分方程式や物理に関して，本書のような資料を作ってみたいな，というぼんやりとした欲求の根源は，筆者が大学院生だった頃までさかのぼります．

　筆者自身が，微分方程式をはじめとした数学の諸々の知識が，現実を表現するために非常に強力な道具一式であることを実感したのが，大学院生として研究をかじり始めた頃でした．研究や調査を始めてみると，それはそれは難しい数学を使っている分野もありましたが，「あれ？ これ実はほとんど高校までの数学で足りてるんじゃない？」という研究もそこそこ多く，なおかつそんな数学を使い計算してプログラミングすると，ロボットなどが動いたりするものですから，「数学を武器として現実問題に切り込んでいく感」に大変興奮しながら院生生活をすごしていました．ただ，同時に「数学の使い方をもうちょい前に授業で扱ってもらいたかったなぁ」と感じていたのも正直なところでした（授業を聞き逃していた可能性は結構高いですが……）．

　諸々良縁に恵まれ，その後大学教員という職業に就くことができました．大学教員は，やはり教えることが仕事です．そこで，自分の経験を一般化して使いやすい形にまとめなおして皆さんに伝えよう，と思ったのが本書執筆の動機です．「（高校までの）数学や物理の知識はどうやって使われるのか」をしつこくしつこく書いてみました．

　本書の原型となった資料を書き始め，授業で使い始めたのは 2013 年ごろでした．その後森北出版様の目に留まり，作業が若干遅れつつ出版の運びとなりました．ご担当いただきました森北出版の上村様，これまでの授業で発展途上の資料に付き合ってくれた名城大学理工学部情報工学科の学生，そして本書を手に取っていただいている皆様に厚く御礼申し上げます．

2016 年 10 月

小中英嗣

目　次

Chapter 0	はじめに	1
0.1	全体の流れ	1
0.2	学習にあたって	3
	0.2.1　本書の使い方　4	
	0.2.2　その他の分野とのかかわり　4	

Chapter 1	動きと微分	7
1.1	速度と微分	8
	1.1.1　速度の計算　8	
	1.1.2　速度を式で表す　11	
	1.1.3　瞬間の速度を求める　12	
	1.1.4　微分の定義　16	
	1.1.5　変化率と微分　18	
	1.1.6　加速度と高階微分　19	
1.2	さまざまな関数の微分	24
1.3	速度と積分	27
	1.3.1　面積と定積分　29	
	1.3.2　定積分，不定積分と微分　33	
	1.3.3　さまざまな関数の不定積分　35	
	1.3.4　速度と積分　36	
1.4	本章のまとめ	38
	章末問題	38

Chapter 2	微分方程式で現象を表す	48
2.1	運動方程式	48
	2.1.1　物体の落下・投げ上げ　49	
	2.1.2　ばね・重り系　55	

　　　　2.1.3　振り子　58
　　　　2.1.4　円運動　59
　2.2　電気回路 ･･･ 62
　　　　2.2.1　基本的な電気回路　63
　　　　2.2.2　抵抗・コイル・コンデンサの特性　70
　2.3　仕事とエネルギー ･･･ 74
　2.4　放射性元素の崩壊 ･･ 80
　2.5　生物の増減 ･･･ 82
　　　　2.5.1　より現実に近づけるには？　87
　　　　2.5.2　食うか食われるか — 捕食者・被食者モデル　91
　　　　2.5.3　感染症の流行　92
　2.6　預金と金利 ･･ 96
　2.7　曲線の表現 ･･ 105
　2.8　本章のまとめ ･･ 110
　章末問題 ･･･ 112

Chapter 3　微分方程式の解き方 ─────────── 120

　3.1　微分方程式を「解く」とは？ ･･･ 120
　3.2　単純な積分による解法 ･･ 121
　3.3　一階微分方程式と変数分離 ･･･ 124
　　　　3.3.1　変数分離法の基本　125
　　　　3.3.2　複雑な変数分離法　134
　3.4　斉次系・非斉次系と定数変化法 ･･････････････････････････････････････ 137
　　　　3.4.1　一階微分方程式の分類　137
　　　　3.4.2　定数変化法　138
　3.5　指数関数と特性方程式 ･･ 144
　　　　3.5.1　定数係数線形微分方程式とその解の形式　144
　　　　3.5.2　特性方程式を用いた解法　146
　　　　3.5.3　物理現象としての解釈　148
　　　　3.5.4　特性方程式と解の収束（二階微分方程式の場合）　156
　3.6　未定係数法 ･･ 158
　　　　3.6.1　特殊解を得るための複素法と電気回路論　169
　　　　3.6.2　高階微分方程式に対する定数変化法　173
　3.7　連立微分方程式 ･･ 175

iv 目次

  3.8 本章のまとめ ……………………………………………………… 179
  章末問題 …………………………………………………………… 180

Chapter 4 ラプラス変換を用いた微分方程式の解法 ——— 191
  4.1 ラプラス変換 ……………………………………………………… 191
    4.1.1 ラプラス変換の定義 191
    4.1.2 ラプラス変換と微積分 192
  4.2 ラプラス変換を用いた微分方程式の解法 ……………………… 203
    4.2.1 展開定理 214
    4.2.2 ラプラス変換を利用した電気回路の解法 217
  4.3 本章のまとめ ……………………………………………………… 221

Chapter 5 まとめ ——— 222

補 遺 ——— 224
  A.1 三角関数，指数関数，対数関数 ……………………………… 224
  A.2 さまざまな関数の微分 ………………………………………… 226
    A.2.1 多項式，分数関数 226
    A.2.2 和，差，積，商の微分 228
    A.2.3 合成関数の微分 229
    A.2.4 三角関数，対数関数，指数関数の微分 230
  A.3 さまざまな関数の積分 ………………………………………… 232
  A.4 定義，定理，法則など ………………………………………… 233
  A.5 次元（単位）解析 ……………………………………………… 241

参考文献 ——— 247
索 引 ——— 248

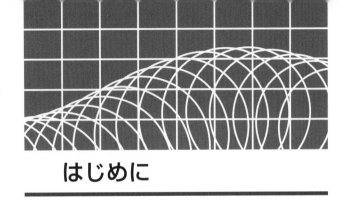

Chapter 0 はじめに

この本では，
- 動きのある現象をどのように数学で表すのか（定式化）
- 定式化したものをどのように解くのか（解法）

について取り組んでいきます．ここではまずはじめに，この本の全体の流れを説明し，前提として準備してほしい知識，さらに微分方程式がどのような分野に活かせるのかを述べます．

0.1 全体の流れ

定式化 (formulation) とは，「現象や問題を数式の形で表現すること」です．

数式で表したとき，その式を解く方法があれば，数式を解くことで元の現象がどのようになるかを理解できるようになります．「定式化」という用語を使っていなかったかもしれませんが，中学・高校で扱う数学の文章題や物理の問題は，この「現象を数式で表して，解く」という作業を行っていました．

本書で考えたい現象は「動きのある」ものです．まず，第1章では，定式化の第一歩として，日常使っている「速さ」の考え方から始めます．動きのある現象ということは速さがあるということですから，ここがスタートになります．速さは，素朴に「移動した距離」を「移動にかかった時間」で割ると求められるのですが，これを非常に短い一瞬の時間について求めようとすると，不都合がありました．そのために発明されたのが**微分 (differential)**[†]です．微分法の発明者の一人が，物理学者として有名な**ニュートン**（図 0.1）であるのは，偶然ではなかったのです．

微分法を用いると，位置から**速度 (velocity)** を簡単に求めることができます．さらに，速度から**加速度 (acceleration)**（速度の変化率）も求められますし，その他の**物**

[†] differential は difference（差）の派生語です．

図 0.1 微分法を開発した，物理学者のニュートン[1]

理量 (physical quantity)[†]の変化率も求められます．このように，動きのある現象を表すために微分法が必須であること（言い換えると，そのために微分法が開発されたこと）について述べます．

また，高校で微分法と抱き合わせて現れる**積分 (integral)** についても，図形の面積に基づく定義と，微分の逆演算になることをおさえておきます．積分を使うことで，速度から距離を求めることができるようになります．

第 2 章では，微分を含んだ方程式，つまり**微分方程式 (differential equation)** として，さまざまな現象の規則が表されることを述べます．ここが本書における微分方程式による「定式化」の説明の本体になります．

物理（力学）でニュートンが提唱した運動方程式は

$$ma = F \quad (m：物体の質量，a：物体の加速度，F：物体にかかる力) \quad (0.1)$$

と表されますが，加速度は物体の位置（$x(t)$ と書くことが多い）を 2 回微分して得られるので，これは微分を含んだ方程式（微分方程式）です．この章では，高校の力学で登場するさまざまな運動（自由落下，投げ上げ，ばね，振り子など）を示す微分方程式を示します．さらにそれだけではなく，

- 室内に置いたお湯の温度が変化する様子
- 電気回路にかけた電圧と電流の変化の様子
- 銀行に預けた預金と利息の関係
- ある地域に生息する生き物の個体数
- 伝染病の流行

など，力学から（さらにいうと，物理からも）離れたさまざまな現象も微分方程式で表されることを紹介します．とにかく第 2 章では，「いろいろな現象が微分を含んだ方程式（微分方程式）で定式化できる」ことを体感してください．そのためにも，本書

[†] 基本単位である長さ，質量，時間，電流やそれらを組み合わせた速度，圧力などを単位としてもつ量．物理学で扱われる変数．

では「定式化」を先にし，「解法」を後にした構成としています†．

　第3章では，具体的な微分方程式の解法を学びます．ここが本書における「解法」の説明の本体です．すでに述べたように，微分方程式はさまざまな動きのある現象の規則を数式で表したものです．これを解くことにより，それらの現象の特徴を理解できたり，物事がこれからどのように動くのかというある種の「予知能力」を身につけたりすることができます．

　第2章で具体例を示した微分方程式は，いくつかの基本的な形に分類されます．それぞれに対して一般的な解法を学び，具体的な現象の動きとどのように対応しているのかを紹介します．

　第4章では，**ラプラス変換 (Laplace transform)** を学びます．これも微分方程式の「解法」の一種です．微積分を必要とする微分方程式の解法から，見かけ上，微積分をなくし，四則演算を中心とする解法に変換する方法です．手計算で微分方程式を解くために非常に都合のよい道具であるとともに，工学で重要な**周波数 (frequency)** の考え方で現象を扱う際に非常に強力な道具です．

0.2　学習にあたって

　本書は1冊で必要な内容をすべて含んでいる，いわゆる "self-contained" な教科書を目指しましたが，やはり1冊の本に書ける内容は限られています．本書で書かれている下記の内容のうち理解が難しい内容があった場合，高校までの数学・理科（物理）の教科書などを参照されることをお勧めします．

- 速度の定義
- 直線（一次関数）の傾きの求め方と意味
- 複素数の計算（絶対値，偏角の定義と意味）
- 微分の計算（多項式，三角関数，指数・対数関数）
- 積分（多項式，三角関数，指数・対数関数）
- 物理（特に力学）の基礎的な知識
    - 運動方程式
    - 自由落下，投げ上げ，モンキーハンティング
    - 単振動，振り子，ばね
    - 電気回路（オームの法則，電磁誘導，コンデンサの充電）

---

† 数学的な観点からの微分方程式の教科書では，数学的な微分方程式の分類と対応する解法を並べたものが多く，「微分方程式は動きのある現象を表現するための道具である」ことを強調しているものは少ない印象です．

0.2.1 本書の使い方

本書を手にとっていただいた方にはいろいろな目的や背景をお持ちの方がいると思います．それぞれについて，私が提案する本書の使い方を示したいと思います（表 0.1）．

表 0.1 本書の使い方

目的	第1章	第2章	第3章	第4章
高校生だけど大学での勉強の内容を知りたい／高校で勉強する内容の使い方を知りたい	◎	○	△	△
理工系の専門科目での微分方程式を勉強したい／使い方を知りたい	○	◎	◎	△
理工系の専門科目で微分方程式と（そのうち）システム制御系の勉強をしたい	○	◎	◎	◎
微分方程式を計算できるようになりたい／とにかく微分方程式を解かなければいけない	△	△	◎	◎

◎：ここを目標にしてください　○：読んでください　△：余力があれば読んでください

これ以外にも，高校から大学初年度の数学・物理の学びなおしをしたい方にもご利用いただける内容になっています．

本書では極力，**例や例題**を使って，具体例をもとに説明しています．とくに，第2章は30以上の例・例題を利用し，さまざまな分野の現象が微分方程式として表現できることを解説しています．

具体的な解法を扱う第3章，第4章でも例題を通して解法を説明していますが，さらにこれらの章では一つの解法ごとに多くの**演習問題**を示しています．問題を自分で解いてみて，その時点で説明されている解法の練習をしてから次に進むことを強くお勧めします．

0.2.2 その他の分野とのかかわり

本書の内容について，高校から大学初年度までの基礎および大学で学ぶ専門知識（とくに，筆者の専攻である情報・電気・制御系を中心として）との関連を大まかに図 0.2 に示します．

高校から大学初年度まで　何よりも物理，とくに力学の知識が本書の内容の基礎となります．本来微分法と微分方程式は，力学の諸現象を適切に表そうという目的で発明されたことは，すでに述べました．しかし，高校では他の科目との兼ね合いから，微積分や微分方程式に基づいた物理学の教え方は（残念ながら）されません．物理の大半の事実を「公式」として「記憶」する高校生が多いのですが，「記憶」してきた知識を「理解」して整理するトレーニングを本書で行うことにより，高校での学習内容が

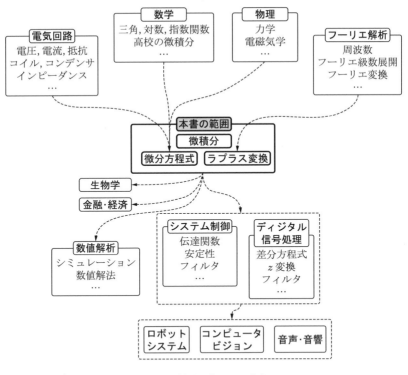

図 0.2 他分野とのかかわり

活かせるようになるでしょう．高校物理（力学）の諸公式は，単に定義から微積分を活用して導出したものにすぎないとあなたが実感できれば，本書は大成功を収めたことになります．

微積分や力学と直接かかわるのはもちろんですが，ラプラス変換を深く理解するためには，フーリエ解析（フーリエ級数展開，複素フーリエ級数展開，フーリエ変換など）の知識が大いに助けになるでしょう．フーリエ解析は，時間とともに変化する値（信号）を，周波数という観点で見るための道具です．

抵抗・コイル・コンデンサなどからなる電気回路に交流電圧をかけるという現象を定式化するとき，抵抗を拡張したインピーダンスを利用します．実は，これは特殊な条件を仮定して微分方程式を変形したものです．微分方程式を知らなくても，複素数の計算だけで回路の様子をわかるようにした便利な方法です．「微分方程式は難しいから，場合を絞って簡単にしてあげよう」という，親心のようなものだと思ってください．インピーダンスとラプラス変換はその結果が驚くほど似ていますから，電気回路のインピーダンスについて知っておくと，電気回路もラプラス変換もどちらも理解できてお得です．

大学専門課程以降　微分方程式とラプラス変換の知識が直接活きるのが，システム制御の分野です．高校までの物理は「見ているだけ」（条件を決めたら，モノが動いている様子を見ているだけ）であり，本書の内容もこの範囲を出ていませんが，システム制御では一歩突っ込んで「どのように動かすか」までを学びます．ロボットや自動車などのしくみや動かし方に関心がある人には必須の知識です．

ディジタル信号処理も微分方程式と少し関連があります．ディジタル信号処理では微分ではなく「差分」という，ほんの少しだけ違う計算を使うため，式の見た目や道具がかなり変わるのですが，本質的な部分はかなり共通しています．

これらの科目のさらに先には，画像，動画，音声などを加工し取り扱う「コンピュータビジョン」や「音声・音響情報処理」などがつながっています．皆さんが普段コンピュータや携帯電話で楽しんでいる画像や音声は，これらの技術を利用して加工され，皆さんのもとに届いています．

本書では，微分方程式を式変形で解く方法をおもに紹介しますが，それとは異なりコンピュータなどを利用して数値を求めながら解く方法もあります．このような方法は，「数値解析」とよばれる学問の一部です．運動を表す微分方程式をコンピュータで解くということは，つまり現実をコンピュータの中に再現することにほかなりません．一般に「シミュレーション」とよばれる技術で，製品の設計，ゲームの表現や天気予報など，幅広い分野に使われています．

本書では，生物学や金融（経済学）の一部の問題も微分方程式によって記述できることを紹介します．非常に単純にした例ではありますが，力学や電気とは一見異なるこれらの現象も表現できるように拡張されてきたことが，微積分および微分方程式の有用性を示しています．

数学や物理は，いろいろな手続きが難しく感じるかもしれません．しかし，どちらも根拠や原理を大事にして現実を理解する学問です．単純な原理・原則だけで世の中の動きのある物事をきれいに説明できることは，物理・数学の多大な恩恵です．微分方程式により表現し，それを解くことによって，身近な現象をより深く理解するための技術を本書を通じて手に入れましょう．

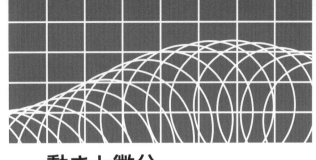

Chapter 1

動きと微分

本書で学ぶことは
- **定式化**：動きのある現象をどのように数学で表すのか
- **解法**：定式化したものをどのように解くのか

である．

「動きのある現象」には，図 1.1 のような動きが目に見えるものは当然含まれるが，図 1.2 のような目に見えづらいものも含む．これらをきちんと理解するための学問として「物理」，とくに「力学」がある．さらにいうと，物理とは直接関係のなさそうな「預金と利息」や「ローンと利子」など（図 1.3）も物理と同様の道具で表すことができるが，これについては第 2 章で詳しく述べる．

この章では，定式化の第一歩として，まず「動き」を表すために必要な「速度」の考え方を復習し，その延長として微分が発明されたことを確認する．速度が微分で表されるので，速度を含む現象の多くは微分を含む方程式（**微分方程式 (differential equation)**）で表される．

また，微分の逆演算である「積分」についても，その考え方と基本的な計算について復習する．積分が微分の逆演算であるということは，速度から積分を利用して位置を求められることや，微分方程式から微分を消去できうることを示している．したがって，積分の理解は第 3 章で紹介する微分方程式の解法に不可欠である．

図 1.1　動きが目に見える現象　　　　図 1.2　動きが目に見えづらい現象

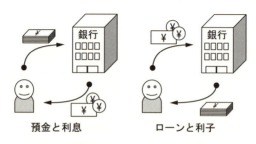

図 1.3 一見物理とは関係なさそうな現象：金融

1.1 速度と微分

本節では，以下の手順で速度を求める式を立て，それが「微分」になることを確認する．

1. ある時間での平均速度を計算する
2. ある時間での平均速度を式で表す
3. ある時刻の瞬間の速度を求める

速度の考え方は，日常素朴に考えているものと変わりはないが，「瞬間」をどのように考えるかという点のみ，若干の工夫が必要である．

1.1.1 速度の計算

徒歩，自転車，自動車，鉄道など，どのような手段で移動するにしても，**速度 (velocity)** は一つの関心事である．速度が速ければ目的地へ早く着くことができる．一般に，徒歩は時速 3 キロメートル前後，自転車は時速 10 キロメートル前後，自動車（街中）は時速 30 キロメートル前後であり，これらを使って目的地までの距離から移動にかかる時間を概算することも多いだろう．

速度は「移動した距離」と「移動にかかった時間」の比で定義される．10 キロメートルを 2 時間かけて移動すれば，速度は次式のようになる．

$$(速度) = \frac{10\,[\mathrm{km}]}{2\,[\mathrm{h}]} = 5\,[\mathrm{km/h}]$$

例題 1.1 以下のそれぞれの場合について，速度を計算せよ．
(1) $20\,[\mathrm{km}]$ を $3\,[\mathrm{h}]$ かけて移動したとき．
(2) $1\,[\mathrm{mm}]$ を $5\,[\mathrm{ms}]$ かけて移動したとき．

(3) 片道 2 [km] を，行きは 0.5 [h]，帰りは 0.7 [h] かけて移動した場合の，行き帰りを合わせた速度．

(4) 片道 4 [km] を，行きは 4 [km/h]，帰りは 6 [km/h] かけて移動した場合の，行き帰りを合わせた速度．

解答 (1) $\dfrac{20\,[\mathrm{km}]}{3\,[\mathrm{h}]} = \dfrac{20}{3}\,[\mathrm{km/h}]$ (2) $\dfrac{1\,[\mathrm{mm}]}{5\,[\mathrm{ms}]} = 0.2\,[\mathrm{m/s}]$

[補足] 設問 (2) は単位が $\dfrac{[\mathrm{mm}]}{[\mathrm{ms}]}$ となるが，いずれも最初の m は 10^{-3} の意味なので，

$$\dfrac{[\mathrm{mm}]}{[\mathrm{ms}]} = \dfrac{10^{-3}\,[\mathrm{m}]}{10^{-3}\,[\mathrm{s}]} = \dfrac{[\mathrm{m}]}{[\mathrm{s}]} = [\mathrm{m/s}]$$ となる．

(3) 移動した距離は往復で 4 [km]，かかった時間が 0.5 [h] + 0.7 [h] = 1.2 [h] なので，行き帰りを合わせた速度は $\dfrac{4\,[\mathrm{km}]}{1.2\,[\mathrm{h}]} = \dfrac{10}{3}\,[\mathrm{km/h}]$ となる．

(4) 行きにかかった時間は $\dfrac{4\,[\mathrm{km}]}{4\,[\mathrm{km/h}]} = 1\,[\mathrm{h}]$．帰りにかかった時間は $\dfrac{4\,[\mathrm{km}]}{6\,[\mathrm{km/h}]} = \dfrac{2}{3}\,[\mathrm{h}]$ なので，行き帰りにかかった合計時間は $1\,[\mathrm{h}] + \dfrac{2}{3}\,[\mathrm{h}] = \dfrac{5}{3}\,[\mathrm{h}]$ である．

したがって，行き帰りを合わせた速度は $\dfrac{8\,[\mathrm{km}]}{\dfrac{5}{3}\,[\mathrm{h}]} = \dfrac{24}{5}\,[\mathrm{km/h}]$ となる．

[補足] 設問 (3)，(4) は平均速度を求める問題だが，$\dfrac{4+6}{2} = 5\,[\mathrm{km/h}]$ ではないことに注意しよう．こうしてよいのはそれぞれの速度で同じ「時間」だけ移動した場合だが，この問題では「距離」が同じであるので利用できない． □

「10 キロメートルを 2 時間かけて移動した」ことを，横軸に時間，縦軸に位置をとったグラフで表すと，図 1.4 となる．

開始時点の時刻を 0 [h]，距離を 0 [km] とすると，開始時点は平面座標 (0 [h], 0 [km])

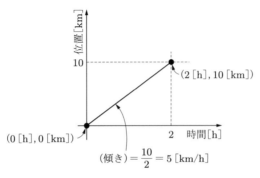

図 1.4　グラフを利用した速度の計算

で表され，2時間後に目的地に着いたことは $(2\,[\mathrm{h}], 10\,[\mathrm{km}])$ で表される．この2点を直線で結ぶと，その直線の傾きは

$$\frac{(\text{縦軸方向の変化量})}{(\text{横軸方向の変化量})} = \frac{10-0\,[\mathrm{km}]}{2-0\,[\mathrm{h}]} = \frac{10\,[\mathrm{km}]}{2\,[\mathrm{h}]} = 5\,[\mathrm{km/h}]$$

となり，速度に対応している．もちろん，横軸に時間をとったので，分母の（横軸方向の変化量）が「移動にかかった時間」，縦軸に距離をとったので，分子（縦軸方向の変化量）が「移動した距離」である．

例題 1.2 例題 1.1 と同じく以下の場合について，横軸を時間，縦軸を位置にとったグラフで示し，速度の求め方を示せ．

(1) $20\,[\mathrm{km}]$ を $3\,[\mathrm{h}]$ かけて移動したとき．

(2) $1\,[\mathrm{mm}]$ を $5\,[\mathrm{ms}]$ かけて移動したとき．

(3) 片道 $2\,[\mathrm{km}]$ を，行きは $0.5\,[\mathrm{h}]$，帰りは $0.7\,[\mathrm{h}]$ かけて移動した場合の，行き帰りを合わせた速度．

(4) 片道 $4\,[\mathrm{km}]$ を，行きは $4\,[\mathrm{km/h}]$，帰りは $6\,[\mathrm{km/h}]$ かけて移動した場合の，行き帰りを合わせた速度．

解答 図 1.5 のとおり．

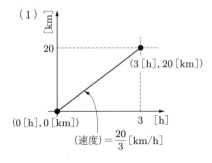

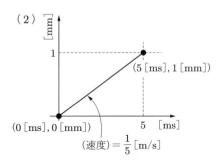

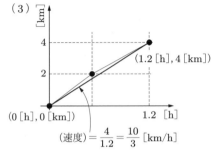

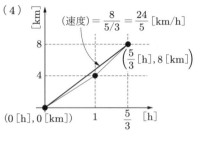

図 1.5 速度の計算

横軸に時間，縦軸に位置をとったグラフに対し，2点間の傾きで速度が求められることがわかった．これは移動の途中で，時間変化を短くとってもよい．次の例題をみてみよう．

例題 1.3 ある物体の移動について，横軸に時刻，縦軸に位置をとったところ，図 1.6 のようになった．このとき，以下に示すそれぞれの時間での速度を求めよ．

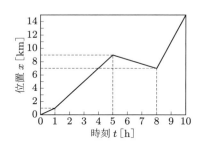

図 1.6 時刻と位置

(1) 最初 (0 [h]) から最後 (10 [h])　　(2) 0 [h] から 1 [h]
(3) 1 [h] から 3 [h]　　(4) 4 [h] から 8 [h]

解答 (1) $\dfrac{15-0}{10-0} = 1.5\,[\text{km/h}]$　　(2) $\dfrac{1-0}{1-0} = 1\,[\text{km/h}]$
(3) $\dfrac{5-1}{3-1} = 2\,[\text{km/h}]$　　(4) $\dfrac{7-7}{8-4} = 0\,[\text{km/h}]$　　□

1.1.2 速度を式で表す

速度が $\dfrac{(\text{移動した距離})}{(\text{かかった時間})}$ で計算されることが確認できたので，これを数式で表すこととしよう．時刻を t とし，時刻 t での位置を $x(t)$ とおく．時刻 t から考えて移動にかかった時間を文字でおくと都合がよいので，これを Δt とする†．すると，最初の時刻を t とすると最後の時刻は $t + \Delta t$ となる．それに対し，それぞれの時刻での位置は $x(t)$，$x(t + \Delta t)$ と表すことができる．

速度は

$$\frac{(\text{移動した距離})}{(\text{かかった時間})} = \frac{(\text{位置の変化量})}{(\text{時刻の変化量})} = \frac{(\text{最後の位置}) - (\text{最初の位置})}{(\text{最後の時刻}) - (\text{最初の時刻})} \tag{1.1}$$

---

† Δ は「デルタ」と読むギリシア文字である．英語のアルファベットでは d に対応する．なぜ d を使うのか先取りしたい人は，p.16 を参照．

であるので，速度を v とし[†]，これを数式で置き換えると

$$v = \frac{x(t+\Delta t) - x(t)}{(t+\Delta t) - t} = \frac{x(t+\Delta t) - x(t)}{\Delta t} \tag{1.2}$$

となる．分子の $x(t+\Delta t) - x(t)$ は「x の変化量」を示しているので，Δt と同様の考え方で Δx と書くこともある．この場合は，速度は

$$v = \frac{\Delta x}{\Delta t} \tag{1.3}$$

と表される（図 1.7）．

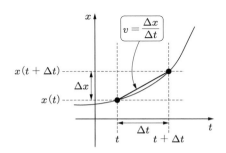

図 1.7 　速度の定義 (1)

例題 1.4 　時間 $t\,[\mathrm{s}]$ での位置 $x(t)$ が $x(t) = t^2\,[\mathrm{m}]$ である場合，以下に示すそれぞれの時間での速度を求めよ．
(1) $0\,[\mathrm{s}]$ から $10\,[\mathrm{s}]$ 　(2) $0\,[\mathrm{s}]$ から $1\,[\mathrm{s}]$ 　(3) $1\,[\mathrm{s}]$ から $3\,[\mathrm{s}]$ 　(4) $4\,[\mathrm{s}]$ から $7\,[\mathrm{s}]$

解答 　(2)〜(4) は略解
(1) $\dfrac{x(t+\Delta t) - x(t)}{(t+\Delta t) - t} = \dfrac{x(10) - x(0)}{10 - 0} = \dfrac{10^2 - 0}{10 - 0} = 10\,[\mathrm{m/s}]$
(2) $\dfrac{1^2 - 0}{1 - 0} = 1\,[\mathrm{m/s}]$ 　(3) $\dfrac{3^2 - 1^2}{3 - 1} = 4\,[\mathrm{m/s}]$ 　(4) $\dfrac{7^2 - 4^2}{7 - 4} = 11\,[\mathrm{m/s}]$ 　□

1.1.3 　瞬間の速度を求める

さて，速度が $\dfrac{(\text{移動した距離})}{(\text{かかった時間})}$ で定義されることは，移動にかかった時間が長くても（1 [年] など）短くても（1 [ms] など）変わらない．ここで，移動にかかった時間を非常に短くできれば，「ある瞬間での速度」を求めることができると推測できる．
例題 1.4 の問題を使って，「ある瞬間での速度」を求められるかどうか試してみよう．

[†] 速度を表すのによく v が用いられるが，これは英単語の "velocity" の頭文字である．

ここでは $t = 1\,[\mathrm{s}]$ での瞬間の速度を求めることを目的とし，$t + \Delta t$ を徐々に $1\,[\mathrm{s}]$ に近づける計算を示す．

- $1\,[\mathrm{s}]$ から $2\,[\mathrm{s}]$

  $\Delta t = 2 - 1 = 1,$

  $\Delta(x) = x(t + \Delta t) - x(t) = x(2) - x(1) = 2^2 - 1 = 3$

  よって，$\quad v = \dfrac{\Delta x}{\Delta t} = \dfrac{3}{1} = 3$

- $1\,[\mathrm{s}]$ から $1.5\,[\mathrm{s}]$

  $\Delta t = 1.5 - 1 = 0.5,$

  $\Delta(x) = x(t + \Delta t) - x(t) = x(1.5) - x(1) = 1.5^2 - 1 = 1.25$

  よって，$\quad v = \dfrac{\Delta x}{\Delta t} = \dfrac{1.25}{0.5} = 2.5$

- $1\,[\mathrm{s}]$ から $1.1\,[\mathrm{s}]$

  $\Delta t = 1.1 - 1 = 0.1,$

  $\Delta(x) = x(t + \Delta t) - x(t) = x(1.1) - x(1) = 1.1^2 - 1 = 0.21$

  よって，$\quad v = \dfrac{\Delta x}{\Delta t} = \dfrac{0.21}{0.1} = 2.1$

- $1\,[\mathrm{s}]$ から $1.01\,[\mathrm{s}]$

  $\Delta t = 1.01 - 1 = 0.01,$

  $\Delta(x) = x(t + \Delta t) - x(t) = x(1.01) - x(1) = 1.01^2 - 1 = 0.0201$

  よって，$\quad v = \dfrac{\Delta x}{\Delta t} = \dfrac{0.0201}{0.01} = 2.01$

- $1\,[\mathrm{s}]$ から $1.001\,[\mathrm{s}]$

  $\Delta t = 1.001 - 1 = 0.1 \times 10^{-2},$

  $\Delta(x) = x(t + \Delta t) - x(t) = x(1.001) - x(1) = 1.001^2 - 1 = 0.2001 \times 10^{-2}$

  よって，$\quad v = \dfrac{\Delta x}{\Delta t} = \dfrac{0.2001 \times 10^{-2}}{0.1 \times 10^{-2}} = 2.001$

この例では，移動にかかった時間 Δt を短くしていくと，$t = 1\,[\mathrm{s}]$ での瞬間の速度は $v = 2\,[\mathrm{m/s}]$ に近づいていくように見える．ここで，移動にかかった時間を Δt のまま

残して速度を計算してみよう．

- $1\,[\mathrm{s}]$ から $1+\Delta t\,[\mathrm{s}]$

$$\Delta t = 1 + \Delta t - 1 = \Delta t,$$

$$\Delta(x) = x(t+\Delta t) - x(t) = x(1+\Delta t) - x(1) = (1+\Delta t)^2 - 1 = 2\Delta t + (\Delta t)^2$$

よって，$\quad v = \dfrac{\Delta x}{\Delta t} = \dfrac{2\Delta t + (\Delta t)^2}{\Delta t} = 2 + \Delta t$

「瞬間」ということを「移動にかかった時間が限りなく0に近い」と考えると，ここで求めた $2+\Delta t$ は 2 と同じと考えても差し支えなさそうである．したがって，この問題での $t=1\,[\mathrm{s}]$ での「瞬間の」速度は，$v=2\,[\mathrm{m/s}]$ だと結論付けてよいだろう．

$t=1\,[\mathrm{s}]$ での瞬間の速度を求めることができたので，次は任意の時刻での瞬間の速度を求められるかどうかを試してみよう．$t=1$ と代入したところを，t のまま計算してみる．

- $t\,[\mathrm{s}]$ から $t+\Delta t\,[\mathrm{s}]$

$$\Delta t = t + \Delta t - t = \Delta t,$$

$$\Delta(x) = x(t+\Delta t) - x(t) = (t+\Delta t)^2 - t^2 = 2t\Delta t + (\Delta t)^2$$

よって，$\quad v = \dfrac{\Delta x}{\Delta t} = \dfrac{2t\Delta t + (\Delta t)^2}{\Delta t} = 2t + \Delta t$

先ほどと同様に，「瞬間」ということを「移動にかかった時間が限りなく0に近い」と考えると，ここで求めた $2t+\Delta t$ は $2t$ と同じと考えても差し支えない．したがって，この問題での $t\,[\mathrm{s}]$ での瞬間の速度は，$v=2t\,[\mathrm{m/s}]$ である．

「限りなく0に近い」という表現を使ったが，これをコンパクトに表現するのが，高校で学んだ極限 $\lim$ である．これを使って（瞬間の）速度を定義しなおすと，以下のようになる．

$$(\text{速度}) = (\text{時間の変化量を限りなく0に近づける}) \left\{ \dfrac{(\text{位置の変化量})}{(\text{時間の変化量})} \right\} \quad (1.4)$$

$$\Leftrightarrow \quad v = \lim_{\Delta t \to 0} \dfrac{\Delta x}{\Delta t} = \lim_{\Delta t \to 0} \dfrac{x(t+\Delta t) - x(t)}{\Delta t} \quad (1.5)$$

定義 1.1（速度 (1)） t を時間，$x(t)$ を位置とすると，時刻 t での（瞬間の）速度 $v(t)$ は次式で定義される．

$$v(t) = \lim_{\Delta t \to 0} \dfrac{\Delta x}{\Delta t} = \lim_{\Delta t \to 0} \dfrac{x(t+\Delta t) - x(t)}{\Delta t}$$

1.1 速度と微分　15

例題 1.5　時刻 t での位置 $x(t)$ が以下のように定義されている場合，それぞれの速度を定義 1.1 に基づいて計算せよ．

(1) $x(t) = t^3$　　(2) $x(t) = kt^n$　　(3) $x(t) = \dfrac{1}{t}$　　(4) $x(t) = \dfrac{1}{t+1}$

解答　(1)　$v(t) = \lim\limits_{\Delta t \to 0} \dfrac{\Delta x}{\Delta t} = \lim\limits_{\Delta t \to 0} \dfrac{x(t+\Delta t) - x(t)}{\Delta t} = \lim\limits_{\Delta t \to 0} \dfrac{(t+\Delta t)^3 - t^3}{\Delta t}$

$= \lim\limits_{\Delta t \to 0} \dfrac{t^3 + 3t^2 \Delta t + 3t(\Delta t)^2 + (\Delta t)^3 - t^3}{\Delta t} = \lim\limits_{\Delta t \to 0} \dfrac{3t^2 \Delta t + 3t(\Delta t)^2 + (\Delta t)^3}{\Delta t}$

$= \lim\limits_{\Delta t \to 0} \{3t^2 + 3t\Delta t + (\Delta t)^2\} = 3t^2$　　したがって，$v(t) = 3t^2$

(2)　$v(t) = \lim\limits_{\Delta t \to 0} \dfrac{\Delta x}{\Delta t} = \lim\limits_{\Delta t \to 0} \dfrac{x(t+\Delta t) - x(t)}{\Delta t} = \lim\limits_{\Delta t \to 0} \dfrac{k(t+\Delta t)^n - kt^n}{\Delta t}$

$= \lim\limits_{\Delta t \to 0} k\dfrac{t^n + nt^{n-1}\Delta t + (\Delta t)^2 \cdot (t \text{ と } \Delta t \text{ の多項式}) - t^n}{\Delta t}$

（ここで二項定理を利用した．二項定理については定理 A.2 を参照．）

$= \lim\limits_{\Delta t \to 0} k\dfrac{nt^{n-1}\Delta t + (\Delta t)^2 \cdot (t \text{ と } \Delta t \text{ の多項式})}{\Delta t}$

$= \lim\limits_{\Delta t \to 0} k\{nt^{n-1} + \Delta t \cdot (t \text{ と } \Delta t \text{ の多項式})\}$

$= knt^{n-1}$　　したがって，$v(t) = knt^{n-1}$

(3)　$v(t) = \lim\limits_{\Delta t \to 0} \dfrac{\Delta x}{\Delta t} = \lim\limits_{\Delta t \to 0} \dfrac{x(t+\Delta t) - x(t)}{\Delta t} = \lim\limits_{\Delta t \to 0} \dfrac{\dfrac{1}{t+\Delta t} - \dfrac{1}{t}}{\Delta t}$

$= \lim\limits_{\Delta t \to 0} \dfrac{t - (t+\Delta t)}{(t+\Delta t)t} \cdot \dfrac{1}{\Delta t} = \lim\limits_{\Delta t \to 0} \dfrac{-\Delta t}{(t+\Delta t)t} \cdot \dfrac{1}{\Delta t} = \lim\limits_{\Delta t \to 0} \dfrac{-1}{(t+\Delta t)t} = -\dfrac{1}{t^2}$

したがって，$v(t) = -\dfrac{1}{t^2}$

(4)　$v(t) = \lim\limits_{\Delta t \to 0} \dfrac{\Delta x}{\Delta t} = \lim\limits_{\Delta t \to 0} \dfrac{x(t+\Delta t) - x(t)}{\Delta t} = \lim\limits_{\Delta t \to 0} \dfrac{\dfrac{1}{t+\Delta t+1} - \dfrac{1}{t+1}}{\Delta t}$

$= \lim\limits_{\Delta t \to 0} \dfrac{t+1 - (t+\Delta t+1)}{(t+\Delta t+1)(t+1)} \cdot \dfrac{1}{\Delta t} = \lim\limits_{\Delta t \to 0} \dfrac{-\Delta t}{(t+\Delta t+1)(t+1)} \cdot \dfrac{1}{\Delta t}$

$= \lim\limits_{\Delta t \to 0} \dfrac{-1}{(t+\Delta t+1)(t+1)} = -\dfrac{1}{(t+1)^2}$　　したがって，$v(t) = -\dfrac{1}{(t+1)^2}$　□

1.1.4 微分の定義

以上のように「瞬間の速度」を求める方法がわかった．定義 1.1 の位置 $x(t)$ から速度 $v(t)$ を求める演算は，位置以外の関数 $f(t)$ に対しても適用できる．その演算を**微分 (differential)** と定義する．

定義 1.2（微分） t の関数 $f(t)$ の微分を次式で定義し，$\dfrac{df}{dt}$ と書く．

$$\frac{df}{dt} = \lim_{\Delta t \to 0} \frac{\Delta f}{\Delta t} = \lim_{\Delta t \to 0} \frac{f(t + \Delta t) - f(t)}{\Delta t}$$

とくに，関数 f を時間 t で微分したものは $\dot{f}$，f が（時間以外の）どの変数に対する関数であるかが明確な場合は f' と書くこともある．

---

df, dt についている d は英単語の "difference"（差）の頭文字であり，df は「f の微小な変化量」の意味である．ここでの「微小な」は，$\lim_{\Delta t \to 0}$ のように 0 への極限をとった後，という意味である．言い換えると，0 に十分近づけたが 0 ではないような変化量を示している．したがって，$\dfrac{df}{dt}$ という記法には $\dfrac{(f \text{ の微小な変化量})}{(t \text{ の微小な変化量})}$ という意味があり，速度の求め方と同じであることがわかる．この記法は微分の意味をもっともよく表しているものであるが，略記する場合は $f'(t)$，物理学ではとくに $\dot{f}(t)$ の記法がよく用いられる[†]．

本書では，物理の現象を表す式については，適宜 $\dot{f}(t)$ の記法を用いる．また，f' の記法を用いる際，どの変数による微分なのかは f の定義に基づく．$f(t)$ であれば $f' = \dfrac{df}{dt}$ であり，$f(x)$ であれば $f' = \dfrac{df}{dx}$ である．

定義 1.3（速度(2)） t を時間，$x(t)$ を位置とすると，時刻 t での（瞬間の）速度 $v(t)$ は次式で定義される．

$$v(t) = \frac{dx}{dt} = \dot{x}(t)$$

[†] 微分法の発明はニュートン (Newton, Issac) とライプニッツ (Leibnitz, Gottfried Wilhelm) の二人の功績が大きいといわれている．そのうち，$\dfrac{df}{dt}$ の記法はライプニッツが，$\dot{f}$ の記法はニュートンが発明している．微分が元々は比であることや，形式的に分数と見なして計算する際の簡便さなどから，ライプニッツの記法は非常に優秀である．しかし，ニュートンが使用した $\dot{f}$ の記法も，表記の簡便さも手伝い，現在でも物理学を中心によく利用されている．

彼らは独立に微分法を発明しているが，二人の間ではどちらが先に発明しているのかについて論争が生じている．この辺りの事情は文献 [2]～[4] などで読むことができる．

図 1.8 は微分の定義を図示したものである．時刻 t から $t + \Delta t$ までの平均速度は，グラフ上ではその 2 点を通る直線の傾きとなる．微分は $\Delta t \to 0$ とした極限であるので，2 点が限りなく近づき 1 点となる．このとき，直線は元の関数 $x(t)$ に**接する**ことになり，「関数 $x(t)$ に対する t での**接線**」とよばれる．したがって，関数をグラフとして図示した場合，その微分を求めることは，接線の傾きを求めることと等しいことがわかる．

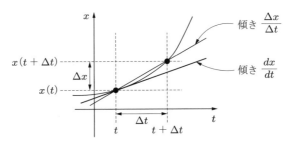

図 1.8 微分（瞬間の速度）の定義

例題 1.6 以下の $f(t)$ に対する $\dfrac{df}{dt}$ を定義 1.2 に基づいて計算せよ．

(1) $f(t) = t^3$ (2) $f(t) = at^n$ (3) $f(t) = \dfrac{1}{t}$ (4) $f(t) = \dfrac{1}{t+1}$

解答（略解） いずれの問題も，例題 1.5 とほとんど同じである．解答のみ示す．

(1) $3t^2$ (2) ant^{n-1} (3) $-\dfrac{1}{t^2}$ (4) $-\dfrac{1}{(t+1)^2}$ □

例題 1.7 ある物体の移動について，横軸に時刻，縦軸に位置をとったところ図 1.9 であった．このとき，横軸に時刻，縦軸に速度をとったグラフを描け．

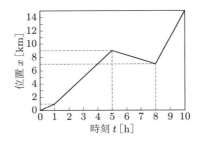

図 1.9 時刻と位置

解答 図 1.10 となる．
［解説］ 位置は $t = 1, 5, 8$ で折れる折れ線で表されている．それらの間は一次関数で

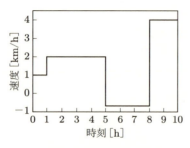

図 1.10　時刻と速度

表されているので，傾きを読み取りグラフに描けばよい．たとえば，$t=1$ から 5 では
$$\frac{x(5)-x(1)}{5-1} = \frac{9-1}{4-1} = 2\,[\text{km/h}]$$
である．

異なる傾きの直線がつながれている部分では，速度が**不連続 (discontinuous)**[†]となる．

□

1.1.5　変化率と微分

位置 $x(t)$ を時間 t で微分すると速度が得られることを確認した．では，他の変数（物理量）ではどうなるだろうか？

微分 $\dfrac{df}{dt}$ が微小な変化量 df と dt の比であることを言い換えると，微分 $\dfrac{df}{dt}$ は t が変化したときに f がどれだけ変化するかの「変化率」を表していることになる．したがって，他の変数（物理量）の微分でも「変化率」を表すことになる．

例 1.1
- x が位置，t が時間の場合の $\dfrac{dx}{dt}$：この微分は「時間が少し変化したときの，位置の変化量の割合（変化率）」を示している．したがって，この微分は「速度」を表している．
- p が圧力，h が水深の場合の $\dfrac{dp}{dh}$：この微分は「水深が変化したときの圧力の変化率」を表している．
- T が温度，H が標高の場合の $\dfrac{dT}{dH}$：この微分は「標高が変化したときの温度の変化率」を表している．
- f が放射性元素の密度，t が時間の場合の $\dfrac{df}{dt}$：この微分は「放射性元素の密度の時間に対する変化率」を示している．

このように，さまざまな変数（物理量）の変化率を微分を用いて表すことができる．

[†] 文字どおり「連続でない」こと．形式的な説明は定義 A.3 参照．

1.1.6 加速度と高階微分

速度 $v(t)$ も時間とともに変化する量であるので，位置と同様にして $\dfrac{(速度の変化量)}{(かかった時間)}$ を計算することができる．この値は考えている時間の区間で，速度がどれくらいの割合で変化しているかを示している．この値は物理学では**加速度 (acceleration)** とよばれる[†]．

$$(加速度) = \frac{(速度の変化量)}{(かかった時間)} \tag{1.6}$$

$$\Leftrightarrow \quad a = \frac{\Delta v}{\Delta t} = \frac{v(t + \Delta t) - v(t)}{\Delta t} \tag{1.7}$$

例題 1.8 ある物体の移動について，横軸に時刻，縦軸に速度をとったところ，図 1.11 のようになった．

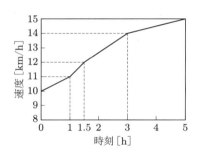

図 1.11 時刻と速度

このとき，以下に示すそれぞれの時間での加速度を求めよ．
(1) 1 [h] から 5 [h]　　(2) 1 [h] から 3 [h]　　(3) 1 [h] から 1.5 [h]

解答（略解）
(1) $\dfrac{15 - 11}{5 - 1} = 1 \,[\text{km/h}^2]$　　(2) $\dfrac{14 - 11}{3 - 1} = 1.5 \,[\text{km/h}^2]$　　(3) $\dfrac{12 - 11}{1.5 - 1} = 2 \,[\text{km/h}^2]$ □

例題 1.9 ある物体の移動について，時間 $t\,[\text{s}]$ での速度 $v(t)$ が $v(t) = t^2\,[\text{m/s}]$ である場合を考える．このとき，以下に示すそれぞれの時間での加速度を求めよ．
(1) 0 [s] から 10 [s]　　(2) 0 [s] から 1 [s]　　(3) 1 [s] から 3 [s]
(4) 4 [s] から 7 [s]　　(5) 1 [s] から 1.1 [s]　　(6) 1 [s] から 1.001 [s]

[†] 加速度は英語で "acceleration" であり，頭文字の a で示すことが多い．

解答（(2)〜(6) は略解）

(1) $a = \dfrac{\Delta v}{\Delta t} = \dfrac{v(t+\Delta t)-v(t)}{\Delta t} = \dfrac{10^2 - 0}{10 - 0} = 10\,[\mathrm{m/s^2}]$ (2) $a = \dfrac{1^2 - 0}{1 - 0} = 1\,[\mathrm{m/s^2}]$

(3) $a = \dfrac{3^2 - 1^2}{3 - 1} = 4\,[\mathrm{m/s^2}]$ (4) $a = \dfrac{7^2 - 4^2}{7 - 4} = 11\,[\mathrm{m/s^2}]$

(5) $a = \dfrac{1.1^2 - 1^2}{1.1 - 1} = 2.1\,[\mathrm{m/s^2}]$ (6) $a = \dfrac{1.001^2 - 1}{1.001 - 1} = 2.001\,[\mathrm{m/s^2}]$ □

これらの例題からもわかるように，速度 v から加速度 a を求める計算は，位置 x から速度 v を求める計算，つまり微分と同じである．したがって，加速度は以下のように微分を用いて定義できる．

> **定義 1.4（加速度 (1)）** t を時間，$v(t)$ を速度とすると，時刻 t での（瞬間の）加速度 $a(t)$ は次式で定義される．
> $$a(t) = \lim_{\Delta t \to 0} \frac{\Delta v}{\Delta t} = \lim_{\Delta t \to 0} \frac{v(t+\Delta t) - v(t)}{\Delta t} = \frac{dv}{dt}$$

例題 1.10 速度 $v(t)$ が以下のように定義されている場合，それぞれの加速度を定義 1.4 に基づいて計算せよ．

(1) $v(t) = t^3$ (2) $v(t) = kt^n$ (3) $v(t) = \dfrac{1}{t+1}$

解答（略解） (1) $3t^2$ (2) knt^{n-1} (3) $-\dfrac{1}{(t+1)^2}$ □

ここまでで，

- 速度 v は位置 x を時間 t で微分して計算される．つまり $v = \dfrac{dx}{dt}$ となる．
- 加速度 a は速度 v を時間 t で微分して計算される．つまり $a = \dfrac{dv}{dt}$ となる．

がわかったので，位置から速度，速度から加速度を計算する例題を見てみよう．

例題 1.11 時間 t での位置 $x(t)$ が以下のように定義されている場合，それぞれの速度 $v(t)$ および加速度 $a(t)$ を定義 1.1 および定義 1.4 に基づいて計算せよ．

(1) $x(t) = t^3$ (2) $x(t) = kt^n$ $(n = 2, 3, \ldots)$
(3) $x(t) = \dfrac{1}{t}$ (4) $x(t) = \dfrac{1}{t+1}$

解答 (1) $v(t) = \lim_{\Delta t \to 0} \dfrac{\Delta x}{\Delta t} = \lim_{\Delta t \to 0} \dfrac{x(t+\Delta t) - x(t)}{\Delta t} = \lim_{\Delta t \to 0} \dfrac{(t+\Delta t)^3 - t^3}{\Delta t}$

$= \lim_{\Delta t \to 0} \dfrac{t^3 + 3t^2 \Delta t + 3t(\Delta t)^2 + (\Delta t)^3 - t^3}{\Delta t}$

$= \lim_{\Delta t \to 0} \dfrac{3t^2 \Delta t + 3t(\Delta t)^2 + (\Delta t)^3}{\Delta t}$

$= \lim_{\Delta t \to 0} (3t^2 + 3t\Delta t + (\Delta t)^2) = 3t^2$ したがって，$v(t) = 3t^2$

$a(t) = \lim_{\Delta t \to 0} \dfrac{\Delta v}{\Delta t} = \lim_{\Delta t \to 0} \dfrac{v(t+\Delta t) - v(t)}{\Delta t} = \lim_{\Delta t \to 0} \dfrac{3(t+\Delta t)^2 - 3t^2}{\Delta t}$

$= \lim_{\Delta t \to 0} \dfrac{3t^2 + 6t\Delta t + 3(\Delta t)^2 - 3t^2}{\Delta t} = \lim_{\Delta t \to 0} \dfrac{6t\Delta t + 3(\Delta t)^2}{\Delta t}$

$= \lim_{\Delta t \to 0} (6t + 3\Delta t) = 6t$ したがって，$a(t) = 6t$

(2) $v(t) = \lim_{\Delta t \to 0} \dfrac{\Delta x}{\Delta t} = \lim_{\Delta t \to 0} \dfrac{x(t+\Delta t) - x(t)}{\Delta t} = \lim_{\Delta t \to 0} \dfrac{k(t+\Delta t)^n - kt^n}{\Delta t}$

$= \lim_{\Delta t \to 0} k \dfrac{t^n + nt^{n-1}\Delta t + (\Delta t)^2 \cdot (t と \Delta t の多項式) - t^n}{\Delta t}$

$= \lim_{\Delta t \to 0} k \dfrac{nt^{n-1}\Delta t + (\Delta t)^2 \cdot (t と \Delta t の多項式)}{\Delta t}$

$= \lim_{\Delta t \to 0} k\{nt^{n-1} + \Delta t \cdot (t と \Delta t の多項式)\}$

$= knt^{n-1}$ したがって，$v(t) = knt^{n-1}$

$a(t) = \lim_{\Delta t \to 0} \dfrac{\Delta v}{\Delta t} = \lim_{\Delta t \to 0} \dfrac{v(t+\Delta t) - v(t)}{\Delta t} = \lim_{\Delta t \to 0} \dfrac{kn(t+\Delta t)^{n-1} - knt^{n-1}}{\Delta t}$

$= \lim_{\Delta t \to 0} kn \dfrac{t^{n-1} + (n-1)t^{n-2}\Delta t + \Delta t^2 (t と \Delta t の多項式) - t^{n-1}}{\Delta t}$

$= \lim_{\Delta t \to 0} kn \dfrac{(n-1)t^{n-2}\Delta t + \Delta t^2 (t と \Delta t の多項式)}{\Delta t}$

$= \lim_{\Delta t \to 0} kn\{(n-1)t^{n-2} + \Delta t(t と \Delta t の多項式)\} = kn(n-1)t^{n-2}$

したがって，$a(t) = kn(n-1)t^{n-2}$

22　Chapter 1　動きと微分

(3) $v(t) = \lim_{\Delta t \to 0} \dfrac{\Delta x}{\Delta t} = \lim_{\Delta t \to 0} \dfrac{x(t+\Delta t) - x(t)}{\Delta t} = \lim_{\Delta t \to 0} \dfrac{\dfrac{1}{t+\Delta t} - \dfrac{1}{t}}{\Delta t}$

$ = \lim_{\Delta t \to 0} \dfrac{t - (t+\Delta t)}{(t+\Delta t)t} \cdot \dfrac{1}{\Delta t} = \lim_{\Delta t \to 0} \dfrac{-\Delta t}{(t+\Delta t)t} \cdot \dfrac{1}{\Delta t} = \lim_{\Delta t \to 0} \dfrac{-1}{(t+\Delta t)t} = -\dfrac{1}{t^2}$

したがって，$v(t) = -\dfrac{1}{t^2}$

$a(t) = \lim_{\Delta t \to 0} \dfrac{\Delta v}{\Delta t} = \lim_{\Delta t \to 0} \dfrac{v(t+\Delta t) - v(t)}{\Delta t} = \lim_{\Delta t \to 0} \dfrac{-\dfrac{1}{(t+\Delta t)^2} + \dfrac{1}{t^2}}{\Delta t}$

$ = \lim_{\Delta t \to 0} \dfrac{-t^2 + (t+\Delta t)^2}{(t+\Delta t)^2 t^2} \cdot \dfrac{1}{\Delta t} = \lim_{\Delta t \to 0} \dfrac{-t^2 + t^2 + 2t\Delta t + (\Delta t)^2}{(t+\Delta t)^2 t^2} \cdot \dfrac{1}{\Delta t}$

$ = \lim_{\Delta t \to 0} \dfrac{2t + \Delta t}{(t+\Delta t)^2 t^2} = \dfrac{2t}{t^4} = \dfrac{2}{t^3}$　したがって，$a(t) = \dfrac{2}{t^3}$

(4)　$v(t) = \lim_{\Delta t \to 0} \dfrac{\Delta x}{\Delta t} = \lim_{\Delta t \to 0} \dfrac{x(t+\Delta t) - x(t)}{\Delta t} = \lim_{\Delta t \to 0} \dfrac{\dfrac{1}{t+\Delta t+1} - \dfrac{1}{t+1}}{\Delta t}$

$ = \lim_{\Delta t \to 0} \dfrac{t+1 - (t+\Delta t+1)}{(t+\Delta t+1)(t+1)} \cdot \dfrac{1}{\Delta t} = \lim_{\Delta t \to 0} \dfrac{-\Delta t}{(t+\Delta t+1)(t+1)} \cdot \dfrac{1}{\Delta t}$

$ = \lim_{\Delta t \to 0} \dfrac{-1}{(t+\Delta t+1)(t+1)} = -\dfrac{1}{(t+1)^2}$　したがって，$v(t) = -\dfrac{1}{(t+1)^2}$

$a(t) = \lim_{\Delta t \to 0} \dfrac{\Delta v}{\Delta t} = \lim_{\Delta t \to 0} \dfrac{v(t+\Delta t) - v(t)}{\Delta t} = \lim_{\Delta t \to 0} \dfrac{-\dfrac{1}{(t+\Delta t+1)^2} + \dfrac{1}{(t+1)^2}}{\Delta t}$

$ = \lim_{\Delta t \to 0} \dfrac{-(t+1)^2 + (t+\Delta t+1)^2}{(t+\Delta t+1)^2 (t+1)^2} \cdot \dfrac{1}{\Delta t}$

$ = \lim_{\Delta t \to 0} \dfrac{-(t+1)^2 + (t+1)^2 + 2(t+1)\Delta t + (\Delta t)^2}{(t+\Delta t+1)^2 (t+1)^2} \cdot \dfrac{1}{\Delta t}$

$ = \lim_{\Delta t \to 0} \dfrac{2(t+1) + \Delta t}{(t+1+\Delta t)^2 (t+1)^2} = \dfrac{2(t+1)}{(t+1)^4} = \dfrac{2}{(t+1)^3}$

したがって，$a(t) = \dfrac{2}{(t+1)^3}$　　□

　この例題からもわかるように，位置 $x(t)$ に対して 2 回微分を施すと $a(t)$ が得られることがわかった．このように，一つの関数に 2 回微分を施すことも可能であり，これを**二階微分 (second order differential)** とよぶ（「二回微分」ではないことに注

意！）．

これに対して，1回だけ微分を施したものは（当然）**一階微分 (first order differential)** である．

二階微分を表す記号を導入しよう．まず，微分の記号として定義した $\dfrac{dx}{dt}$ を（形式的に）$\dfrac{d}{dt} \cdot x$ とし，左側の $\dfrac{d}{dt}$ を「右側の関数を t で微分する記号」と見なす．これを**微分演算子（または微分作用素）(differential operator)** とよぶ．

すると，位置 $x(t)$，速度 $v(t)$ および加速度 $a(t)$ は

$$v(t) = \frac{d}{dt}x(t), \quad a(t) = \frac{d}{dt}v(t) \tag{1.8}$$

となる．左式を右式に代入すると

$$a(t) = \frac{d}{dt} \cdot \frac{d}{dt}x(t) \tag{1.9}$$

となるが，ここで

$$\frac{d}{dt} \cdot \frac{d}{dt} \equiv \frac{d^2}{dt^2} \tag{1.10}$$

として，これを二階微分の記号とする．

定義 1.5（二階微分） t の関数 $f(t)$ の二階微分を次式で表す．

$$\frac{d^2 f}{dt^2}$$

とくに，関数 f を時間 t で二階微分したものは $\ddot{f}$，f が（時間以外の）どの変数に対する関数であるかが明確な場合は f'' と書くこともある．

定義 1.6（加速度(2)） t を時間，$x(t)$ を位置とすると，時刻 t での（瞬間の）加速度 $a(t)$ は次式で定義される．

$$a(t) = \frac{d^2 x}{dt^2} = \ddot{x}(t)$$

例題 1.12 $x(t)$ が以下のように定義されている場合，加速度 $a(t)$ を定義 1.6 に基づいて計算せよ．

(1) $x(t) = t^4$ (2) $x(t) = kt^n$ (3) $x(t) = \dfrac{1}{t}$ (4) $x(t) = \dfrac{1}{2t+a}$

解答(略解)

(1) $\dfrac{dx}{dt} = 4t^3$, $a(t) = \dfrac{d^2x}{dt^2} = 12t^2$

(2) $\dfrac{dx}{dt} = knt^{n-1}$, $a(t) = \dfrac{d^2x}{dt^2} = kn(n-1)t^{n-2}$

(3) $\dfrac{dx}{dt} = -\dfrac{1}{t^2}$, $a(t) = \dfrac{d^2x}{dt^2} = \dfrac{2}{t^3}$

(4) $\dfrac{dx}{dt} = -\dfrac{2}{(2t+a)^2}$, $a(t) = \dfrac{d^2x}{dt^2} = \dfrac{8}{(2t+a)^3}$ □

三階以上でも，一般の n 階の微分でも，同様に表すこととする．

定義 1.7（n 階微分） t の関数 $f(t)$ の n 階微分を次式で表す．

$$\frac{d^n f}{dt^n}$$

f がどの変数に対する関数であるかが明確な場合は $f^{(n)}$ と書くこともある．

階数が大きい微分を**高階微分 (high order differential)** とよぶこともある．二階，三階，…の微分をまとめて「二階以上の高階微分」のように使用する．

1.2　さまざまな関数の微分

微分のおもな性質，よく使う関数の微分を，表 1.1 および表 1.2 にまとめる．ここで，a は定数である．いずれも微分の定義から導出できるが，計算をすばやくするためには覚えておくとよい．これらの導出の説明は A.2 節にまとめてあるので，必要な

表 1.1　微分の性質

定数倍	$\dfrac{d}{dx}\{af(x)\} = a\dfrac{df(x)}{dx}$
和・差	$\dfrac{d}{dx}\{f(x) \pm g(x)\} = \dfrac{df(x)}{dx} \pm \dfrac{dg(x)}{dx}$　（複号同順）
積	$\dfrac{d}{dx}\{f(x)g(x)\} = \left(\dfrac{df}{dx}\right)g + f\left(\dfrac{dg}{dx}\right)$
商	$\dfrac{d}{dx}\left(\dfrac{f(x)}{g(x)}\right) = \dfrac{1}{g^2} \cdot \left\{\left(\dfrac{df}{dx}\right)g - f\left(\dfrac{dg}{dx}\right)\right\}$
合成関数	$\dfrac{d}{dx}\{f(g(x))\} = \dfrac{df}{dg} \cdot \dfrac{dg}{dx}$

表 1.2　基本的な関数の微分

x^a	$\dfrac{d}{dx}x^a = ax^{a-1}$
三角関数	$\dfrac{d}{dx}\sin x = \cos x, \quad \dfrac{d}{dx}\cos x = -\sin x$
対数関数	$\dfrac{d}{dx}\ln x = \dfrac{1}{x}$
指数関数	$\dfrac{d}{dx}e^x = e^x, \quad \dfrac{d}{dx}e^{ax} = ae^{ax}$

場合は参照のこと．

正弦波と微分　　三角関数のうち，とくに $\sin t$, $\cos t$（t は時間）は **正弦波 (sinusoidal wave)** とよばれ[†]，ばね，振り子から音波に至るまで，振動のもっとも基本的な波形として頻繁に現れる．ばねや振り子のように，物体の位置が正弦波で表される場合，これを微分することは速度を求めることになる．ここでは，正弦波を微分するとどのようになるかを確認しておこう．

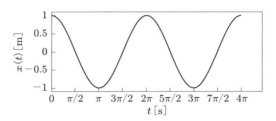

図 1.12　$x(t) = \cos t$ のグラフ

図 1.12 は $x(t) = \cos t$ のグラフである．表 1.2 より，$\dfrac{d}{dt}\cos t = -\sin t$ となる．このこととグラフとを関連付けて理解しよう．

$x(t) = \cos t$ が物体の位置であるとすると，その微分 $\dfrac{dx}{dt}$ は速度 $v(t)$ である．$x(t)$ のグラフから，いくつかの特別な時刻についてはそこでの速度が予測できる．

- $t = 0, 2\pi, \ldots$

  これらの時刻での $x(t)$ を確認すると，$x(t) = 1$ であり，その直前と直後で止まっている（位置が変化していない）．「止まっている」ことはすなわち「速度が 0 である」ことにほかならない．

[†]　$\cos t = \sin\left(x + \dfrac{\pi}{2}\right)$ が成り立つので，$\cos t$ も正弦波に含まれる．

$t = \pi, 3\pi, \ldots$ では，$x(t) = -1$ で同じことが起こっている．

- $t = \pi/2, 5\pi/2, \ldots$

  これらの時刻の前後では位置の変化が大きく，正から負の方向である．

  「位置が負の方向に大きく動いている」ということは，「速度が負で絶対値が大きい」ことにほかならない．

  また，$t = 3\pi/2, 7\pi/2, \ldots$ では，符号が異なるが同じことが起こっている．

この予測と，微分して求めた $v(t) = -\sin t$ を比較してみよう（図 1.13）．

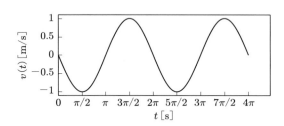

図 1.13 $v(t) = -\sin t$ のグラフ

- $t = 0, 2\pi, \ldots$

  これらの時刻での $v(t)$ を確認すると，確かに $v(t) = 0$ となっている．

  $t = \pi, 3\pi, \ldots$ でも同じく $v(t) = 0$ である．

- $t = \pi/2, 5\pi/2, \ldots$

  これらの時刻では $v(t) = -1$ であり，これらは負でもっとも絶対値が大きな速度となっている．

  また，$t = 3\pi/2, 7\pi/2, \ldots$ では $v(t) = 1$ であり，こちらは正でもっとも速度が大きい．

このように，位置のグラフから予測した速度の様子と微分で求めた速度は，（当然）特徴が一致している．

次に，さまざまな**周波数**の正弦波を微分したときの様子を確認してみよう．

周波数の単位として**ヘルツ (Herz, Hz)** がよく知られている．ヘルツは「1 秒あたりの振動数」で定義される．「1 [Hz] の正弦波」は「1 秒間で sin の中身が 2π 増える」と考えればよいので，$\sin 2\pi t$ と表される．一般化すると，「f [Hz] の正弦波」は「1 秒間で sin の中身が $2\pi f$ 増える」と考えればよいので，$\sin 2\pi f t$ と表される．

$x(t) = \sin 2\pi f t$ の正弦波を微分すると，$\dot{x}(t) = 2\pi f \cos 2\pi f t$ となる．つまり，微分することにより振幅が $2\pi f$ 倍になっている．$f = 0.1$ [Hz] と 1 [Hz] に対して，正弦波とその微分を図 1.14 に示す．いずれも上に $x(t)$，下に $\dot{x}(t)$ を示している．

0.1 [Hz]（図 1.14(a)）では微分により振幅が小さくなっていることがわかるが，そ

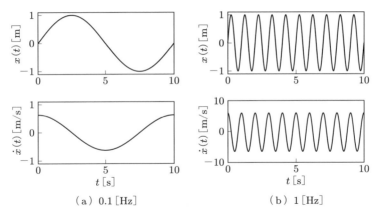

図 1.14　周波数と微分

れに対して 1 [Hz]（図 (b)）では振幅が大きくなっていることがわかる（縦軸の範囲に注意）．横軸方向に注目すると，どちらのグラフでも周期は変わっていない．これは $\dot{x}(t) = 2\pi f \cos 2\pi f t$ のように，sin の中身が $2\pi f t$ で変化していないことと対応している．

1.3　速度と積分

位置を時間で微分することで速度が求められることがわかった．さらに，速度は横軸に時間，縦軸に位置をとったグラフの接線の傾きとなることも確認した．それでは，速度（のグラフ）から位置を求めることはできるのだろうか？

速度の定義は，

$$(\text{速度}) = \frac{(\text{位置の変化量})}{(\text{時間の変化量})} \quad \Leftrightarrow \quad (\text{位置の変化量}) = (\text{速度}) \cdot (\text{時間の変化量}) \quad (1.11)$$

と変形できるので，速度が一定の場合は，この式で簡単に位置の変化量を求めることができる．たとえば，60 [km/h] で 2 [h] 移動した場合，位置の変化量（移動距離）は 60 [km/h] × 2 [h] = 120 [km] である．横軸に時間，縦軸に速度をとったグラフ（図 1.15）では，速度のグラフと横軸，時刻 0 [h] と 2 [h] で囲まれる長方形の面積を求めていることがわかる．

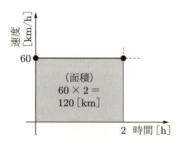

図 1.15 速度から位置の変化量を求める (1)

例 1.2 速度が途中で変わっても，同様に面積で位置の変化量を求めることができる．図 1.16 に示すように速度が変化したとすると，位置の変化量は $60 \times 0.5 + 40 \times (2 - 0.5) = 90\,[\mathrm{km}]$ である．

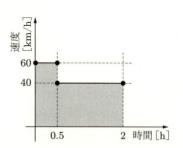

図 1.16 速度から位置の変化量を求める (2)

ここで示した，速度から位置の変化量を求める演算（図的には，グラフでできあがる図形の面積を求める演算）を一般化したものが **積分 (integral)** であり，微分の逆演算であることを示すことができる．第 3 章でみるように，微分方程式を解くことは，微分方程式に含まれている微分を積分を使って取り除くことでもある．このように，積分は微分方程式を解くのには欠かせない．

積分を説明する順序としては，
1. 不定積分を微分の逆演算として定義する
2. 不定積分から定積分を定義する
3. 定積分を面積と結びつける

という流儀も一般的である†が，この本では（定）積分の記号

$$\int_a^b f(x)dx \tag{1.12}$$

がもつ意味を理解しやすい，逆向きの順序で説明する．この節を読めば，「$\int$ はどんな意味をもっているのか？」「dx はなぜ必要なのか？」「微分は ′ を付けるだけで簡

---

† 高校の教科書はこの流儀であることが多いようである．

単なのに，積分はなぜ前と後ろから $\int$ と dx を付けなくてはいけないのか？」という疑問のすべてに答えられるようになる．

1.3.1 面積と定積分

位置や速度からちょっと離れて，グラフで作られる図形の面積を求める問題に集中しよう．具体的には，$a \leq x \leq b$ で，x 軸と関数 $f(x)$ の作る面積（図 1.17 ①）を求めることとしよう．簡単のため，$f(x) \geq 0$ とする．

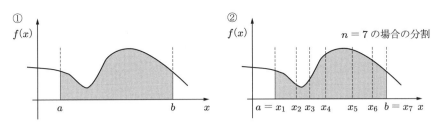

図 1.17　面積を求める①〜②

面積を求めるために，$a \leq x \leq b$ の範囲を細かく分け，それぞれの点を $x_1, x_2, \ldots, x_n$ とする．このとき，$a = x_1 < x_2 < \cdots < x_n = b$ とする．$n = 7$ としたときの分割の例を図 1.17 ②に示す．

ここでのアイデアは，いきなり面積をずばり求めるのではなく，「色のついたところよりも面積が小さい長方形」と「色のついたところよりも面積が大きい長方形」を作ることで，その間に求めたい面積がある，というものである．

- 色のついたところよりも面積が小さい長方形の作り方

  $x_1 \leq x \leq x_2$ での $f(x)$ の最小値を m_1，$x_2 \leq x \leq x_3$ での $f(x)$ の最小値を m_2，$\cdots$ とし，図 1.18 ③のように長方形を作る．各長方形の底辺は $x_{i+1} - x_i$，高さは m_i で，これら長方形の面積の和

  $$s = m_1(x_2 - x_1) + m_2(x_3 - x_2) + \cdots + m_{n-1}(x_n - x_{n-1}) = \sum_{i=1}^{n-1} m_i(x_{i+1} - x_i)$$

  は，求めたい面積よりも必ず小さい．

- 色のついたところよりも面積が大きい長方形の作り方

  $x_1 \leq x \leq x_2$ での $f(x)$ の最大値を M_1，$x_2 \leq x \leq x_3$ での $f(x)$ の最大値を M_2，$\cdots$ とし，図 1.18 ④のように長方形を作る．各長方形の底辺は $x_{i+1} - x_i$，高さは M_i で，これらの和

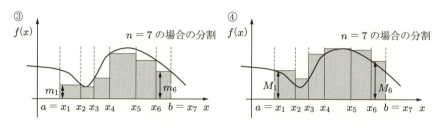

図 1.18 面積を求める③〜④

$$S = M_1(x_2 - x_1) + M_2(x_3 - x_2) + \cdots + M_{n-1}(x_n - x_{n-1}) = \sum_{i=1}^{n-1} M_i(x_{i+1} - x_i)$$

は，求めたい面積よりも必ず大きい．
したがって，求めたい面積を A とおくと，以下の関係が成り立つ．

$$s = \sum_{i=1}^{n-1} m_i(x_{i+1} - x_i) \leq A \leq \sum_{i=1}^{n-1} M_i(x_{i+1} - x_i) = S \tag{1.13}$$

求めたい面積 A を正確に知るためには，式 (1.13) の両辺の値の差を近づければよい．両辺の差を図示すると図 1.19⑤になり，式で表すと

$$S - s = \sum_{i=1}^{n-1} (M_i - m_i)(x_{i+1} - x_i)$$

となる．この値（面積）を 0 に近づけるためには，非常に直感的ではあるが，x 軸の分割を細かくして，最大値 M_i と最小値 m_i の差を小さくすればよい．例として分割を細かくしたものを図 1.19⑥に示す．確かに，$S - s$ が小さくなっていることがわかる．

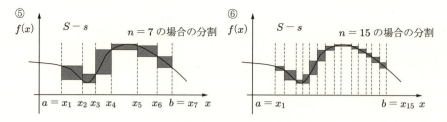

図 1.19 面積を求める⑤〜⑥

このようにして分割を細かくしていくと，$S - s$ は 0 に近づく．このことは，分割を細かく行ったときの S, s が同じ値になり，それが求めたい面積 A に等しくなることを示している．

さて，これで求めたい面積 A に関する議論が終わった……わけではない．これら値 S および s を関数 f と結びつける方法が必要である．

m_i, M_i の定義により，$m_i \leq f(x_i) \leq M_i$ であることが明らかなので，

$$\sum_{i=1}^{n-1} m_i(x_{i+1} - x_i) \leq \sum_{i=1}^{n-1} f(x_i)(x_{i+1} - x_i) \leq \sum_{i=1}^{n-1} M_i(x_{i+1} - x_i) \tag{1.14}$$

がいつでも成り立つ．この式の真ん中に現れる $\sum_{i=1}^{n-1} f(x_i)(x_{i+1} - x_i)$ を図 1.20 に示す（この面積が s より大きく S より小さくなることを確認してみよう）．

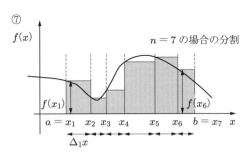

図 1.20　面積を求める⑦

分割した長方形の底辺 $x_{i+1} - x_i$ は x の変化量とも考えられるので，これを $\Delta_i x$ と書きなおそう（微分のときと同じアイデアである）．すると，

$$s \leq \sum_{i=1}^{n-1} f(x_i) \Delta_i x \leq S \tag{1.15}$$

が成り立つ．先ほど，「分割を非常に細かくすると S と s は求めたい面積に等しくなる」とわかった．「分割を非常に細かくする」を，「$\Delta_i x$ を 0 に近づける」と読み替えると，

$$s = \lim_{\Delta_i x \to 0} \sum_{i=1}^{n-1} f(x_i) \Delta_i x = S = A \tag{1.16}$$

となる．したがって，求めたい面積 A は次式となる．

$$A = \lim_{\Delta_i x \to 0} \sum_{i=1}^{n-1} f(x_i) \Delta_i x \tag{1.17}$$

上式の右辺を $\int_a^b f(x) dx$ と書きなおすのであるが，それは下記の理由に基づく．

- まず，微分のとき同様，変化量 Δx が十分に小さくなったものを dx と書きなおす.
- また，それぞれの区間が十分に小さくなったため，合計を表す記号として $\sum$ ではなく新たな記号 $\int$ を使うこととする.

  $\sum$ はギリシア文字で，英語のアルファベットでいうと s にあたる．これが使われたのは，英語で和を "sum" といい，その頭文字をギリシア文字で表したことに由来する．これに対し，$\int$ は英語の s を縦に細長く書いたものである．

  微分のときにも変化量は Δx，微小な変化量は dx を利用したように，ここでもギリシア文字とアルファベットを同じ方針で使い分けている．

- そして，$\sum$ と同様，和（積分）を計算する範囲を記号の下と上に付ける．

これで積分と面積の関係，そして記号の意味が理解できた．このような積分の定義の仕方を**区分求積法**とよぶ．

したがって，関数 $f(x)$ の定積分 $\int_a^b f(x)dx$ について，「$f(x)$ の前と後ろに記号 $\int_a^b$ と dx をくっつけた」と覚えるのはちょっとまずい．この覚え方だと，後ろに dx を付ける理由を忘れやすくなるからである．

そうではなく，

- まず，長方形の面積を表す $f(x_i)\Delta_i x$ がある．
- $\Delta_i x$ を小さくした極限として $f(x)dx$ がある．これは関数の値（縦の長さ）と x の変化量（横の長さ）の積なので，一つの小さな長方形の面積を表している．
- それを $x=a$ から $x=b$ まで足し合わせることを，$\int_a^b$ で表す．

の順で理解するのが適切である．

このような手順で導入された $\int_a^b f(x)dx$ を**定積分** (definite integral) とよぶ．

<u>例 1.3</u>（**区分求積法**） 定積分の定義に基づいて $A = \int_0^1 x dx$ を求めよう．この値は $x=0$, $y=0$, $x=1$, $y=x$ で囲まれる三角形の面積を表している．

区間 $[0,1]$ を均等に分割し，その範囲で A に含まれる長方形の組の面積 s，A を含む長方形の組の面積 S を求める．たとえば，10 等分した場合は図 1.21 となる．

10 等分の場合，
$$s = 0 + 0.1 \times 0.1 + 0.1 \times 0.2 + \cdots + 0.1 \times 0.9 = 0.1(0.1 + 0.2 + \cdots + 0.9) = 0.45$$
$$S = 0.1 \times 0.1 + 0.1 \times 0.2 + \cdots + 0.1 \times 1.0 = 0.1(0.1 + 0.2 + \cdots + 1.0) = 0.55$$

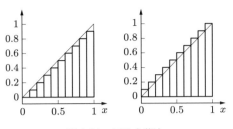

図 1.21 区分求積法

である．これを N 等分に一般化すると，

$$s = 0 + \frac{1}{N} \times \frac{1}{N} + \frac{1}{N} \times \frac{2}{N} + \cdots + \frac{1}{N} \times \frac{N-1}{N}$$

$$= \frac{1}{N}\left(\frac{1}{N} + \frac{2}{N} + \cdots + \frac{N-1}{N}\right) = \frac{1}{N^2} \cdot \frac{1}{2}N(N-1) = \frac{1}{2} \cdot \frac{N-1}{N}$$

$$S = \frac{1}{N} \times \frac{1}{N} + \frac{1}{N} \times \frac{2}{N} + \cdots + \frac{1}{N} \times \frac{N}{N}$$

$$= \frac{1}{N}\left(\frac{1}{N} + \frac{2}{N} + \cdots + \frac{N}{N}\right) = \frac{1}{N^2} \cdot \frac{1}{2}N(N+1) = \frac{1}{2} \cdot \frac{N+1}{N}$$

となる．区間の分割を細かくすることは，N を大きくすることが対応する．それぞれについて $N \to \infty$ とした極限をとると，$s \to \frac{1}{2}$，$S \to \frac{1}{2}$ となり，$s \leq A \leq S$ の関係から，$A = \int_0^1 x dx = \frac{1}{2}$ であることがわかる．

1.3.2 定積分，不定積分と微分

続いて，積分と微分を結びつけよう．

準備として，関数 $g(t)$ と x 軸が $a \leq t \leq x$ で作る面積を $G(x)$ とおく．これは式では

$$G(x) = \int_a^x g(t)dt \tag{1.18}$$

と表される．積分する区間の終端が x であり，この値が変わると面積も変わるため，面積 $G(x)$ は x の関数であることを確認しておこう（図 1.22）．

$G(x)$ を定義に従って微分してみる．まず，微分の定義の中で現れる $G(x+\Delta x) - G(x)$ を計算する．

$$G(x + \Delta x) - G(x) = \int_a^{x+\Delta x} g(t)dt - \int_a^x g(t)dt$$

$$= \int_x^{x+\Delta x} g(t)dt \quad （図 1.23 ② 参照） \tag{1.19}$$

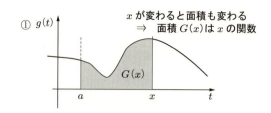

図 1.22 積分と微分①

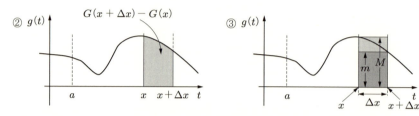

図 1.23 積分と微分②〜③

前項と同様の方法で $\int_{x}^{x+\Delta x} g(t)dt$ の値を求めよう．$x \leq t \leq x + \Delta x$ での $g(t)$ の最小値を m，最大値を M とすると，

$$m\Delta x \leq \int_{x}^{x+\Delta x} g(t)dt \leq M\Delta x \Leftrightarrow m \leq \frac{\int_{x}^{x+\Delta x} g(t)dt}{\Delta x} \leq M$$

$$\Leftrightarrow m \leq \frac{G(x+\Delta x) - G(x)}{\Delta x} \leq M \quad (1.20)$$

が成り立つ（図 1.23 ③）．

この式のすべての辺に対し，$\Delta x \to 0$ とした極限を求める．

$$\lim_{\Delta x \to 0} m \leq \lim_{\Delta x \to 0} \frac{G(x+\Delta x) - G(x)}{\Delta x} \leq \lim_{\Delta x \to 0} M \quad (1.21)$$

$\lim_{\Delta x \to 0} m = \lim_{\Delta x \to 0} M = g(x)$ となり，中央の式は関数 $G(x)$ の微分 $\dfrac{dG}{dx}$ にほかならないから，

$$\frac{dG}{dx} = g(x) \quad (1.22)$$

が成り立つ．つまり，$G(x)$ を x で微分すると $g(x)$ となる．このような関数 $G(x)$ を $g(x)$ に対する**原始関数 (primitive function)** とよぶ．

この関係が成り立つとき，$g(x)$ から $G(x)$ を求める操作を**不定積分 (indefinite integral)** とよび，定積分の記号を流用して

$$G(x) = \int g(x)dx + C \quad (C \text{ は定数}) \tag{1.23}$$

と書く．これで，（ようやく）積分と微分が関連付けられた．なお，原始関数には，どんな値をとってもよい定数（積分定数とよぶ）C が現れる．これは，$G_1(x) = G(x) + C$（C は定数）とおいたときに，

$$\frac{d}{dx}G_1(x) = \frac{d}{dx}\{G(x) + C\} = \frac{d}{dx}G(x) = g(x) \tag{1.24}$$

が成り立ち，$G(x)$ も $G_1(x)$ もどちらも $g(x)$ の原始関数になるからである．

定積分は原始関数を利用して

$$\int_a^b g(x)dx = G(b) - G(a) \equiv \Big[G(x)\Big]_a^b \tag{1.25}$$

と求められる．

微分とは異なり，面積に基づく定義から不定積分を導出できる関数は少ないため，もっぱら微分の逆関数として不定積分を定義することが多い．また，積・商に関する公式も成り立たず，一般的に利用できるのは，後述する部分積分・置換積分くらいであるため，積分のほうが微分よりも（手計算では）難しい演算だといえる．

1.3.3　さまざまな関数の不定積分

不定積分のおもな性質，よく使う関数の不定積分を，表 1.3 および表 1.4 にまとめる．$f(x)$, $g(x)$ の原始関数をそれぞれ $F(x)$, $G(x)$, a を定数，C を積分定数とする．これらの導出の説明は A.3 節にまとめてあるので，必要な場合は参照のこと．

表 1.3　不定積分の性質

定数倍	$\int af(x)dx = a\int f(x)dx$
和・差	$\int \{f(x) \pm g(x)\}dx = \int f(x)dx \pm \int g(x)dx$ （複号同順）
部分積分	$\int \left(\dfrac{df}{dx}\right)g(x)dx = f(x)g(x) - \int f(x)\left(\dfrac{dg}{dx}\right)dx$
合成関数（置換積分）	$\int f(x)dx = \int f(x)\dfrac{dx}{dt}dt = \int f(g(t))\dfrac{dg(t)}{dt}dt$

表 1.4　基本的な関数の積分

x^a	$\int x^a dx = \dfrac{1}{a+1}x^{a+1} + C \quad (a \neq -1)$
$\dfrac{1}{x}$	$\int \dfrac{1}{x}dx = \ln x + C$
三角関数	$\int \sin x\, dx = -\cos x + C, \quad \int \cos x\, dx = \sin x + C$
対数関数	$\int \ln x\, dx = x\ln x + x + C$
指数関数	$\int e^x dx = e^x + C, \quad \int e^{ax}dx = \dfrac{1}{a}e^{ax} + C$

1.3.4　速度と積分

積分の定義が終わったので，速度と位置を積分でつなげよう．位置 $x(t)$ を時間で微分すると速度 $v(t)$ である．これは

$$\frac{dx}{dt} = v(t) \tag{1.26}$$

であった．これを積分を使って書きなおしてみよう．$x(t)$ は $v(t)$ の原始関数であるから，不定積分を使うと

$$x(t) = \int v(t)dt + C \quad (C は積分定数) \tag{1.27}$$

であり，定積分を使うと

$$\int_0^t v(\tau)d\tau = x(t) - x(0) \Leftrightarrow x(t) = \int_0^t v(\tau)d\tau + x(0) \tag{1.28}$$

である．定積分はそもそも図形の面積と対応していたことを思い出すと，$v(t)$ のグラフと $x(t)$ のグラフの関係は次の例のように説明できる．

例 1.4　図 1.24 のように，速度が $v(t) = \begin{cases} t & (0 \leq t < 1) \\ -t+2 & (1 \leq t < 2) \end{cases}$ で与えられており，$x(0) = 0$ の場合の $x(t)$ を求めよう．

速度と位置の関係（式 (1.28)）から，

$$x(t) = \int_0^t v(\tau)d\tau + x(0) \tag{1.29}$$

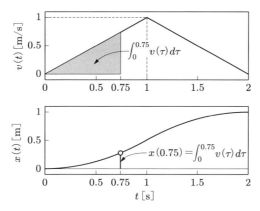

図 1.24 速度から位置を求める

であるので，$t = 0.75$ では次式で得られる．

$$x(0.75) = \int_0^{0.75} v(\tau)d\tau + 0 = \int_0^{0.75} \tau d\tau + 0 = \left[\frac{\tau^2}{2}\right]_0^{0.75} = 0.28125 \quad (1.30)$$

$v(t)$ のグラフにおける $0 \leq t \leq 0.75$（色がついている部分の面積）が，$x(0.75)$，つまり $x(t)$ のグラフの $t = 0.75$ での高さに対応している．

任意の t での $x(t)$ を求めるために場合分けをすると，それぞれ次のようになる．
- $0 \leq t < 1$ の場合

$$x(t) = \int_0^t v(\tau)d\tau + x(0) = \int_0^t \tau d\tau + 0 = \left[\frac{\tau^2}{2}\right]_0^t = \frac{t^2}{2}$$

- $1 \leq t < 2$ の場合

$$x(t) = \int_0^t v(\tau)d\tau + x(0) = \int_0^1 \tau d\tau + \int_1^t (-\tau + 2)d\tau + 0 = \frac{1}{2} + \left[-\frac{\tau^2}{2} + 2\tau\right]_1^t$$

$$= -\frac{t^2}{2} + 2t - 1$$

速度から位置を求める場合に限らず，単位時間あたりの変化率から「これまでの合計」を求めるときに，定積分を利用できる．

例 1.5 (1) 1 [s] あたりの収入が $b(t)$ [円/s] だった場合，時刻 0 から t までの合計収入は $\int_0^t b(\tau)d\tau$ [円] である．

(2) バケツに流れ込む水の速度が $v(t)$ [m³/s] だった場合，時刻 0 から t までに新た

にバケツにたまった水の量は $\int_0^t v(\tau)d\tau$ [m^3] である．

(3) コンデンサに流れ込む電流が $I(t)$ [A] だった場合，時刻 0 から t までに新たにコンデンサにたまった電荷量は $\int_0^t I(\tau)d\tau$ [C] である．

1.4 本章のまとめ

- 速度は $\dfrac{(位置の変化量)}{(かかった時間)}$ である
- 時間の変化を限りなく短くすることで「瞬間の」変化率が得られる
- 瞬間の変化率を求める演算が「微分」である
- 面積を求める演算を一般化したものが「積分」である
- 「積分」は「微分」の逆演算である

本章の議論に必要ないくつかの定理，定義などは補遺に改めて示すので，必要であれば参照されたい．

章末問題

1.1 時刻 t [s] に対する物体の位置 $x(t)$ [m] が図 1.25 のように与えられている．以下の時間区間における平均速度を求めよ．また，横軸に時刻，縦軸に速度を示したグラフを描け．

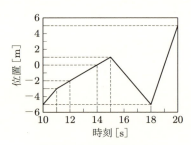

図 1.25　時刻と物体の位置

(1) 12 [s] から 14 [s]　　(2) 15 [s] から 18 [s]　　(3) 14 [s] から 20 [s]

解答　(1) $\dfrac{0-(-2)}{14-12}=1$ [m/s]　(2) $\dfrac{-5-1}{18-15}=-2$ [m/s]　(3) $\dfrac{5-0}{20-14}=\dfrac{5}{6}$ [m/s]

速度のグラフは図 1.26 となる．

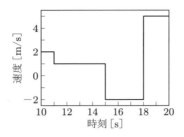

図 1.26 時刻と物体の速度

1.2 時刻 t [s] に対する物体の位置 $x(t)$ [m] が次式のように与えられている．ここから定義に基づいて $x(t)$ を微分し，速度 $v(t)$ および加速度 $a(t)$ を求めよ．

(1) $x(t) = t^2 + t + 1$　　(2) $x(t) = \dfrac{2t+1}{3t+1}$

解答 (1)　$v(t) = \lim\limits_{\Delta t \to 0} \dfrac{\Delta x}{\Delta t} = \lim\limits_{\Delta t \to 0} \dfrac{x(t+\Delta t) - x(t)}{\Delta t}$

$= \lim\limits_{\Delta t \to 0} \dfrac{(t+\Delta t)^2 + (t+\Delta t) + 1 - (t^2 + t + 1)}{\Delta t}$

$= \lim\limits_{\Delta t \to 0} \dfrac{t^2 + 2t \cdot \Delta t + \Delta t^2 + (t+\Delta t) + 1 - (t^2 + t + 1)}{\Delta t}$

$= \lim\limits_{\Delta t \to 0} \dfrac{2t \cdot \Delta t + \Delta t^2 + \Delta t}{\Delta t} = \lim\limits_{\Delta t \to 0} (2t + \Delta t + 1) = 2t + 1$

したがって，$v(t) = 2t + 1$ [m/s]

同様に，$a(t) = \lim\limits_{\Delta t \to 0} \dfrac{v(t+\Delta t) - v(t)}{\Delta t} = \lim\limits_{\Delta t \to 0} \dfrac{2(t+\Delta t) + 1 - (2t+1)}{\Delta t} = 2$

なので，$a(t) = 2$ [m/s^2] となる．

(2)（略解）$v(t) = -\dfrac{1}{(3t+1)^2}$, $a(t) = \dfrac{6}{(3t+1)^3}$

1.3 時刻 t [s] に対する物体の位置 $x(t)$ [m] が，図 1.27 のようにそれぞれ与えられている．ここから定義に基づいて $x(t)$ を微分し，速度 $v(t)$ および加速度 $a(t)$ を求め，図示せよ．

（1）$x(t)$ は t の二次関数である．

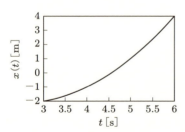

（2）$5 \leq t < 10, 10 \leq t < 16$ それぞれの区間で，$x(t)$ は t の二次関数である．

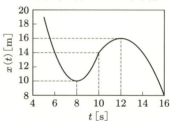

（3）$x(t)$ は正弦波である．

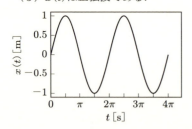

（4）$x(t)$ は正弦波である．

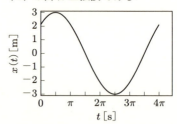

図 1.27 時刻に対する物体の位置

解答 (1) $(t, x) = (3, -2), (4, -1), (5, 1), (6, 4)$ を通ることから，$x(t) = 0.5t^2 - 2.5t + 1$ であることがわかる．これを時間で微分すると，

$$v(t) = \dot{x}(t) = t - 2.5, \quad a(t) = \ddot{x}(t) = 1$$

となる．図示すると図 1.28 となる．

(2)（略解）$x(t) = \begin{cases} (t-8)^2 + 10 & (5 \leq t < 10) \\ -(t-12)^2/2 + 16 & (10 \leq t < 16) \end{cases}$ である．これを時間で微分すると，

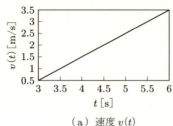

（a）速度 $v(t)$

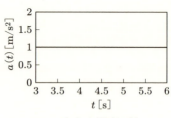

（b）加速度 $a(t)$

図 1.28 (1) の解答

$$v(t) = \dot{x}(t) = \begin{cases} 2(t-8) & (5 \le t < 10) \\ -(t-12) & (10 \le t < 16) \end{cases}, \quad a(t) = \ddot{x}(t) = \begin{cases} 2 & (5 \le t < 10) \\ -1 & (10 \le t < 16) \end{cases}$$

となる．図示すると図 1.29 となる．

(3) (略解) $x(t) = \sin t$ なので，

$$v(t) = \cos t, \quad a(t) = -\sin t$$

となる．図示すると図 1.30 になる．

(4) (略解) $x(t) = 3\sin(t/2 + \pi/4)$ なので，

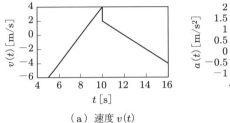

(a) 速度 $v(t)$ 　　　　　　(b) 加速度 $a(t)$

図 1.29 　(2) の解答

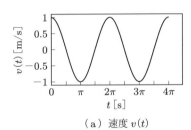 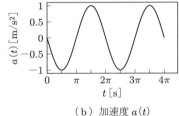

(a) 速度 $v(t)$ 　　　　　　(b) 加速度 $a(t)$

図 1.30 　(3) の解答

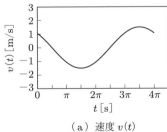 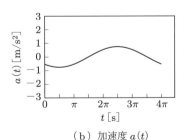

(a) 速度 $v(t)$ 　　　　　　(b) 加速度 $a(t)$

図 1.31 　(4) の解答

$$v(t) = \frac{3}{2}\cos\left(\frac{t}{2} + \frac{\pi}{4}\right), \quad a(t) = -\frac{3}{4}\sin\left(\frac{t}{2} + \frac{\pi}{4}\right)$$

となる．図示すると図 1.31 になる．

1.4 以下の関数を微分せよ．

(1) $f(t) = t^2 + \sin t$ (2) $f(t) = \sqrt{t}$ (3) $f(t) = \ln t^2$
(4) $f(t) = e^{k+t}$ （k は定数） (5) $f(t) = e^t \sin t$

解答 (1) $\dfrac{df}{dt} = \dfrac{d}{dt}(t^2 + \sin t) = \dfrac{d}{dt}t^2 + \dfrac{d}{dt}\sin t = 2t + \cos t$

(2) $\dfrac{df}{dt} = \dfrac{d}{dt}\sqrt{t} = \dfrac{d}{dt}t^{\frac{1}{2}} = \dfrac{1}{2}t^{-\frac{1}{2}} = \dfrac{1}{2\sqrt{t}}$ (3) $\dfrac{df}{dt} = \dfrac{d}{dt}\ln t^2 = \dfrac{d}{dt}2\ln t = \dfrac{2}{t}$

(4) $\dfrac{df}{dt} = \dfrac{d}{dt}e^{k+t} = e^k \dfrac{d}{dt}e^t = e^k \cdot e^t = e^{k+t}$

(5) $\dfrac{df}{dt} = \dfrac{d}{dt}(e^t \sin t) = \left(\dfrac{d}{dt}e^t\right)\sin t + e^t \dfrac{d}{dt}\sin t = e^t \sin t + e^t \cos t = e^t(\sin t + \cos t)$

1.5 以下の関数を微分せよ．

(1) $f(t) = \dfrac{1}{\sqrt{t^2 + 1}}$ (2) $f(t) = \ln \sin^2 t$ (3) $f(t) = e^{t^2}$
(4) $f(t) = e^t \sin \omega t$ （ω は定数）

解答

(1) $u = t^2 + 1$ とすると，$\dfrac{du}{dt} = 2t$．また，$f = \dfrac{1}{\sqrt{u}} = u^{-\frac{1}{2}}$ なので，$\dfrac{df}{du} = -\dfrac{1}{2}u^{-\frac{3}{2}}$．

したがって，$\dfrac{df}{dt} = \dfrac{df}{du} \cdot \dfrac{du}{dt} = -\dfrac{1}{2}u^{-\frac{3}{2}} \cdot 2t = -t(t^2 + 1)^{-\frac{3}{2}}$ となる．

(2) $u(t) = \sin^2 t$ とすると，$\dfrac{du}{dt} = 2\sin t \cos t$．また，$f = \ln u$ なので，$\dfrac{df}{du} = \dfrac{1}{u}$．

したがって，$\dfrac{df}{dt} = \dfrac{df}{du} \cdot \dfrac{du}{dt} = \dfrac{1}{u} \cdot 2\sin t \cos t = \dfrac{1}{\sin^2 t} \cdot 2\sin t \cos t = 2\dfrac{\cos t}{\sin t} = \dfrac{2}{\tan t}$

となる．

(3) $u(t) = t^2$ とすると，$\dfrac{du}{dt} = 2t$．また，$f = e^u$ なので，$\dfrac{df}{du} = e^u$．

したがって，$\dfrac{df}{dt} = \dfrac{df}{du} \cdot \dfrac{du}{dt} = e^u \cdot 2t = 2te^{t^2}$ となる．

(4) $\dfrac{df}{dt} = \dfrac{d}{dt}(e^t) \cdot \sin \omega t + e^t \cdot \dfrac{d}{dt}(\sin \omega t) = e^t \sin \omega t + e^t \omega \cos \omega t$
$= e^t(\sin \omega t + \omega \cos \omega t)$

1.6 $f(t) = e^{kt}$，k は定数とする．$\dfrac{d^2 f}{dt^2} = -f(t)$ が成り立つときの k を求めよ．

解答 $\dfrac{d^2 f}{dt^2} = \dfrac{d^2}{dt^2} e^{kt} = k^2 e^{kt} = k^2 f(t) = -f(t)$ より, $k^2 = -1$. したがって, $k = \pm j$ となる†.

[補足] $k = j$ のみでは不十分. 二次方程式の解は複素数の範囲内では二つあり, それらはどのような場合でも求めることができるため, 特別な場合を除いては二つとも示すべきである.

1.7 以下の等式が成り立つことを証明せよ. ここで f, g, h は微分可能な関数であるとする.

(1) $\dfrac{d}{dt}\{f(t)\}^2 = 2f\dfrac{df}{dt}$ (2) $\dfrac{d}{dt}\{f(t)g(t)h(t)\} = \dfrac{df}{dt}gh + f\dfrac{dg}{dt}h + fg\dfrac{dh}{dt}$

解答 (1) $\dfrac{d}{dt}\{f(t)\}^2 = \dfrac{df}{dt}f + f\dfrac{df}{dt} = 2f\dfrac{df}{dt}$

(2) $\dfrac{d}{dt}\{f(t)g(t)h(t)\} = \dfrac{df}{dt}gh + f\dfrac{d}{dt}(gh) = \dfrac{df}{dt}gh + f\dfrac{dg}{dt}h + fg\dfrac{dh}{dt}$

1.8 時刻 t [s] に対する物体の位置 $x(t)$ [m] が次式のように与えられている. 速度 $v(t)$ および加速度 $a(t)$ を求めよ. 単位を併記すること.

(1) $x(t) = \dfrac{1}{2}at^2 + v_0 t + x_0$ (a, v_0, x_0 は定数) (2) $x(t) = A\sin\omega t$ (A, ω は定数)

(3) $x(t) = c_1 + c_2 t + c_3 e^{-t}$ (c_1, c_2, c_3 は定数)

解答 (1) $v(t) = \dfrac{dx}{dt} = at + v_0$ [m/s], $a(t) = \dfrac{dv}{dt} = a$ [m/s²]

(2) $v(t) = \dfrac{dx}{dt} = A\omega\cos\omega t$ [m/s], $a(t) = \dfrac{dv}{dt} = -A\omega^2 \sin\omega t$ [m/s²]

(3) $v(t) = \dfrac{dx}{dt} = c_2 - c_3 e^{-t}$ [m/s], $a(t) = \dfrac{dv}{dt} = c_3 e^{-t}$ [m/s²]

1.9 以下の物理量を表す式を示せ.

(1) 高さ h に対する圧力 p の変化率
(2) 時間 t に対する圧力 p の変化率
(3) 温度 T に対する圧力 p の変化率
(4) 音源からの距離 l の変化に対する音量 v の変化率
(5) 明るさ L の光源からの距離 r に対する変化率
(6) 音量 P の音源からの距離 r に対する変化率
(7) 標高 H に対する水圧 p の変化率
(8) 時間 t の変化に対して位置 x が変化する割合
(9) 位置 x が時間 t の変化に対して変化する割合

---

† 本書では j を虚数単位として用いる.

解答
(1) $\dfrac{dp}{dh}$ (2) $\dfrac{dp}{dt}$ (3) $\dfrac{dp}{dT}$ (4) $\dfrac{dv}{dl}$ (5) $\dfrac{dL}{dr}$ (6) $\dfrac{dP}{dr}$ (7) $\dfrac{dp}{dH}$ (8) $\dfrac{dx}{dt}$ (9) $\dfrac{dx}{dt}$

1.10 周波数 f [Hz] の正弦波を微分したときに，振幅と周波数はそれぞれどのようになるか．根拠とともに示せ．

解答 $\dfrac{d}{dt}(\sin 2\pi ft) = 2\pi f\cos 2\pi ft$ なので，振幅は $2\pi f$ 倍となり，周波数は変わらない．

1.11 周波数 f [Hz] の正弦波を積分したときに，振幅と周波数はそれぞれどのようになるか．根拠とともに示せ．

解答 $\displaystyle\int \sin 2\pi ft\, dt = -\dfrac{1}{2\pi f}\cos 2\pi ft$ なので，振幅は $\dfrac{1}{2\pi f}$ 倍となり，周波数は変わらない．

1.12 平面上を移動する物体の x 軸，y 軸方向の速度をそれぞれ速度 $v_x(t)$, $v_y(t)$ とし，図 1.32 のグラフで表されるとする（$t>5$ では速度は一定とする）．物体は時刻 $t=0$ で $x=1$, $y=2$ [m] を出発したとするとき，以下の設問に答えよ．

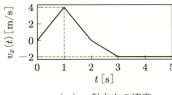
（a）x 軸方向の速度

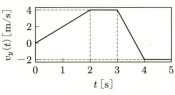
（b）y 軸方向の速度

図 1.32 各軸における速度

(1) x の最大値を求めよ．
(2) $x(t)$, $y(t)$ のグラフを図示せよ．
(3) $x=y$ となる時刻とその時刻での位置を求めよ．
(4) 最初に y 軸に交わる時刻と，その時刻での位置を求めよ．
(5) $0\le t\le 5$ での物体の平面上での軌跡を示せ．適宜計算機†を利用してよい．

解答 (1) $0\le t<2$ で $v_x>0$ であるから，$t=2$ で x は最大となる．

$$x(2)=\int_0^2 v_x(\tau)d\tau + x(0) = 4+1 = 5\,[\text{m}]$$

---

† 「計算機」はいわゆる「コンピュータ」を示している．電卓のことではない．

(2)
$$x(t) = \begin{cases} 2t^2 + 1 & (0 \leq t < 1) \\ -2t^2 + 8t - 3 & (1 \leq t < 2) \end{cases},$$

$$y(t) = t^2 + 2 \quad (0 \leq t < 2)$$

を図示すると，図 1.33 となる．

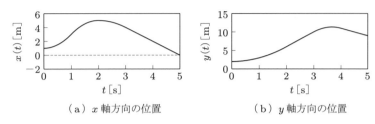

（a）x 軸方向の位置　　　　　　（b）y 軸方向の位置

図 1.33　各軸における位置

(3)（略解）
$-2t^2 + 8t - 3 = t^2 + 2 \; (1 \leq t < 2)$ を解いて，$t = 1, 5/3$ が得られる．
[別解] グラフを重ねて描き（図 1.34），そこから読み取ってもよい．
(4)（略解） 図 1.33 (a) より，$x(5) = 0$．よって，最初に y 軸に交わる時刻は 5 [s] である．
図 1.32 (b) より，$y(5) = \int_0^5 v_y(\tau) d\tau + y(0) = 9 \,[\text{m}]$．よって，$(x(5), y(5)) = (0, 9)$．
(5)（略解） (3) で求めた式を利用すると，図 1.35 となる．

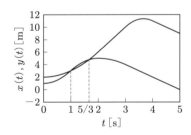
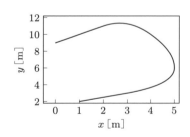

図 1.34　グラフの交点から時刻を求める　　　　図 1.35　平面上での軌跡

1.13 平面上を移動する物体の x 軸，y 軸方向の加速度をそれぞれ $a_x(t)$, $a_y(t)$ とし，図 1.36 のグラフで表されるとする．加速度は正弦波であり，物体は時刻 $t = 0$ で $x = 2$, $y = 0$ [m] を速度 $v_x = 0$, $v_y = 2$ [m/s] で出発したとするとき，以下の設問に答えよ．
(1) グラフから $a_x(t)$, $a_y(t)$ がどのような関数で表されるのかを示せ．
(2) $v_x(t)$, $v_y(t)$ を求め，図示せよ．　　(3) $x(t)$, $y(t)$ を求め，図示せよ．
(4) $0 \leq t \leq \pi$ でのこの物体の平面上での軌跡を示せ．始点，および運動の方向がわかる

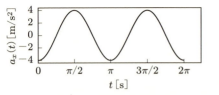

(a) x 軸方向の加速度　　　　　　　(b) y 軸方向の加速度

図 1.36　各軸における加速度

ようにすること．適宜計算機を利用してよい．

解答　(1)（略解）　　$a_x(t) = -4\cos 2t, \quad a_y(t) = -4\sin 2t$

(2) $\quad v_x(t) = \int_0^t a_x(\tau)d\tau + v_x(0) = -4\int_0^t \cos 2\tau d\tau + 0 = -4\left[\frac{1}{2}\sin 2\tau\right]_0^t$

$\quad\quad = -2\sin 2t$

$\quad\quad v_y(t) = \int_0^t a_y(\tau)d\tau + v_y(0) = -4\int_0^t \sin 2\tau d\tau + 2 = -4\left[-\frac{1}{2}\cos 2\tau\right]_0^t + 2$

$\quad\quad = 2\cos 2t$

グラフは図 1.37 となる．

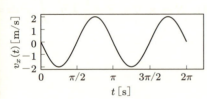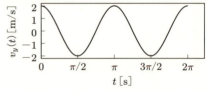

(a) x 軸方向の速度　　　　　　　(b) y 軸方向の速度

図 1.37　各軸における速度

(3)（略解）　$x(t) = \cos 2t, \ y(t) = \sin 2t$．グラフは図 1.38 となる．

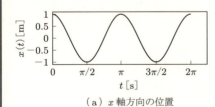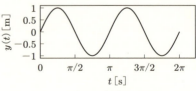

(a) x 軸方向の位置　　　　　　　(b) y 軸方向の位置

図 1.38　各軸における位置

(4)（略解） 図 1.39 のような半径 1，原点中心の円となる．

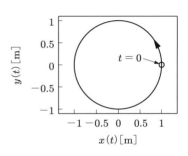

図 1.39　平面上での軌跡

1.14 区分求積法を利用して，以下の定積分を求めよ．

(1) $\int_0^1 x^2 dx$　　(2) $\int_0^x t\,dt$　　(3) $\int_0^x t^2\,dt$

解答
(1) $$s = \frac{1}{N}\left\{\frac{0^2}{N^2} + \frac{1^2}{N^2} + \cdots + \frac{(N-1)^2}{N^2}\right\} = \frac{1}{N^3}\{0^2 + 1^2 + \cdots + (N-1)^2\}$$
$$= \frac{1}{N^3} \cdot \frac{1}{6}(N-1)N(2N-1)$$

同様に，$S = \dfrac{1}{N^3} \cdot \dfrac{1}{6}N(N+1)(2N+1)$．$N \to \infty$ で $s, S \to \dfrac{1}{3}$ より，$\int_0^1 x^2 dx = \dfrac{1}{3}$．

(2) $s = \dfrac{x}{N}\left\{\dfrac{x}{N} + \dfrac{2x}{N} + \cdots + \dfrac{(N-1)x}{N}\right\} = \dfrac{x^2}{2} \cdot \dfrac{N-1}{N}$

同様に，$S = \dfrac{x^2}{2} \cdot \dfrac{N+1}{N}$．$N \to \infty$ の極限をとって，$\int_0^x t\,dt = \dfrac{x^2}{2}$．

(3)（略解） $\int_0^x t^2\,dt = \dfrac{x^2}{3}$

［補足］ いずれも求めたい定積分に対し，大きい面積 S と小さい面積 s を求めて，それらの極限が一致することを示している．

Chapter 2 微分方程式で現象を表す

この章ではいよいよ，微分方程式（＝「微分を含んだ方程式」）により，さまざまな現象を表現する．

なじみの深い運動の表現（力学）から始め，電気回路や生物，金融まで幅広く扱う．また，さまざまな曲線も微分方程式で表現できることを学ぶ．

この章では，微分方程式の解はまず天下り的に示して，それが解となることを確認する．これにより，どのような関数が微分方程式の解として頻繁に現れるかを把握しよう．それぞれの微分方程式に対する解については，「この形の関数はよく出てくるな」と把握できる程度でよい．また，解法がわかれば解は導出できるので，解を公式として暗記しなくてもよい．具体的な解法は次章でまとめるが，関係する節などを適宜示すので，ページを行き来しながら勉強するのも効果的である．

2.1 運動方程式

ニュートンは質量 m の物体の加速度 a と，物体にかかる力 F の間に以下の関係があることを示した．

$$ma = F \tag{2.1}$$

この式は**ニュートンの運動方程式 (equation of motion)** とよばれ，さまざまな条件でこの法則が成り立つことが実験的に確認されている[†]．

前章で述べたように，加速度 a は速度 v の一階微分，位置 x の二階微分で表される．したがって，式 (2.1) は

$$ma = F \quad \Leftrightarrow \quad m\frac{dv}{dt} = F \quad \Leftrightarrow \quad m\frac{d^2x}{dt^2} = F \tag{2.2}$$

[†] ニュートンの発見以降，200 年以上普遍の法則であると考えられてきたが，実は速度が非常に速い場合などにはこの法則だけでは運動を説明しきれないことが，20 世紀初頭以降発見されてきた．相対性理論や量子力学は，ニュートンの運動方程式のみでは説明できない条件下での物理学である．

のように，微分を含んだ方程式，つまり**微分方程式**(differential equation) で表されることになる．

この微分方程式を「解く」ことができれば，運動の様子がわかる．ここで「微分方程式を解く」というのは，「微分方程式を満たすような関数を求める」ことである．たとえば，微分方程式 $m\dfrac{dv}{dt} = F$ を解くとは，この式を満たす $v(t)$ を求めることであり，微分方程式 $m\dfrac{d^2x}{dt^2} = F$ を解くとは，この式を満たす $x(t)$ を求めることである．

2.1.1 物体の落下・投げ上げ

ここから，運動方程式の具体例とそれに対応する微分方程式を紹介する．最初はシンプルなものを扱い，徐々に複雑なものへと進んでいく．

<u>例 2.1</u>（**自由落下**） 最初は一番単純な自由落下の問題を考えよう（図 2.1）．

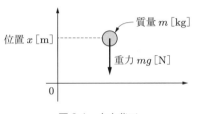

図 2.1 自由落下

地面からの高さ x [m] の位置に質量 m [kg] の物体があるとする．位置 x の符号は地面を $x = 0$ として，高いほうを正と定義する．この物体に作用する重力の大きさは mg [N] である．g は**重力加速度定数**とよばれ，地球の地表面上での加速度の大きさを示す定数で，およそ 9.8 [N/kg] である．

この状況を運動方程式 $ma = F$ で表そう．物体にかかっている力は重力のみで，大きさは mg，向きは x の方向と逆であるので，

$$ma = -mg \quad \Leftrightarrow \quad a = -g \tag{2.3}$$

となる．加速度は位置の二階微分であるので，

$$\dfrac{d^2x}{dt^2} = -g \tag{2.4}$$

の微分方程式が得られる．

この微分方程式を満たす $x(t)$ は，「二階微分して定数項が現れる関数」であるので，t の二次関数であると予想できる．試しに

50　Chapter 2　微分方程式で現象を表す

$$x(t) = c_2 t^2 + c_1 t + c_0 \quad (c_0, \ c_1, \ c_2 \text{ は定数}) \tag{2.5}$$

とおき，式 (2.4) に代入すると，

$$\frac{d^2 x}{dt^2} = 2c_2 = -g \ \Leftrightarrow \ c_2 = -\frac{1}{2}g \tag{2.6}$$

となり，微分方程式 (2.4) の解は次式となる．

$$x(t) = -\frac{1}{2}gt^2 + c_1 t + c_0 \tag{2.7}$$

c_0, c_1 の定数は，この微分方程式からは求めることができない．これらの定数は，最初 ($t=0$) の時点での物体の位置や速度がどのようになっているかにより定められる．たとえば，

- 時刻 $t = 0\,[\mathrm{s}]$ で物体の位置は $2\,[\mathrm{m}]$ で，物体は止まっている．

という条件は $x(0) = 2$, $v(0) = \dot{x}(0) = 0$ と解釈できる．これらを式 (2.7) に代入すると，

$$x(0) = -\frac{1}{2}g \cdot 0^2 + c_1 \cdot 0 + c_0 = c_0 = 2 \quad \text{よって，} \quad c_0 = 2 \tag{2.8}$$

$$v(0) = \dot{x}(0) = -g \cdot 0 + c_1 = c_1 = 0 \quad \text{よって，} \quad c_1 = 0 \tag{2.9}$$

が得られる．したがって，この場合の微分方程式の解は次式となる．

$$x(t) = -\frac{1}{2}gt^2 + 2 \tag{2.10}$$

実際，この関数を時間 t で微分して速度と加速度を求めると，

$$v(t) = \frac{dx}{dt} = -gt, \quad a(t) = \frac{dv}{dt} = \frac{d^2 x}{dt^2} = -g \tag{2.11}$$

となり，運動方程式と一致していることが確認できる．これらの位置・速度・加速度を図示したものが図 2.2 である．

上記のような $t=0$ の時点での条件は，**初期条件 (initial condition)** とよばれる．この問題で初期条件を $x(0) = x_0$, $v(0) = \dot{x}(0) = v_0$ と一般化した場合，微分方程式の解は

$$x(t) = -\frac{1}{2}gt^2 + v_0 t + x_0 \tag{2.12}$$

となる．

場当たり的でない解法は，3.2 節で解説する．

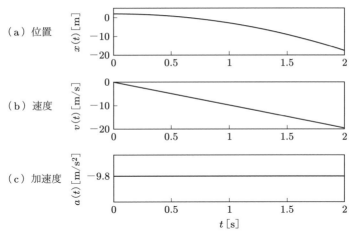

図 2.2 位置・速度・加速度の関係（自由落下）

例 2.2（投げ上げ） 質量 m の物体を地上から垂直に投げ上げる運動を考えよう．この場合でも運動方程式は自由落下の場合と同じで，

$$ma = -mg \quad \Leftrightarrow \quad a = -g \quad \Leftrightarrow \quad \frac{d^2 x}{dt^2} = -g \tag{2.13}$$

である．解も自由落下と同じで，

$$x(t) = -\frac{1}{2}gt^2 + c_1 t + c_0 \quad (c_0,\ c_1 \text{ は定数}) \tag{2.14}$$

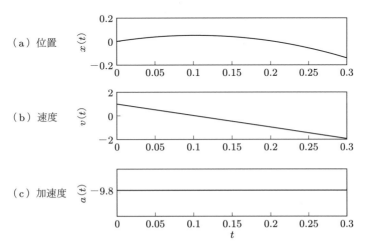

図 2.3 位置・速度・加速度の関係（投げ上げ）

となる．つまり，初期条件の違いのみで解が異なる．

時刻 $t=0$ で物体が地上にある $\Leftrightarrow x(0)=0$ であり，投げ上げている $\Leftrightarrow \dot{x}(0)=v_0>0$ とすると，微分方程式の解は

$$x(t) = -\frac{1}{2}gt^2 + v_0 t \tag{2.15}$$

となる．

$v_0 = 1\,[\mathrm{m/s}]$ の場合の位置・速度・加速度を図示したものが，図 2.3 である．

例 2.3（放物線） 地面から物体を斜めに投げ上げる問題を考えよう（図 2.4）．

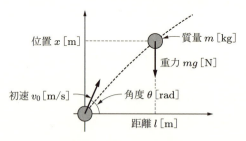

図 2.4 投げ上げと放物線

鉛直方向の位置 $x(t)$ に加え，物体は水平方向にも動くので，その距離を $l(t)$ とおく．鉛直方向の微分方程式は，前二つの例と同じく，

$$ma = -mg \quad \Leftrightarrow \quad a = -g \quad \Leftrightarrow \quad \frac{d^2 x}{dt^2} = -g \tag{2.16}$$

であり，その解も同じく次式となる．

$$x(t) = -\frac{1}{2}gt^2 + c_1 t + c_0 \quad (c_0,\ c_1 \text{ は定数}) \tag{2.17}$$

それに対し，水平方向には力がはたらいていないので，l に関する微分方程式は

$$m\frac{d^2 l}{dt^2} = 0 \quad \Leftrightarrow \quad \frac{d^2 l}{dt^2} = 0 \tag{2.18}$$

である．この微分方程式を満たす $l(t)$ は「二階微分して 0 になる関数」であるので，t の一次関数であると予想できる．試しに

$$l(t) = d_1 t + d_0 \quad (d_0,\ d_1 \text{ は定数}) \tag{2.19}$$

とおき，両辺を二階微分すると $\dfrac{d^2 l}{dt^2} = 0$ を満たす．

$x(t)$, $l(t)$ 中に現れている定数 c_0, c_1, d_0, d_1 は初期条件から決定される．ここでは，時刻 $t=0$ で物体は地上にあり，水平方向は初期位置を基準とする．これらの仮定は $x(0)=0$, $l(0)=0$ と表せる．また，斜めに投げ上げたときの速度を v_0，角度を θ とすると，鉛直方向の初期速度は $\dot{x}(0) = v_0 \cos\theta$，水平方向の初期速度は $\dot{l}(0) = v_0 \sin\theta$ となる．

これらの初期条件を式 (2.17)，(2.19) とそれらを微分した式に代入すると，解は次式となる．

$$x(t) = -\frac{1}{2}gt^2 + (v_0 \sin\theta)t, \quad l(t) = (v_0 \cos\theta)t \tag{2.20}$$

この解から t を消去し，$(l(t), x(t))$ の関係を表すと，

$$x(t) = -\frac{1}{2}g \cdot \frac{l(t)^2}{(v_0 \cos\theta)^2} + (\tan\theta)l(t) \tag{2.21}$$

となり，これを l-x 平面上に図示すると，上に凸の**放物線 (parabola)** となっている．一例として，$v_0 = 2$，$\theta = \dfrac{\pi}{6}$ [rad] とした場合の放物線が，図 2.5 である．

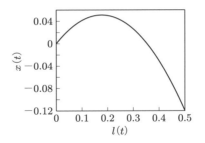

図 2.5　放物線の例

例 2.4（自由落下：空気抵抗のある場合）　発展として，物体が自由落下するが，空気抵抗がある場合を考えよう（図 2.6）．

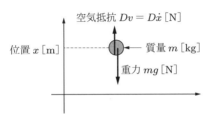

図 2.6　自由落下：空気抵抗のある場合

空気抵抗により物体にかかる力は，以下の性質がある．
- 力の大きさは，物体の速度が小さければ小さく，速度が大きければ大きい
- 力の向きは，物体の速度と逆の方向である

これらの性質を表すために，空気抵抗による力は正の定数 $D>0$ を用いて $-Dv(t) = -D\dot{x}(t)$ と表される[†]．

空気抵抗を考慮すると，運動方程式は

$$m\frac{d^2x}{dt^2} = -mg - D\frac{dx}{dt} \tag{2.22}$$

となる．これは x の二階微分方程式であるが，$\frac{dx}{dt} = v$ を代入し，

$$m\frac{dv}{dt} = -mg - Dv \Leftrightarrow \frac{dv}{dt} = -g - \frac{D}{m}v \tag{2.23}$$

と書きなおすこともできる．

この微分方程式から解の形を予測するのは難しいのだが，ひとまずここでは天下り的に与えてしまおう．きちんとした解法は，3.3, 3.4 節で解説する．

この微分方程式の解は，「微分して定数 $-g$ となる関数」と，「微分するとそれ自身の $-\frac{D}{m}$ 倍となる関数」の和であると予想できるので，

$$v(t) = c_1 t + c_2 + c_3 e^{-\frac{D}{m}t} \quad (c_1, \ c_2, \ c_3 \text{ は定数}) \tag{2.24}$$

とおいてみる．これを式 (2.23) に代入すると，

$$\dot{v} = c_1 + c_3\left(-\frac{D}{m}\right)e^{-\frac{D}{m}t} \tag{2.25}$$

$$式 (2.23) \Leftrightarrow c_1 + c_3\left(-\frac{D}{m}\right)e^{-\frac{D}{m}t} = -g - \frac{D}{m}(c_1 t + c_2 + c_3 e^{-\frac{D}{m}t})$$

$$\Leftrightarrow \frac{D}{m}c_1 t + c_1 + \frac{D}{m}c_2 = -g$$

$$よって， c_1 = 0, \quad c_2 = -\frac{mg}{D} \tag{2.26}$$

となる．したがって，解は次式となる．

$$v(t) = -\frac{mg}{D} + ce^{-\frac{D}{m}t} \quad (c \text{ は定数}) \tag{2.27}$$

[†] 空気による抵抗は空気の**粘性** (viscosity) に起因するので，この定数 D は**粘性摩擦係数** (viscous friction coefficient) とよばれることもある．

c は初期条件から決まる定数であり，たとえば時刻 $t=0$ で物体が静止している，つまり $v(0)=0$ である場合は

$$v(0) = -\frac{mg}{D} + ce^0 = -\frac{mg}{D} + c = 0 \quad \Leftrightarrow \quad c = \frac{mg}{D} \tag{2.28}$$

であり，解は次式となる．

$$v(t) = -\frac{mg}{D} + \frac{mg}{D}e^{-\frac{D}{m}t} = \frac{mg}{D}\left(e^{-\frac{D}{m}t} - 1\right) \tag{2.29}$$

ここで，m, D がともに正であることから

$$\lim_{t \to \infty} v(t) = \lim_{t \to \infty} \frac{mg}{D}\left(e^{-\frac{D}{m}t} - 1\right) = -\frac{mg}{D} \tag{2.30}$$

となり，空気抵抗がある場合は十分に時間が経過すると，速度は一定値 $-\frac{mg}{D}$ に収束することがわかる．これは，速度が無限に速くなる空気抵抗がない場合と根本的に異なる性質である．

式 (2.29) の関数の概形を確認しよう．今後頻繁に登場する，非常に重要な形である．簡単のため，$m=1$, $D=1$ としたものを図 2.7 に示す．

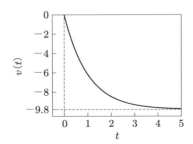

図 2.7 空気抵抗をともなう自由落下における速度

空気抵抗がない場合は，速度は時間に対して直線状（一次関数）で変化するが，空気抵抗がある場合は，図 2.7 のように曲線となる．また，空気抵抗がない場合は速度に上下限はないが，空気抵抗がある場合はある一定の値 $\left(\text{この例では} -\frac{mg}{D} = -9.8\right)$ に収束する．

2.1.2 ばね・重り系

例 2.5（ばね・重り系） ばね定数 k のばねに質量 m [kg] の台車が水平につながれている系（ばね・重り系）（図 2.8）を考える．台車の位置を $x(t)$ とし，ばねの自然長で

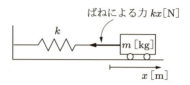

図 2.8 ばね・重り系

の台車の位置を $x=0$，右向きを正とする．台車は左右になめらかに動き，ばねからの力のみを受けると仮定する．

ばねの伸びにより物体にかかる力には，以下の性質がある．
- 力の大きさは，伸びの長さに比例する
- 力の向きは，伸びと逆の方向である

これらの性質は**フックの法則 (Hooke's law)**†として知られており，物体がばねから受ける力 F は，正の定数 $k>0$ を用いて $F=-kx$ と表される．したがって，運動方程式は

$$m\frac{d^2x}{dt^2} = -kx \quad \Leftrightarrow \quad \frac{d^2x}{dt^2} = -\frac{k}{m}x \tag{2.31}$$

となる．この微分方程式も，ここから解の形を予測するのは難しいのだが，ひとまずここでは天下り的に与えてしまおう．きちんとした解法は 3.5 節を参照すること．

この微分方程式の解は，「二階微分して自分自身の $-\dfrac{k}{m}$ 倍となる関数」であると予想できるので，

$$x(t) = A\cos\sqrt{\frac{k}{m}}t + B\sin\sqrt{\frac{k}{m}}t \quad (A,\ B\text{ は定数}) \tag{2.32}$$

としてみる．この関数を二階微分すると，

$$\dot{x}(t) = -A\sqrt{\frac{k}{m}}\sin\sqrt{\frac{k}{m}}t + B\sqrt{\frac{k}{m}}\cos\sqrt{\frac{k}{m}}t \quad (A,\ B\text{ は定数}) \tag{2.33}$$

$$\ddot{x}(t) = -A\frac{k}{m}\cos\sqrt{\frac{k}{m}}t - B\frac{k}{m}\sin\sqrt{\frac{k}{m}}t$$

$$= -\frac{k}{m}\left(A\cos\sqrt{\frac{k}{m}}t + B\sin\sqrt{\frac{k}{m}}t\right) = -\frac{k}{m}x(t) \tag{2.34}$$

となり，確かに式 (2.31) を満たしている．

---

† イギリスの自然哲学者ロバート・フック (Hooke, Robert) にちなむ．ニュートンより 7 年早く生まれた (1635 年生まれ)，同時代の科学者である．

A, B は初期条件から定まる定数であり，たとえば時刻 $t=0$ でばねを $x(0)=x_0$ まで伸ばし，静止させて $(v(0)=\dot{x}(0)=0)$ から手を放すとすると，

$$x(0) = A\cos\sqrt{\frac{k}{m}}\cdot 0 + B\sin\sqrt{\frac{k}{m}}\cdot 0 = A = x_0 \tag{2.35}$$

$$\dot{x}(0) = -A\sqrt{\frac{k}{m}}\sin\sqrt{\frac{k}{m}}\cdot 0 + B\sqrt{\frac{k}{m}}\cos\sqrt{\frac{k}{m}}\cdot 0 = B = 0 \tag{2.36}$$

と定数が定まるので，この初期条件での解は

$$x(t) = x_0\cos\sqrt{\frac{k}{m}}\,t \tag{2.37}$$

となる．これは振幅 x_0，周期 $T=2\pi\sqrt{\dfrac{m}{k}}$ の周期で振動する関数であり，**単振動**とよばれる．ばねに重りをつけて手を放すと振動する現象を表している．

$k=1$ とさまざまな m に対して解を示したものが，図 2.9 である．下にいくほど重りが重い条件であり，周期が長くなっている．同じばねに重い台車をつけると周期が長くなることは，日常の直観とも一致している．

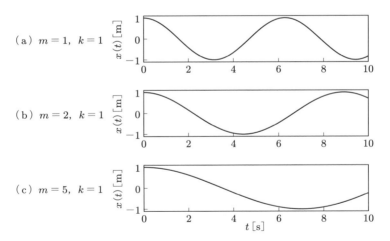

図 2.9　ばねの単振動（重りの質量を変えた場合）

例 2.6（ばね・重り系：空気抵抗のある場合）　先ほどの例に空気抵抗を加えてみよう（図 2.10）．空気抵抗を生じさせる装置は**ダンパ (damper)** とよばれ[†]，このような系を**ばね・重り・ダンパ系**とよぶこともある．

---

† 正確には，空気だけではなく，水や油などの液体によって抵抗を生じさせる装置もダンパとよばれる．

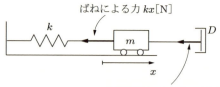

図 2.10 ばね・重り系：空気抵抗のある場合

式 (2.31) にさらに空気抵抗による力 $-D\dot{x}$ が加わるので，運動方程式は

$$m\frac{d^2x}{dt^2} = -kx - D\frac{dx}{dt} \Leftrightarrow \frac{d^2x}{dt^2} = -\frac{k}{m}x - \frac{D}{m}\frac{dx}{dt} \tag{2.38}$$

となる．

この微分方程式の解は，m，k，D の値によりさまざまな形をとるため，ここでは紹介しない．きちんとした解法と解は，3.5 節で解説する．

2.1.3 振り子

例 2.7（振り子の運動） 棒の一端に重りを付けた振り子の運動を考えよう（図 2.11）．

質量 m の重りが長さ l の細い棒の一端に取り付けられている．棒のもう一端は自由に回転できるものとする．θ を棒の角度とし，鉛直下向きのとき $\theta = 0$，時計回りを正 ($\theta > 0$) とする．

重りにかかる重力は mg であり，これを棒の延長方向と垂直な方向（回転方向）に分解すると，それぞれ $mg\cos\theta$，$mg\sin\theta$ となる．棒は伸び縮みせず回転のみすると仮定すると，$mg\sin\theta$ のみが運動にかかわることになる．

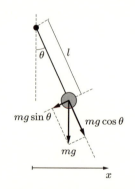

図 2.11 振り子の運動

ニュートンの運動方程式 $m\ddot{x} = F$ は位置 x に関する方程式なので，振り子の角度 θ と横方向の位置 x との関係を導く必要がある．棒が鉛直下向きのときの振り子の横方向の位置を $x = 0$ とし，右向きを正 ($x > 0$) とする．すると，$x = l\sin\theta$ の関係が得られるが，θ が十分に小さい場合，$\sin\theta \simeq \theta$ の近似†を用いると，

$$x = l\theta \tag{2.39}$$

の関係が成り立つ（この近似には**テイラー展開 (Taylor expansion)** を利用する．詳

---

† $a \simeq b$ は「a と b は近似的に等しい」を示す．

細は定義 A.5 を参照すること）．この近似を円周方向の力にも適用すると，

$$mg\sin\theta \simeq mg\theta \tag{2.40}$$

となる．

これらをニュートンの運動方程式に代入すると，

$$m\frac{d^2}{dt^2}(l\theta) = -mg\theta \Leftrightarrow \frac{d^2\theta}{dt^2} = -\frac{g}{l}\theta \tag{2.41}$$

となる．得られた微分方程式の形に注意すると，ばね・重り系（例 2.5）の微分方程式 (2.31) と係数が変わっているだけである．したがって，解は同じ方針で予想することができ，

$$\theta(t) = A\cos\sqrt{\frac{g}{l}}\,t + B\sin\sqrt{\frac{g}{l}}\,t \quad (A,\ B \text{ は定数}) \tag{2.42}$$

となる．この関数が微分方程式 (2.41) を満たすことも確認できる（→演習問題 2.3）．

初期条件を定めると A, B が定まるのも同様である．たとえば，$t=0$ で $\theta(0) = \theta_0$, $\dot{\theta}(0) = 0$ とすると，

$$\theta(t) = \theta_0 \cos\sqrt{\frac{g}{l}}\,t \tag{2.43}$$

となる（→演習問題 2.3）．これは振幅 θ_0, 周期 $T = 2\pi\sqrt{\dfrac{l}{g}}$ で振動する関数であり，これも**単振動**である．

ばねと重力では力の元が異なるが，「変位（位置や角度の変化）の大きさに比例し，変位と逆向きに力がかかる」点が共通であり，その結果，似た運動が生じる．

2.1.4 円運動

<u>例 2.8</u>（円運動と向心力・遠心力） 質量 m の物体が水平面上で一定の速度 V で半径 r の円運動をしていると仮定する（図 2.12）．この例では，これまでとは逆に，物体の軌跡から物体にかかっている力を求め，そこからさらに運動方程式（微分方程式）を導出してみよう．

運動している円の中心を原点とし，x, y 軸を図 2.12 のようにとる．θ は物体の位置の角度を表す．微小時間 dt の間に角度が $d\theta$ だけ変化したとすると，

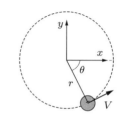

図 2.12 円運動と向心力・遠心力

の関係が成り立つ.

V, r が定数であるので，この微分方程式（式 (2.44)）の解は

$$\theta = \frac{V}{r}t + C \quad (C \text{ は定数})\tag{2.45}$$

と予想できる（式 (2.44) の両辺を t で積分してもよい）．角速度 $\omega = \dot{\theta} = \dfrac{V}{r}$ を利用し，時刻 $t = 0$ での角度を $\theta(0) = \theta_0$ とすると，次式で表せる．

$$\theta(t) = \omega t + \theta_0 \tag{2.46}$$

また，物体の位置 $(x, y)^T$ は[†]，次式で表される．

$$\begin{pmatrix} x \\ y \end{pmatrix} = \begin{pmatrix} r\cos\theta \\ r\sin\theta \end{pmatrix} = \begin{pmatrix} r\cos(\omega t + \theta_0) \\ r\sin(\omega t + \theta_0) \end{pmatrix} \tag{2.47}$$

これを時刻 t で微分すると，x, y 軸方向の移動速度 $\dot{x}$, $\dot{y}$ が得られる．

$$\begin{pmatrix} \dot{x} \\ \dot{y} \end{pmatrix} = \begin{pmatrix} -r\dot{\theta}\sin\theta \\ r\dot{\theta}\cos\theta \end{pmatrix} = \begin{pmatrix} -V\sin\theta \\ V\cos\theta \end{pmatrix} \tag{2.48}$$

さらに時刻 t で微分すると，x, y 軸方向の加速度 $\ddot{x}$, $\ddot{y}$ が得られる．

$$\begin{pmatrix} \ddot{x} \\ \ddot{y} \end{pmatrix} = \begin{pmatrix} -V\dot{\theta}\cos\theta \\ -V\dot{\theta}\sin\theta \end{pmatrix} = \begin{pmatrix} -\dfrac{V^2}{r}\cos\theta \\ -\dfrac{V^2}{r}\sin\theta \end{pmatrix} = \begin{pmatrix} -\dfrac{V^2}{r}\cdot\dfrac{x}{r} \\ -\dfrac{V^2}{r}\cdot\dfrac{y}{r} \end{pmatrix} \tag{2.49}$$

したがって，それぞれの軸方向で物体にかかっている力 F_x, F_y は

$$F_x = m\ddot{x} = -m\frac{V^2}{r}\cdot\frac{x}{r}, \quad F_y = m\ddot{y} = -m\frac{V^2}{r}\cdot\frac{y}{r} \tag{2.50}$$

であることがわかる．いずれも物体の位置に対して逆向き（負号が付いている）であり，ばねの運動や振り子の運動と同様に，中心に引っ張る力がはたらいていることがわかる．このような力を**向心力**とよぶ．この力がなければ物体はまっすぐ運動するのだが，中心に向かって引っ張る力があるために円運動をしていると解釈される．

向心力の大きさ F は

[†] ベクトルや行列についた T は転置を表し，$(x, y)^T \equiv \begin{pmatrix} x \\ y \end{pmatrix}$ である．

$$F = \sqrt{F_x^2 + F_y^2} = \sqrt{\left(-m\frac{V^2}{r} \cdot \frac{x}{r}\right)^2 + \left(-m\frac{V^2}{r} \cdot \frac{y}{r}\right)^2} = \sqrt{m^2 \frac{V^4}{r^4}(x^2 + y^2)}$$

$$= m\frac{V^2}{r} \quad (x^2 + y^2 = r^2 \text{ より}) \tag{2.51}$$

となっていることがわかる．角速度 $\omega = \dot{\theta} = \dfrac{V}{r}$ を利用すると，

$$F = m\frac{V^2}{r} = mr\left(\frac{V}{r}\right)^2 = mr\omega^2 \tag{2.52}$$

と表すこともできる．

向心力とよく似た言葉に**遠心力**がある．この物体の上に人間が乗った場合を考えてみよう．人間は速度方向（つまり，円周方向）に動いているが，物体は運動の中心（原点）に向かって曲がって運動する．その結果，人間は足もとが引っ張られて上体が物体と運動の中心から離れることになる．この例で人間が受けたような，円運動をしている物体の中心から離れる方向にはたらく力を遠心力とよぶ．

ここまで，たくさんの物理の問題を微分方程式として見てきた．繰り返しになるが，具体的な解法は次章で説明するため，解を丸暗記する必要はない．

さらに，外から力が加わるような問題も微分方程式として表現でき，いくつかの問題については解法がある．これらの解法についても 3.4，3.6 節で述べる．

演習問題

2.1 物体を地面から斜め上に投げ上げる．鉛直方向の位置と水平方向の位置をそれぞれ $x(t)$，$l(t)$ とし，$x(t)$ は鉛直上向きを正とする．投げ上げる速度は v_0 で，$l(t)$ に対してなす角度を θ とする．初期位置を $x(0) = l(0) = 0$ としたとき，以下の設問に答えよ．

(1) $x(t)$，$l(t)$ が満たす運動方程式を微分方程式として表せ．
(2) (1) で示した微分方程式の解を予測し，微分方程式に代入して解となることを確認せよ．
(3) 初期条件を代入して $x(t)$，$l(t)$ を求めよ．
(4) 物体が地面に落ちるまでに水平方向に移動した距離が最大となる θ を求めよ．

解答 (1) から (3) は，例 2.3 に解説があるので省略する．

(4) $x(t) = -\dfrac{1}{2}gt^2 + (x_0 \sin\theta)t = 0 \Leftrightarrow t = 0, \dfrac{2\sin\theta}{g}$ より，物体が地面に落ちる時刻は $t = \dfrac{2\sin\theta}{g}$．$l(t) = (v_0 \cos\theta)t$ に代入すると，$l = v_0 \cos\theta \cdot \dfrac{2\sin\theta}{g} = \dfrac{2v_0}{g}\cos\theta\sin\theta$

$$= \frac{2v_0}{g}\sin 2\theta.\ \sin 2\theta = 1 \text{ であると水平方向に移動した距離が最大となるので, } 2\theta = \frac{\pi}{2}.$$
したがって, $\theta = \frac{\pi}{4}$.

2.2 例 2.4 に示したように, 空気抵抗のある場合の自由落下での物体の速度は

$$v(t) = -\frac{mg}{D} + ce^{-\frac{D}{m}t} \quad (c \text{ は定数}) \tag{2.53}$$

である. 時刻 $t=0$ で物体に与えた速度が v_0 であったときの c を求め, $v(t)$ を示せ. また, この条件下で十分に時間が経過したときの速度を求めよ.

解答 $v(0) = -\frac{mg}{D} + c = v_0.$ したがって,

$$c = v_0 + \frac{mg}{D}, \quad v(t) = -\frac{mg}{D} + \left(v_0 + \frac{mg}{D}\right)e^{-\frac{D}{m}t}$$

十分に時間が経過すると, $\displaystyle\lim_{t\to\infty}\left\{-\frac{mg}{D} + \left(v_0 + \frac{mg}{D}\right)e^{-\frac{D}{m}t}\right\} = -\frac{mg}{D}$ となる.

2.3 (1) 式 (2.42) が式 (2.41) の解であることを確認せよ.
(2) 式 (2.42) が初期条件 $\theta(0) = \theta_0,\ \dot{\theta}(0) = 0$ を満たすように, 定数 $A,\ B$ を定めよ.

解答 (1) 式 (2.42) $\Leftrightarrow \theta(t) = A\cos\sqrt{\frac{g}{l}}t + B\sin\sqrt{\frac{g}{l}}t$ の両辺を t で二階微分する.
$\dfrac{d^2\theta}{dt^2} = -A\dfrac{g}{l}\cos\sqrt{\dfrac{g}{l}}t - B\dfrac{g}{l}\sin\sqrt{\dfrac{g}{l}}t = -\dfrac{g}{l}\theta(t)$ となり, 微分方程式 (2.41) が導出できた. したがって, 式 (2.42) は式 (2.41) の解である.
(2) $\quad \theta(0) = A\cos 0 + B\sin 0 = A = \theta_0 \quad$ よって, $\quad A = \theta_0$

$$\dot{\theta}(t) = -\theta_0\sqrt{\frac{g}{l}}\sin\sqrt{\frac{g}{l}}t + B\sqrt{\frac{g}{l}}\cos\sqrt{\frac{g}{l}}t$$

$$\dot{\theta}(0) = -\theta_0\sqrt{\frac{g}{l}}\sin 0 + B\sqrt{\frac{g}{l}}\cos 0 = B\sqrt{\frac{g}{l}} = 0 \quad \text{よって, } \quad B = 0$$

したがって, $\theta(t) = \theta_0 \cos\sqrt{\dfrac{g}{l}}t$ となる.

2.2　電気回路

次は電気回路について述べよう. **抵抗 (resistor)** はもっとも基本的な素子であり,

そこに流れる電流 I [A] と電位差 E_R [V] の間には**オームの法則 (Ohm's law)**

$$E_R = -RI \tag{2.54}$$

が成り立つことがよく知られている[†]．ここで，R [Ω] は抵抗の大きさであり，電位は電流が流れ込む元を基準としている．

抵抗に加え，**コイル (coil)**，**コンデンサ (capacitor)** が基本的な素子である．これらを組み合わせた（直列）回路は電気回路の基礎的な構成であり，その特徴が微（積）分方程式によって記述される．以下，代表的な組み合わせの回路について微分方程式を導出する．抵抗・コイル・コンデンサの特性は何度も現れるため，ここで電位差を回路記号とともに表 2.1 にまとめて紹介する．コイル，コンデンサには，生じる電位差が，コイルは電流の微分，コンデンサは電流の積分に比例するという特性がある．その理由については，2.2.2 項で詳しく述べることとする．

表 2.1 抵抗・コイル・コンデンサの特性

	抵抗	コイル	コンデンサ
電位差	$E_R = -RI$	$E_L = -L\dfrac{dI}{dt}$	$E_C = -\dfrac{1}{C}\left(\displaystyle\int_0^t I(\tau)d\tau + Q(0)\right) = -\dfrac{Q(t)}{C}$
回路記号	─▭─	─⌒⌒⌒─	─┤├─

2.2.1 基本的な電気回路

<u>例 2.9</u>（抵抗・コイル回路 (RL 回路)） この節の冒頭でも述べたように，**コイル (coil)** は電気回路の代表的な素子である．

コイルは鉄芯などに導線を巻きつけたものである．電流が一定の場合はただの導線と変わりがないが，電流が時間とともに変化すると，その変化を妨げる方向に起電力が生じるという，いわゆる，**電磁誘導 (electromagnetic induction)** を起こす．

その大きさは電流の時間に対する変化率（電流の変化速度）に比例することが知られており，したがって，コイルに流れる電流 I [A] と電位差 E_L [V] の間には

$$E_L = -L\frac{dI}{dt} \tag{2.55}$$

が成り立つ（式 (2.82) 参照）．ここで，L は**インダクタンス (inductance)** とよばれ

[†] 18 世紀後半〜19 世紀前半のドイツの物理学者ゲオルグ・オームにちなむ．抵抗の単位も彼の名前にちなんでいる．
　余談ではあるが，電気関連の単位はほとんどが科学者の名前から付けられている．電流の単位アンペア (ampere) はフランスの物理学者アンペール (Ampère) に，電圧・電位差の単位ボルト (volt) はイタリアの物理学者 (Volta) に，それぞれちなんでいる．

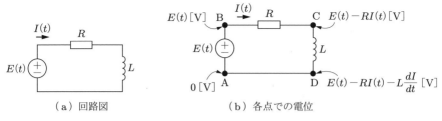

(a) 回路図　　　　　　　　(b) 各点での電位

図 2.13　RL 回路†

る，コイルによって定まる定数である．

さて，電圧 $E(t)$ の電源，抵抗 R，コイル L を直列につないだ回路（RL 回路．図 2.13 (a)）の電圧と電流の関係を調べてみよう．

図 2.13 (b) を使って説明する．まず，電位の基準となる点を決める．通常は，電源の−側を $0\,[\mathrm{V}]$ とすることが多いので，それにならって点 A を基準とする．電流に沿って電源 $E(t)$ を超えたところの点 B では，電位は $E(t)$ だけ上がっている．

電流 $I(t)$ は電源の＋側から出ているとする．電流に沿って抵抗 R を超える．抵抗 R に電流 I が流れたとき，流れる元と流れた後の電位差は $E_R = -RI$ である．直観的にいうと，抵抗を流れた後は電位が下がる．すると，点 C での電位は $E(t) - RI(t)$ となる．

コイルはやや難しいが，微分が入る以外は抵抗と似たようなものだと考えよう．コイル L に電流 I が流れたとき，流れる元と流れた後の電位差は $E_L = -L\dfrac{dI}{dt}$ である．したがって，点 D での電位は $E(t) - RI(t) - L\dfrac{dI}{dt}$ である．

点 D と点 A の間には電位を下げる要素がまったくないので，この二つの電位は一致する．したがって，この回路の電圧と電流の関係は，微分方程式

$$E(t) - RI(t) - L\frac{dI}{dt} = 0 \tag{2.56}$$

で表される．このように，「電気回路を一周回って戻ってきたとき，電位差は 0 である」性質のことを，発見者の名前をとってキルヒホッフの法則とよぶ．

$E(t)$ がどのような関数かによって，式 (2.56) の解である $I(t)$ は異なる．一般的な解法は 3.3，3.6 節などで述べるが，ここでは $E(t)$ が単純な形で解が予測できる場合を見てみよう．

$E(t) = 0$（つまり，電源がないのと等しい）であるが，時刻 $t = 0$ で電流が $I(0) = I_0$

---

† 図中の記号 は電源を示し，直流や交流の区別なく使用される．＋，−は電源の極性を示す．これに対し，は交流電源を示す．

であるとする．すると，式 (2.56) は

$$RI(t) + L\frac{dI}{dt} = 0 \Leftrightarrow \frac{dI}{dt} = -\frac{R}{L}I(t) \tag{2.57}$$

となる．これにより，$I(t)$ は「微分するとそれ自身の $-\dfrac{R}{L}$ 倍になる関数」と予測できるので，

$$I(t) = c_1 e^{-\frac{R}{L}t} \quad (c_1 \text{ は定数}) \tag{2.58}$$

とおける．実際，これを式 (2.57) に代入することで，解であることが確認できる．

初期条件 $I(0) = I_0$ を利用すると，

$$I(t) = I_0 e^{-\frac{R}{L}t} \tag{2.59}$$

が得られる．これも微分方程式の解としてよく見る形である．簡単のため，$I_0 = 1$，$\dfrac{R}{L} = 1$ としたグラフを図 2.14 に示す．

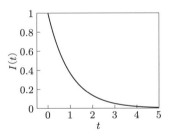

図 2.14　RL 回路の電流

例 2.10（抵抗・コンデンサ回路 (RC 回路)）　抵抗，コイルと並び基礎的な素子が，コンデンサ(capacitor) である．

コンデンサは向かい合った 2 枚の電極から構成される素子であり，電極に電位差が生じるとその影響で電荷が移動し，素子内に電荷が蓄積される．蓄積される電荷 Q は電極間の電位差 E_C に比例することが知られており，

$$Q = -CE_C \tag{2.60}$$

で表される．ここで，C は**キャパシタンス (capacitance)** とよばれる，コンデンサごとに定まる定数である．

電荷 $Q(t)$ はコンデンサに流れ込む電流 $I(t)$ の総和であるため，

$$Q(t) = \int_0^t I(\tau)d\tau + Q(0) \quad \Leftrightarrow \quad \frac{dQ}{dt} = I(t) \tag{2.61}$$

の関係も成り立つ（式 (2.85) 参照）．

さて，電圧 $E(t)$ の電源，抵抗 R，コンデンサ C を直列につないだ回路（RC 回路，図 2.15）の電圧と電荷（および電流）の関係を調べてみよう．

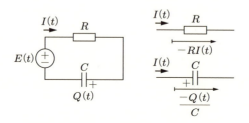

図 2.15 RC 回路と各素子での電位降下

電流 $I(t)$ は電源の＋側から回路に流れ，図 2.15 に示した向きを正とする．回路の左下から右回りにたどっていくと，電源 $E(t)$ で電位が上がり，抵抗での電位降下 $-RI(t)$，コンデンサでの電位降下 $-\dfrac{Q(t)}{C}$ を経由して元に戻るので，

$$E(t) - RI(t) - \frac{Q(t)}{C} = 0 \tag{2.62}$$

が成り立つ．$\dfrac{dQ}{dt} = I$ であるから，電荷に関する微分方程式は次式となる．

$$E(t) - R\frac{dQ}{dt} - \frac{Q(t)}{C} = 0 \tag{2.63}$$

電荷ではなく電流に関する微分方程式を求めるためには，式 (2.62) の両辺を微分し，

$$\frac{dE}{dt} - R\frac{dI}{dt} - \frac{1}{C}\frac{dQ}{dt} = 0 \tag{2.64}$$

とし，$\dfrac{dQ}{dt} = I$ を代入する．すると，次の微分方程式が得られる．

$$\frac{dE}{dt} - R\frac{dI}{dt} - \frac{1}{C}I(t) = 0 \tag{2.65}$$

$E(t)$ がどのような関数かによって $Q(t)$ は異なる．一般的な解法は 3.3, 3.6 節などで述べるが，ここでは $E(t)$ が単純な形で解が予測できる場合を見てみよう．

$E(t) = 0$（つまり，電源がないのと等しい）であるが，時刻 $t = 0$ で電荷が $Q(0) = Q_0$ であるとする．すると，式 (2.63) は

$$R\frac{dQ}{dt} + \frac{Q(t)}{C} = 0 \Leftrightarrow \frac{dQ}{dt} = -\frac{1}{RC}Q(t) \tag{2.66}$$

となる．これにより，$Q(t)$ は「微分するとそれ自身の $-\dfrac{1}{RC}$ 倍になる関数」と予測できるので，

$$Q(t) = c_1 e^{-\frac{1}{RC}t} \quad (c_1 \text{ は定数}) \tag{2.67}$$

とおける．実際，これを式 (2.66) に代入することで，解であることが確認できる．

初期条件 $Q(0) = Q_0$ を利用すると，

$$Q(t) = Q_0 e^{-\frac{1}{RC}t} \tag{2.68}$$

が得られる．この解は t が大きくなると $Q(t)$ が 0 に近づく，つまり，コンデンサに蓄えられていた電荷が徐々に放出されていくことを示している．

例 2.11（LC 回路（発振回路）） コンデンサとコイルの二つの素子をつなげた回路（LC 回路，図 2.16）についてもどのような振る舞いをするか調べてみよう．

それぞれの素子での電圧降下から，次が成り立つ．

$$E(t) - \frac{Q(t)}{C} - L\frac{dI}{dt} = 0 \tag{2.69}$$

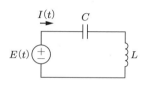

図 2.16 LC 回路

電荷 $Q(t)$ で微分方程式を立てると，以下となる．

$$E(t) - \frac{Q(t)}{C} - L\frac{d}{dt}\cdot\frac{dQ}{dt} = 0 \Leftrightarrow E(t) - \frac{Q(t)}{C} - L\frac{d^2Q}{dt^2} = 0 \tag{2.70}$$

$E(t)$ がどのような関数かによって $Q(t)$ は異なる．一般的な解法は 3.5, 3.6 節などで述べるが，ここでは $E(t)$ が単純な形で解が予測できる場合を見てみよう．

$E(t) = 0$（つまり，電源がないのと等しい）であるが，時刻 $t = 0$ で電荷が $Q(0) = Q_0$ であるとする．すると，式 (2.69) は

$$\frac{d^2Q}{dt^2} = -\frac{1}{LC}Q(t) \tag{2.71}$$

となる．これにより，$Q(t)$ は「二階微分するとそれ自身の $-\dfrac{1}{LC}$ 倍になる関数」と予測できるので，

$$Q(t) = A\cos\sqrt{\frac{1}{LC}}t + B\sin\sqrt{\frac{1}{LC}}t \quad (A, B \text{ は定数}) \tag{2.72}$$

となる．この関数が微分方程式 (2.71) を満たすことも確認できる（→演習問題 2.6）．

初期条件を定めると A, B が定まるのも同様である．たとえば，$t=0$ で $Q(0)=Q_0$, $\dot{Q}(0)=0$ とすると，

$$Q(t) = Q_0 \cos \sqrt{\frac{1}{LC}} t \tag{2.73}$$

となる（→演習問題 2.6）．これは振幅 Q_0，周期 $T = 2\pi\sqrt{LC}$ で振動する関数であり，ばね・重り系や振り子と同様，これも**単振動**である．周期的な振動を作り出せることから，この LC 回路は**発振回路**ともよばれる．力学系と電気回路で見た目は異なるものの，同じ形の微分方程式に帰着されるため，同様の振る舞いをすることは非常に興味深い．

例 2.12（RLC 回路） 電気回路の仕上げとして，抵抗，コイル，コンデンサを直列につなげた RLC 回路（図 2.17）が従う微分方程式を導出しよう．

これまでの例と同様に，それぞれの素子の電圧降下から，

$$E(t) - RI(t) - L\frac{dI}{dt} - \frac{Q(t)}{C} = 0 \tag{2.74}$$

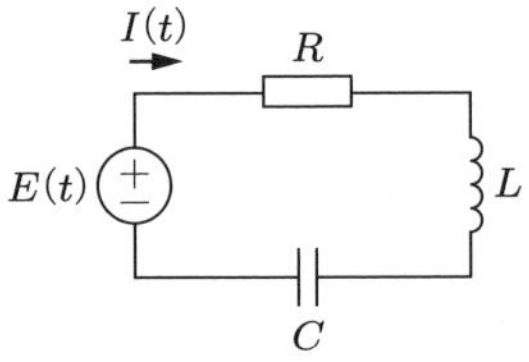

図 2.17 RLC 回路

が成り立つ．$Q(t)$ に関する微分方程式は

$$E(t) - R\frac{dQ}{dt} - L\frac{d^2Q}{dt^2} - \frac{Q(t)}{C} = 0 \tag{2.75}$$

となり，$I(t)$ に関する微分方程式は

$$\frac{dE}{dt} - R\frac{dI}{dt} - L\frac{d^2I}{dt^2} - \frac{1}{C}\frac{dQ}{dt} = 0$$

$$\Leftrightarrow \frac{dE}{dt} - R\frac{dI}{dt} - L\frac{d^2I}{dt^2} - \frac{1}{C}I(t) = 0 \tag{2.76}$$

と求めることができる．

この微分方程式の解は R, L, C の値によりさまざまな形をとるため，ここでは紹介しない．きちんとした解法と解は，3.5 節で解説する．

電気回路論では，抵抗・コイル・コンデンサなどの素子からなる回路に対し，交流電源（正弦波で電圧が変化する電源）をつないだ場合に着目することが多い．これは
- 実際に電力会社から工場や家庭に供給される電気が交流であること
- 任意の（周期的な）信号は正弦波の線形和で表すことができる（フーリエ解析）

こと

などに基づいている．

このような場合では，微分方程式の解法を簡略化することができ，それについては3.6.1項で紹介する．この方法は，さらに第4章で示すラプラス変換 (Laplace transform) につながる重要なアイデアでもある．

<u>例 2.13（並列回路）</u>　並列回路の挙動も直列回路と同様に微分方程式として表すことができる．二つの抵抗と一つのコイルから構成される図2.18の電気回路について考えよう．

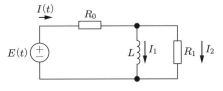

図 2.18　並列 RL 回路

抵抗 R_0 に流れる電流を $I(t)$ とすると，その先でコイル L と抵抗 R_1 に流れる電流に分岐するので，それらを I_1, I_2 とすると，$I_1 + I_2 = I$ であり，キルヒホッフの法則から以下の関係が成り立つ．

$$E(t) - R_0(I_1(t) + I_2(t)) - L\frac{dI_1}{dt} = 0, \quad E(t) - R_0(I_1(t) + I_2(t)) - R_1 I_2 = 0$$
(2.77)

これらは二つの関数 $I_1(t)$, $I_2(t)$ を含む複数の微分方程式からなる**連立微分方程式**となっている．

連立微分方程式を解くもっとも初等的な方法は，通常の連立方程式と同様，一方の条件を他方に代入して関数を消去する方法である．

二つ目の条件式から，$E(t) - R_0(I_1 + I_2) - R_1 I_2 = 0 \Leftrightarrow I_1 = \frac{E}{R_0} - \frac{R_0 + R_1}{R_0}I_2$ であることがわかる．

これを一つ目の条件式に代入すると，

$$E(t) - R_0 I_1(t) - R_0 I_2(t) - L\frac{dI_1}{dt} = 0$$

$$\Leftrightarrow \quad E(t) - E(t) + (R_0 + R_1)I_2(t) - R_0 I_2(t) - L\frac{d}{dt}\left(\frac{E(t)}{R_0} - \frac{R_0 + R_1}{R_0}I_2(t)\right) = 0$$

$$\Leftrightarrow \quad R_1 I_2 - \frac{L}{R_0}\dot{E} + \frac{L}{R_0}(R_0 + R_1)\dot{I}_2 = 0$$

$$\Leftrightarrow \dot{I}_2 + \frac{R_0 R_1}{(R_0+R_1)L} I_2 - \frac{1}{R_0+R_1} \dot{E} = 0$$

となり，I_2 のみの微分方程式が導けた．

同様にして，I_1 のみの微分方程式も次式のように導ける．

$$\dot{I}_1 + \frac{R_0 R_1}{(R_0+R_1)L} I_1(t) - \frac{R_1}{(R_0+R_1)} E(t) = 0$$

2.2.2 抵抗・コイル・コンデンサの特性

抵抗に加え，**コイル (coil)**，**コンデンサ (capacitor)** が基本的な素子として登場したが，これらの特性の理解を抵抗の場合と同様に議論を進めていこう．オームの法則と同様に，素子（コイルまたはコンデンサ）に流れる電流と，そこにかかっている電圧（電位差）の関係を記述することが目的である．もっと詳しく知りたい場合は電磁気学の教科書を参考にしてほしい[†1]．

ここで，若干遠回りになるが，**電位降下**と**オームの法則 (Ohm's law)** の関係について説明しておこう．図 2.19 のように，何かの素子 X に電流 I [A] が流れて出ていったとき，電位が V_A [V] から V_B [V] に変化したとする．このとき，電位の変化は $\Delta V = V_\mathrm{B} - V_\mathrm{A}$（変化量を求めるには，変化後から変化前を引く）であり，これを素子 X による**電位降下**とよぶ．電位降下は 2 箇所の電位の差 $\Delta V = V_\mathrm{B} - V_\mathrm{A}$ であり，これが**電圧**として定義されるものである[†2]．

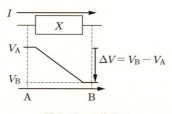

図 2.19　電位降下

ここで，この回路で起きている現象を，
- 点 A での電位は V_A であり，
- そこから電流 I が素子 X に流れて，電位が下がり，
- 点 B での電位が V_B となった．

[†1] 著者が大学生のときに使ったのは文献 [5] だったが，標準的な電気磁気学の教科書であれば記載がある．
[†2] 電位，電位の差（電圧）を表すために E, V がよく利用され，とくに使い分けは確定しているわけではない．本書では電位を V，電圧を E で表すよう心がけている．

と解釈し，このことを

$$V_\mathrm{A} - XI = V_\mathrm{B} \tag{2.78}$$

と書くこととしよう．$-X$ とするのは，「流れは高いところから低いところに流れる」という日常のアナロジーによって，電流が流れてくるほうの電位を高いと想定することからきている．また，電流 I に X を左からかけているのは，「電流が原因であり，その結果電圧を生じている」というニュアンスがある[†]．

抵抗　もし単純に I による割り算ができる場合は，

$$V_\mathrm{A} - XI = V_\mathrm{B} \Leftrightarrow X = \frac{V_\mathrm{A} - V_\mathrm{B}}{I} = -\frac{\Delta V}{I} \tag{2.79}$$

となる．注意深く考えるとわかるのだが，これは先ほど確認したオームの法則

$$E_R = -RI \Leftrightarrow R = -\frac{E_R}{I} \tag{2.80}$$

にほかならない．

　素子 X が単純な値の掛け算となる場合が抵抗に対応するのだが，X が（電流の）微分や積分となる場合もあり，これらがコイルやコンデンサに対応する．

コイル　コイルの特性は，電流の**（自己）電磁誘導**，つまり

> コイルに流れる電流の大きさが変化するとコイルを貫く磁束が変化し，磁束の変化によりコイルに電圧が生じること

に基づく．ここでの「電流の変化」は，「電流の時間による変化」を意味している．したがって，自己誘導により生じる電圧を抵抗と同様の書き方をすると，

$$V_\mathrm{A} - XI = V_\mathrm{B} \Leftrightarrow V_\mathrm{A} - L\frac{dI}{dt} = V_\mathrm{B} \tag{2.81}$$

となる．ここで，L は**インダクタンス (inductance)** とよばれる，コイルの形状や巻き線数などによって定まる定数である．

　ここでの $L\dfrac{dI}{dt}$ の表記法には，「電流 I の時間変化が原因で電圧を生じている」というニュアンスがある．

　オームの法則にならった書き方をすると，

[†] 数学では「何かの処理を施す」ことを左からの掛け算で書くことが多い．実数 a に対して $-a$ と書くのは，「符号を反転させる演算子」である $-$ を左からかけていると解釈できる．また，「関数 f を微分する」ことを，「微分の演算子」である $\dfrac{d}{dx}$ を左からかけて $\dfrac{df}{dx}$ と書くことは，すでに 23 ページで紹介した．

$$V_B - V_A = E_L = -L\frac{dI}{dt} \tag{2.82}$$

となる．E_L は「L による電位降下」を意図した書き方である．

コンデンサ　コンデンサの特性はもう少しシンプルに理解できる．コンデンサは 2 枚の電極を向かい合わせに配置した素子で，両端に電圧をかける（電位差を生じさせる）と電流が流れてそれぞれの電極に電荷が蓄えられる（図 2.20）．

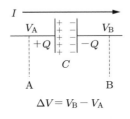

図 2.20　コンデンサの特性

蓄えられる電荷の量 Q は電圧に比例することが実験的に確認されている．このことは，

$$Q = -C(V_B - V_A) \tag{2.83}$$

と表され，C は**キャパシタンス (capacitance)** とよばれる，コンデンサの大きさ，形状，材質などによって定まる定数である．ここで，電位差に定数をかけて電荷 Q を表しているのは，「コンデンサに電位差を与える（電圧をかける）ことが原因で電荷が生じている」というニュアンスがある．

また，電荷量 Q はコンデンサに流れ込んでくる電流の総和となることもわかる．なぜなら，点 A からコンデンサに流れ込んでくる電流はそれ以上行き先がなく，すべてコンデンサ内の電荷として，図中でいうと左側の電極に蓄えられるからである．コンデンサから点 B へ出てくる電流は，もともとコンデンサ内の右側の電極にあった電子が動いたものである．これらは，コンデンサがたがいに接続されていない電極から構成されることから生まれる特性であり，コンデンサの記号もそれを意味するように，たがいに接続されていない電極として描かれているので，記号を注意深く観察して意味を理解すれば忘れることはないだろう．

「コンデンサに流れ込んでくる電流の総和」は，1.3.4 項でも示したように，定積分を利用して表せる．したがって，

$$Q = -C(V_B - V_A) \quad \Leftrightarrow \quad \int_0^t I(\tau)d\tau = -C(V_B - V_A)$$

$$\Leftrightarrow V_A - \frac{1}{C}\int_0^t I(\tau)d\tau = V_B \tag{2.84}$$

となる（簡単のため，$t=0$ でコンデンサに電荷は蓄えられていないと仮定している）．こちらもオームの法則にならった書き方をすると，

$$V_B - V_A = E_C = -\frac{1}{C}\int_0^t I(\tau)d\tau = -\frac{Q(t)}{C} \tag{2.85}$$

となる．E_C は「C による電位降下」を意図した書き方である．

演習問題

2.4 RL 回路（図 2.21）で，$E=0$，$I(0)=I_0$ であるとき，$I(t)=I_0 e^{-\frac{R}{L}t}$ であることを例 2.9 で確認した．

抵抗とコイルの値を以下のように変化させたとき，電流の減少が速くなるか遅くなるかを物理的な説明とともに述べよ．

(1) 抵抗はそのままで，コイルの値を大きく/小さくする．
(2) コイルはそのままで，抵抗の値を大きく/小さくする．

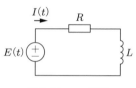

図 2.21 RL 回路

解答 $I(t)=I_0 e^{-\frac{R}{L}t}$ であるので，$\frac{R}{L}$ の絶対値が大きければ電流の減少は速くなり，逆に小さければ遅くなる．

(1) コイルの値を大きくすると電流の減少は遅く，逆に小さければ速くなる．
　これは，コイルが電流の変化を妨げる向きに電圧を生じる素子であることが原因で，コイルの値が大きければ電流の変化を妨げる電圧も大きく，その結果電流の減少が遅くなる．コイルの値が小さい場合はこの逆である．

(2) 抵抗の値を大きくすると電流の減少は速く，逆に小さければ遅くなる．
　これは，抵抗が電流を妨げる素子であることが原因で，抵抗の値が大きければそこで電流が妨げられ電流が速く減少する．抵抗の値が小さい場合はこの逆である．

2.5 RC 回路（図 2.22）で，$E=0$，$Q(0)=Q_0$ であるとき，$Q(t)=Q_0 e^{-\frac{1}{RC}t}$ であることを例 2.10 で確認した．

抵抗とコンデンサの値を以下のように変化させたとき，電荷の減少が速くなるか遅くなるかを物理的な説明とともに述べよ．

(1) 抵抗はそのままで，コンデンサの値を大きく/小さくする．

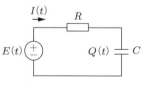

図 2.22 RC 回路

(2) コンデンサはそのままで，抵抗の値を大きく/小さくする．

解答 $Q(t) = Q_0 e^{-\frac{1}{RC}t}$ であるので，$\frac{1}{RC}$ の絶対値が大きければ電荷の減少は速くなり，逆に小さければ遅くなる．

(1) コンデンサの値を大きくすると減少は遅く，逆に小さければ速くなる．

$V = -\frac{Q}{C}$ の関係から，同じ量の電荷がたまっている場合，容量の大きいコンデンサのほうが電位差は小さい．電位差が小さいということは電荷を押し出す力も弱いことになるので，コンデンサから出ていく電荷も少なく，電荷の減少は遅くなる．容量が小さい場合はその逆である．

(2) 抵抗の値を大きくすれば減少は遅く，逆に小さければ速くなる．

抵抗は電荷が通過することを妨げる部分なので，抵抗の値が大きい場合はそこを通過できる電荷は少なく，これによりコンデンサから出ていく電荷も少なくなる．抵抗が小さい場合はその逆である．

2.6 (1) 式 (2.72) が式 (2.71) の解であることを確認せよ．

(2) 式 (2.72) が初期条件 $Q(0) = Q_0$, $\dot{Q}(0) = 0$ を満たすように定数 A, B を定めよ．

解答 (1) 式 (2.72) $\Leftrightarrow Q(t) = A\cos\sqrt{\frac{1}{LC}}t + B\sin\sqrt{\frac{1}{LC}}t$ の両辺を t で二階微分する．

$$\frac{d^2Q}{dt^2} = -A\frac{1}{LC}\cos\sqrt{\frac{1}{LC}}t - B\frac{1}{LC}\sin\sqrt{\frac{1}{LC}}t = -\frac{1}{LC}Q(t)$$

となり，微分方程式 (2.71) が導出できた．

したがって，式 (2.72) は式 (2.71) の解である．

(2) $Q(0) = A\cos 0 + B\sin 0 = A = Q_0$，よって，$A = Q_0$．

$$\dot{Q}(t) = -A\sqrt{\frac{1}{LC}}\sin\sqrt{\frac{1}{LC}}t + B\sqrt{\frac{1}{LC}}\cos\sqrt{\frac{1}{LC}}t$$

$$\dot{Q}(0) = -A\sqrt{\frac{1}{LC}}\sin 0 + B\sqrt{\frac{1}{LC}}\cos 0 = B\sqrt{\frac{1}{LC}} = 0, \quad \text{よって，} \quad B = 0$$

したがって，$Q(t) = Q_0 \cos\sqrt{\frac{1}{LC}}t$．

2.3 仕事とエネルギー

高校の力学では**仕事 (work)** や**エネルギー (energy)** についても学んだ．もっとも単純な例としては，高さ h [m] にある質量 m [kg] の物体（図 2.23）のもつエネルギーは mgh [Nm] と定義される．速度や加速度と同様に，仕事とエネルギーについても微

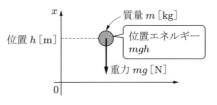

図 2.23 （位置）エネルギー

積分を用いて議論され，導出されるものである．本節では，高校で（ある程度）天下り的に与えられるエネルギーについて，微積分を利用した定義と導出方法を紹介する．

エネルギーの前に仕事の定義を準備しておく必要がある．

定義 2.1（仕事） ある物体に力を加えたときの**仕事 (work)** は，

$$（仕事）\equiv （物体の移動距離） \times （移動方向にかかった力の大きさ） \quad (2.86)$$

で定義される．仕事を W，距離を l，移動方向にかかった力の大きさを F とすると，

$$W \equiv Fl \quad (2.87)$$

である．

そして，エネルギー (energy) は仕事の総量として定義される．

定義 2.2（エネルギー） ある物体のもつ**エネルギー (energy)** は，その物体が受けた仕事の総量（合計）である．

この定義に基づき，図 2.23 で示されている物体の受けた仕事と，この物体がもつエネルギーを計算してみよう．

例 2.14（仕事とエネルギー (1)） まずはじめに，物体は地上 ($x = 0\,[\text{m}]$) にあったとする．物体の質量は $m\,[\text{kg}]$ で，重力 $mg\,[\text{N}]$ を受けている．そのため，持ち上げるには上方向に $mg\,[\text{N}]$ の力が必要である．

重力は一定であるため，$h\,[\text{m}]$ の高さまで持ち上げたときの仕事量は，定義より $mgh\,[\text{Nm}]$ であり，この物体がもっているエネルギーも同じく $mgh\,[\text{Nm}]$ である．

ここで示した例のように，力が一定である場合は単純に力と距離をかければよいが，力が位置によって変化する場合はどのようにすればよいだろうか．このような場合は，物体の移動を細かく分けて考えればよい．具体例を示す．

例 2.15（仕事とエネルギー (2)） 重力が一定ではなく，位置（高さ）x に依存して $F(x)$

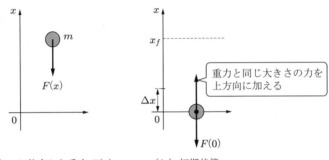

（a）x に依存した重力 $F(x)$　　（b）初期状態

図 2.24　力が変化する場合のエネルギーの計算

であるとする（図 2.24(a)）．まずはじめに物体が地上 $x=0$ にあるとすると，重力は $F(0)$ である．

大きさ $F(0)$ の力を上方向に加え，物体の位置の変化量が Δx であるとする（図 2.24(b)）．このとき，Δx が小さく，力がほぼ一定だと仮定できるのであれば，このときの仕事 ΔW は

$$\Delta W = F(0)\Delta x \tag{2.88}$$

である．同様に，Δx から $2\Delta x$ まで，$2\Delta x$ から $3\Delta x$ まで，$\cdots$ の移動を考え，全体として物体を $x=0$ から $x_f = n\Delta x$ まで動かしたとすると，全仕事 W はこれの合計となるので，

$$W = F(0)\Delta x + F(\Delta x)\Delta x + F(2\Delta x)\Delta x + \cdots = F((n-1)\Delta x)\Delta x \tag{2.89}$$

となる．$\Delta x \to 0$ の極限をとると，これは区分求積法による定積分の定義にほかならないので，全仕事は定積分を利用して，

$$W \equiv \int_0^{x_f} F(x)dx \tag{2.90}$$

となる．これが物体のもつエネルギーとなる．

ここで紹介したエネルギーは，力を加えて物体の位置を変化させたことにより物体に蓄えられたエネルギーである．このようなエネルギーは，**位置エネルギー (potential energy)** とよばれる[†]．

---

† "potential" は英語で「潜在的な」という意味である．後述するが，位置エネルギーをもっている物体は「潜在的に」他の物体へ力やエネルギーではたらきかけることが可能であるため，こうよばれる．

2.3 仕事とエネルギー

定義 2.3（力と位置エネルギーの関係） 位置 x に対し力 $F(x)$ が発生している状況で，その力に逆らって位置 x_0 から x_f まで物体を動かしたときに物体に蓄えられる位置エネルギー U は，

$$U \equiv \int_{x_0}^{x_f} F(x) dx \tag{2.91}$$

である．不定積分を用いて

$$U(x) \equiv \int F(x) dx + C \tag{2.92}$$

と書くこともある．積分定数 C は，位置エネルギーの基準点で $U=0$ となるように選ばれる．

これを利用すると，力 $F(x)$ は位置エネルギー $U(x)$ の微分で表される．すなわち，

$$\frac{dU(x)}{dx} = F(x) \tag{2.93}$$

である．

この定義から，有名ないくつかのエネルギーの公式が導出される．

例 2.16（ばねのエネルギー） ばね定数を k，つりあいの位置からの伸びを x とする．$x=0$ から $x=x_f$ までばねを伸ばしたとすると，ばねを伸ばすのに必要な力は $F(x)=kx$ である．したがって，ばねを伸ばすのに必要な全仕事量は，

$$W = \int_0^{x_f} kx\, dx = \left[\frac{1}{2}kx^2\right]_0^{x_f} = \frac{1}{2}kx_f^2 \tag{2.94}$$

である．x_f を x と置き換え，$\frac{1}{2}kx^2$ と書かれることが多い．

したがって，ばねを 0 から x まで伸ばすのに必要な仕事が $\frac{1}{2}kx^2$ であり，その結果物体が位置エネルギー $U(x) = \frac{1}{2}kx^2$ を獲得したことになる．

力を加えると，位置だけではなく速度も変化する．このことは，力による仕事が物体の速度に変わったとみることもできる．速度をもつ物体がもつエネルギーは，**運動エネルギー (kinetic energy)** とよばれる．

定義 2.4（運動エネルギー） 質量 m の物体に対し，力 $F(t)$ を加えて速度を $v=0$ から v_f まで変化させたとする．このとき，物体には F 以外の力は（重力も含めて）

加わっていないものとする．したがって，物体の運動方程式は

$$m\frac{d^2x}{dt^2} = F(t) \quad \Leftrightarrow \quad m\frac{dv}{dt} = F(t) \tag{2.95}$$

である．t_0, t_f を最初と最後の時刻とする．このときの仕事の合計は

$$W = \int_{x_0}^{x_f} F(t)dx = \int_{t_0}^{t_f} F(t)v(t)dt = \int_{t_0}^{t_f} m\frac{dv}{dt}v dt$$

$$= \int_0^{v_f} mv dv = \frac{1}{2}mv_f^2 \tag{2.96}$$

となり，これが物体が獲得した運動エネルギーである．

v_f を v と置き換え，$K(v) = \dfrac{1}{2}mv^2$ と書かれることが多い．

[補足] 式 (2.96) の変形には，$v \equiv \dfrac{dx}{dt}$ による変数変換を利用している．

位置エネルギーと運動エネルギーの和を**力学的エネルギー (mechanical energy)** とよぶ．いくつかの条件のもとでは力学的エネルギーは保存される（失われない）のだが，その議論は本書の範囲を超えるので，簡単な例題のみを示すこととする．

例 2.17（力学的エネルギーの保存） 質量 m の物体を鉛直上向きに速度 v_0 で投げ上げたとする．重力加速度は g で一定で，鉛直下向きであるとする．

この問題はすでに例 2.2 でも扱っており，位置は $x(t) = -\dfrac{1}{2}gt^2 + v_0 t$ で求められる．式変形により，

$$x(t) = -\frac{1}{2}gt^2 + v_0 t = -\frac{1}{2}g\left(t^2 - \frac{2v_0}{g}t\right) = -\frac{1}{2}g\left\{\left(t - \frac{v_0}{g}\right)^2 - \left(\frac{v_0}{g}\right)^2\right\}$$

$$= -\frac{1}{2}g\left(t - \frac{v_0}{g}\right)^2 + \frac{v_0^2}{2g} \tag{2.97}$$

であるので，物体がもっとも高く上がるのは $t = \dfrac{v_0}{g}$ で $x = \dfrac{v_0^2}{2g}$ であり，その瞬間 $v(t) = 0$ となることがわかる．

すると，投げ上げの瞬間ともっとも高く上がった瞬間それぞれで，位置エネルギーと運動エネルギーを計算することができ，

- 投げ上げの瞬間：位置エネルギー $U = 0$， 運動エネルギー $K = \dfrac{1}{2}mv_0^2$

- もっとも高く上がった瞬間：位置エネルギー $U = mgh = mg \cdot \dfrac{v_0^2}{2g} = \dfrac{1}{2}mv_0^2$

  運動エネルギー $K = \dfrac{1}{2}m \cdot 0^2 = 0$

となり，$U + K$ の値が変わっていないことがわかる．

電気回路の場合　　抵抗，コイル，コンデンサからなる電気回路の場合でも同様に，素子のエネルギーが電力として定義される．抵抗に関しては微積分を必要としないが，コイル・コンデンサのエネルギーの導出には微積分を要する．

定義 2.5（電力）　素子にかかる電圧を V，素子を流れる電流を I としたときの**電力 (power)** W は次式で定義される．

$$W = VI \tag{2.98}$$

例 2.18（抵抗の消費電力）　抵抗 R にかかる電圧を V，流れる電流を I とすると，その消費電力 W は以下のようになる．

$$W = VI,\ V = RI \ \Rightarrow\ W = RI^2 = \dfrac{V^2}{R} \tag{2.99}$$

例 2.19（コイルに蓄えられるエネルギー）　コイル L に電流 $I(t)$ が流れているとき，コイルに生じる電位差は $V_L = -L\dfrac{dI}{dt}$ である（表 2.1）．電流を大きくするには電位差に逆らって電圧をかける必要があり，また電流と電圧は時間とともに変化するので，コイルのエネルギー W_L は

$$\begin{aligned}W_L &= \int \{-V_L(t)\} I(t) dt = \int L\dfrac{dI}{dt} I dt = \int L I dI \\ &= \dfrac{1}{2}LI^2 + C \quad (C \text{ は定数})\end{aligned} \tag{2.100}$$

となる．通常は $I = 0$ のときエネルギーも 0 とするので，$C = 0$ であり，コイルのエネルギーは $W_L = \dfrac{1}{2}LI^2$ である．

コンデンサのエネルギーの導出は演習問題 2.7 とする．

演習問題

2.7（コンデンサに蓄えられるエネルギー）　電荷が Q 蓄積されているコンデンサのエネルギー W_C を求めよ．通常，$Q = 0$ のとき $W_C = 0$ と定義するので，ここでもそのようにする．

解答 コンデンサの両端の電圧を $V_C(t)$ とおくと，$Q(t) = CV_C(t)$ である．また，コンデンサに流れる電流は $I(t) = \dfrac{dQ}{dt}$ である．したがって，コンデンサのエネルギー W_C は次式となる．

$$W_C = \int V(t)I(t)dt = \int \frac{Q(t)}{C} \cdot \frac{dQ}{dt} dt = \frac{1}{C}\int Q dQ + C_1 = \frac{Q^2}{2C} + C_1 = \frac{Q^2}{2C}$$

2.4 放射性元素の崩壊

放射性元素は一定の確率で崩壊して他の元素になることが知られており，この性質を利用した年代測定法が開発されている．この現象も，シンプルな微分方程式で表すことができる．

例 2.20（放射性元素の崩壊） 放射性元素は一定の割合で崩壊して別の元素になる．具体例として，原子量 14 の炭素 C-14 は一定の割合で β 線（電子）を放出し，窒素 N-14 となる．N-14 は放射性元素ではなく，それ以上は崩壊しない．

自然界でのすべての炭素中に占める C-14 の割合はほぼ一定であり，生きている動植物は呼吸や食事から外界の炭素を常に取り込んでいるため，体内での C-14 の比率もほぼ一定である．しかし，動植物が死ぬと新しい C-14 が体内に入らず，C-14 は一定の割合で崩壊して N-14 になるため，死後の動物や伐採後の植物内の C-14 の濃度は，時間の経過とともに減少する．しかも，C-14 の濃度の変化は，非常に規則的に起こるため，これを利用して考古学的資料の年代を推定できる．

この現象を示す微分方程式を導こう．$f(t)$ を放射性元素の濃度とする．時刻 t から $t + \Delta t$ までの間の崩壊による濃度の変化は，濃度と経過時間の双方に比例する．つまり，

$$f(t + \Delta t) - f(t) = -k\Delta t f(t) \quad (k \text{ は定数}) \tag{2.101}$$

である．これを変形すると，

$$\frac{f(t + \Delta t) - f(t)}{\Delta t} = -kf(t) \tag{2.102}$$

となる．$\Delta t \to 0$ とした極限

$$\lim_{\Delta t \to 0} \frac{f(t + \Delta t) - f(t)}{\Delta t} = -kf(t) \tag{2.103}$$

の左辺は微分の定義なので，次式が成り立つ．

$$\frac{df}{dt} = -kf \tag{2.104}$$

この微分方程式の解は「微分するとそれ自身の $-k$ 倍になる関数」なので，

$$f(t) = c_1 e^{-kt} \tag{2.105}$$

と予測できる．資料が発生した時刻（たとえば，木材であればそれが切り出された時点）を $t=0$ とし，$f(0) = f_0$ とすると，解は次式となる．

$$f(t) = f_0 e^{-kt} \tag{2.106}$$

放射性元素が崩壊する速度は，**半減期**で示されることが多い．前述した C-14 の半減期は 5730 年である[†1]．これは 5730 年経過すると濃度が半分になることを示しており，式では

$$f(5730) = e^{-k \cdot 5730} = \frac{f_0}{2} \tag{2.107}$$

と表される．

半減期を T として，式 (2.106) を書き換えてみよう．

$$f(T) = f_0 e^{-kT} = \frac{f_0}{2} \Leftrightarrow e^{-kT} = \frac{1}{2} \Leftrightarrow -kT = \ln\frac{1}{2} \Leftrightarrow k = \frac{\ln 2}{T} \tag{2.108}$$

したがって，$f(t)$ は次のように表される[†2]．

$$f(t) = f_0 e^{-kt} = f_0 e^{-\ln 2 \frac{t}{T}} = f_0 \left(\frac{1}{2}\right)^{\frac{t}{T}} \tag{2.109}$$

f_0 は $t=0$ 時点での放射性元素の濃度であり，これが一定であると仮定できれば，資料内部の濃度と現在の自然界の濃度の比

$$\frac{f_0 e^{-kt}}{f_0} = e^{-kt} = \left(\frac{1}{2}\right)^{\frac{t}{T}} \tag{2.110}$$

を計測することにより，資料が発生した年代を推定できる．

たとえば，ある遺跡から発掘された木片内の C-14 の濃度が現在の自然界の $\frac{2}{3}$ であったとすると，

[†1] 半減期は元素ごとに異なり，元素が不安定で非常に短いものがあるかと思いきや，非常に長いもの（ウラン 238 の半減期は 45 億年といわれる）もある．

[†2] $e^{\ln x} = x$ を利用し，$e^{-\ln 2} = e^{\ln \frac{1}{2}} = \frac{1}{2}$ と変形した．

$$\left(\frac{1}{2}\right)^{\frac{t}{5730}} = \frac{2}{3} \quad \Leftrightarrow \quad t = 5730 \cdot \frac{\ln\frac{2}{3}}{\ln\frac{1}{2}} \fallingdotseq 3350 \tag{2.111}$$

が成り立ち,この木片がおよそ 3350 年前のものであることが推定できる.

C-14 の濃度変化を示したのが,図 2.25 である.5730 年ごとに濃度が半分になっていることがわかる.

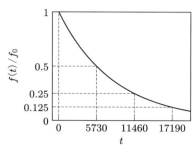

図 2.25 C-14 の濃度変化

☐ 演習問題

2.8 (放射性元素) 半減期が 8 [日] の放射性元素の濃度が 1/10 倍になるまでにかかる時間は何日か.小数第 1 位まで求めよ.$\log_{10} 2 = 0.3010$, $\log_{10} 3 = 0.4771$ を利用してよい.

解答 半減期が 8 [日] なので,濃度 $f(t)$ は $f(t) = f_0 \left(\frac{1}{2}\right)^{\frac{t}{8}}$ である.求めたい時間を T [日] とすると,以下のように求められる.

$$f(T) = f_0\left(\frac{1}{2}\right)^{\frac{T}{8}} = \frac{f_0}{10} \quad \Leftrightarrow \quad \frac{T}{8}\log_{10}\frac{1}{2} = \log_{10}\frac{1}{10} \quad \Leftrightarrow \quad T = \frac{8}{\log_{10} 2} \simeq 26.6 \,[\text{日}]$$

2.5 生物の増減

ここまでは微分と物理(おもに力学)を関連させて説明してきたが,物理以外にも微分方程式で表される現象はたくさんある.本節と次節では,その中から二つ(生物の増減,預金と金利)を具体例とともに示してみよう.

本節では,生物の増加・減少を数学的に表すことを試みる.まずはじめに,議論を単純にするため,

- 想定している場所と外部との接触がない

  例：海に囲まれた小島，シャーレの中の培地など
- 生物が生存するための場所・栄養は十分にある
- 年中どのタイミングでも一定の割合で生物が生まれたり，死んだりする

という仮定を設ける．詳細な条件は後で足していくことにしよう．

簡単な数値例から始め，定式化を目指すこととする．

例題 2.1 ある生物は，1年のうち10%の個体が分裂して増殖し，8%の個体が死滅する．最初の個体数が10^5とすると，1年後の個体数はどうなるか．

解答 $10^5 + 10^5 \times \left(\dfrac{10}{100} - \dfrac{8}{100}\right) = 1.02 \times 10^5$ □

1年あたりに生まれる個体数と死ぬ個体数が与えられている場合，それより短い時間であれば，それらの値は経過時間に比例すると考えるのがよいだろう．

例 2.21 表2.2のように，現在の日本では，月ごとの新生児の出生率はほとんど差がない[†]．

表2.2 人口千人あたりの月別出生率[6]

出生月	平成12年	13	14	15	16	17	18	19	20	21
総数	9.5	9.3	9.2	8.9	8.8	8.4	8.7	8.6	8.7	8.5
1月	9.5	9.3	9.2	9	8.8	8.7	8.5	8.6	8.6	8.5
2月	9.4	9.1	9.2	8.8	8.7	8.4	8.6	8.5	8.5	8.4
3月	9.3	8.9	8.9	8.6	8.7	8.4	8.5	8.7	8.4	8.2
4月	9.2	9.0	9.1	8.8	8.9	8.3	8.5	8.4	8.5	8.4
5月	9.4	9.3	9.2	8.9	8.6	8.1	8.6	8.6	8.6	8.2
6月	9.3	9.2	9.0	8.8	8.6	8.4	8.7	8.6	8.5	8.4
7月	9.7	9.5	9.6	9.3	9.1	8.5	8.8	8.8	8.9	8.8
8月	9.8	9.6	9.4	9.1	8.8	8.6	8.9	8.8	8.8	8.6
9月	10.0	9.9	9.6	9.2	9.3	8.9	9.0	9.0	9.2	8.9
10月	9.5	9.7	9.1	8.9	8.7	8.5	8.7	9.0	8.9	8.7
11月	9.4	9.1	8.7	8.6	8.7	8.1	8.7	8.7	8.7	8.3
12月	9.3	8.9	8.9	8.8	8.7	8.2	8.6	8.5	8.7	8.6

平成21年度をみると，最高で8.9 [人]/1000 [人]，最低でも8.2 [人]/1000 [人]の出生率であり，年間で平均すると，およそ8.5 [人]/1000 [人]になる．平成22年国勢調査による日本の人口がおよそ1.28億人[7]なので，1年間の出生数はおよそ$\dfrac{8.5}{1000} \times 1.28 \times 10^8 \simeq$

---

† 文献[6]のサイトで過去の出生率を見ると，以前は月ごとの出生率に大きな差があったことが確認できる．

1.09×10^6 [人] である.

そのうち1箇月に生まれた人数は，$1.09 \times 10^6 \times \dfrac{1}{12} \simeq 9.0 \times 10^4$ [人] と見積もるのがよいだろう.

例題 2.1 や例 2.21 のように，ある期間での出生率および死亡率がわかっている場合に，個体数（人口）がどのように推移するのかを一般化し，定式化する.

例 2.22（ネズミ算） 時刻 t でのある種の生物の個体数を $p(t)$，単位時間（t の単位を「年」とした場合は 1 年，「分」とした場合は 1 分）あたりの出生率を $b(t)$，死亡率を $d(t)$ とする．このとき，単位時間後の個体数は，次式となる．

$$p(t+1) = p(t) + b(t)p(t) - d(t)p(t) \tag{2.112}$$

単位時間ではなく，もっと細かい時間 Δt ごとに考えたい場合（たとえば，年単位の率はわかっているが，1箇月ごとに知りたい場合など）は，出生・死亡数が時間 Δt に比例することを考慮して，

$$p(t + \Delta t) = p(t) + b(t)\Delta t p(t) - d(t)\Delta t p(t) \tag{2.113}$$

となる．ここで，この式を変形すると，

$$\frac{p(t + \Delta t) - p(t)}{\Delta t} = \{b(t) - d(t)\}p(t) \tag{2.114}$$

となる．$\Delta t \to 0$ とした極限を求めると，

$$\lim_{\Delta t \to 0} \frac{p(t + \Delta t) - p(t)}{\Delta t} = \{b(t) - d(t)\}p(t) \tag{2.115}$$

となる．左辺をよく見ると，これは微分の定義の式そのままなので，置き換える．すると，生物の個体数の増加・減少は

$$\frac{dp}{dt} = \{b(t) - d(t)\}p(t) \tag{2.116}$$

と書けることがわかった.

この式は，このままでは解くのが難しいが，$b(t)$，$d(t)$ がそれぞれ一定で b，d であると仮定し（たとえば，例 2.21 の日本の出生率のデータは，この仮定を満たしていると見なせる），

$$\frac{dp}{dt} = (b - d)p(t) \tag{2.117}$$

とすると，解くことができる.

$p(t)$ は「微分するとそれ自身の $b-d$ 倍になる関数」なので，これまでと同様に指数関数であると予想でき，

$$p(t) = ce^{(b-d)t} \quad (c \text{ は定数}) \tag{2.118}$$

とおける．これを式 (2.117) に代入すると解となっていることが確認できる (→演習問題 2.10).

出生が死亡よりも多い，すなわち $b-d>0$ の場合，式 (2.118) は指数的に増加する関数となることがわかる．つまり，ちょっとでも繁殖力が強い生物は爆発的に増加することを示している．

このような増え方をさして，日本では**ネズミ算**とよぶこともある．語源は 1627 年に出版された数学書「塵劫記」に記載されている．以下のような問題である．

> 正月に，ネズミのつがい（オスとメス）が現れて，子供を 12 匹（オスが 6 匹，メスが 6 匹）生み，親と子合わせて 7 つがいの 14 匹になった．2 月になると，親も子供も 1 つがいにつき 12 匹ずつ生み，全部で 98 匹になった．このように，月に 1 度ずつ，親も子も孫もひ孫もみな，1 つがいにつき 12 匹ずつ子供を生むとき，翌年の正月には全部で何匹になるか．

答は約 276 億匹となる（だが，実際にこんなことが起こるだろうか）．

例 2.23（微生物の繁殖） ゾウリムシはおよそ 5 時間で 1 回分裂することが知られている．

場所・栄養素が十分あり，考えている時間の間ではゾウリムシは死なないと仮定すると，一日を単位時間として，式 (2.112) より

$$p\left(t + \frac{5}{24}\right) = p(t) + \frac{5}{24}b(t)p(t) = 2p(t) \tag{2.119}$$

が成り立つ．$b(t)$ が一定で b であると仮定すると，

$$b = \frac{24}{5} \tag{2.120}$$

である．

したがって，時刻 $t=0$ で個体数が p_0 であったとき，時刻 t でのゾウリムシの個体数 $p(t)$ は次式となる．

$$p(t) = p_0 e^{\frac{24}{5}t} \tag{2.121}$$

例 2.24（アメリカやオーストラリアでの人口増加） 人類の歴史上で，十分に広い土地があり，集落の形成時からの人口統計が残っている地域は限られている．ここではこの条件が成立していたアメリカとオーストラリアの例を示す（日本は，人口統計の資料が残っている時点ですでに人口密度がかなり高かった．人口密度が高い場合についての議論は次節で行う）．

表 2.3 は，1800 年以降のアメリカの人口統計である．1800 年を $t=0$ とし，人口 $p(t)$ がその後指数関数的に増加したと仮定すると，$p(t) = p_0 e^{kt}$（$p_0 = p(0)$，k は定数）と書ける．1800 年，1830 年の実際の人口と一致するように p_0, k を求めてみよう．

$$p(0) = p_0 e^0 = 5.3, \quad p(30) = 5.3 e^{30k} = 12.9 \quad \text{より,}$$

$$e^{30k} = \frac{12.9}{5.3} \quad \Leftrightarrow \quad \log_e e^{30k} = \log_e \frac{12.9}{5.3} \quad \Leftrightarrow \quad k = \frac{1}{30} \log_e \frac{12.9}{5.3}$$

この値を計算機を用いて計算すると，$k \simeq 0.0297$ となる．

表 2.3 アメリカの人口

年	1800	1830	1860	1890	1920
人口 [百万人]	5.3	12.9	31.4	62.9	106.5

この求めた値を用いて，1860～1920 年の人口を計算し，実際の値と比較してみよう．$p(t) = 5.3 e^{0.0297t}$ を用いて計算すると，表 2.4 となる．

1860 年までは予測が当たっているが，それ以降は予測値のほうが大きく，実測値とはずれ始めている．グラフを図 2.26 に示す．

オーストラリアの人口[9] とその予測も，同様に図 2.27 に示す．こちらも 1860 年代までは予測が当たってるが，それ以降は予測値のほうが大きく，実測値とはずれ始めている．

表 2.4 アメリカの人口と予測値

年	1800	1830	1860	1890	1920
人口 [百万人]	5.3	12.9	31.4	62.9	106.5
予測値 [百万人]	5.3	12.9	31.4	76.4	186.0

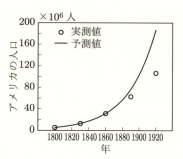

図 2.26 アメリカの人口と予測値 (1800 年から 1920 年)

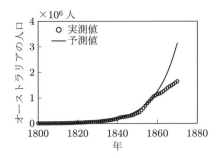

図 2.27 オーストラリアの人口と予測値 (1800 年から 1870 年)

演習問題

2.9 ゾウリムシの個体数は $p(t) = p_0 e^{\frac{24}{5}t}$ で表されることを，例 2.23 で確認した．個体数が最初の 2 倍，10 倍，k 倍になる時刻をそれぞれ求めよ．

> **解答** i 倍になる時刻を T_i とすると，$p(T_2) = p_0 e^{\frac{24}{5}T_2} = 2p_0 \Leftrightarrow \frac{24}{5}T_2 = \ln 2$，よって，$T_2 = \frac{5}{24}\ln 2$ [日] となる．同様に，$T_{10} = \frac{5}{24}\ln 10$，$T_k = \frac{5}{24}\ln k$ [日] もわかる．

2.10 (1) 式 (2.118) が式 (2.117) の解であることを確認せよ．
(2) 式 (2.118) が初期条件 $p(0) = p_0$ を満たすように定数 c を定めよ．

> **解答** (1) 式 $(2.118) \Leftrightarrow p(t) = ce^{(b-d)t}$，$\frac{dp}{dt} = c(b-d)e^{(b-d)t} = (b-d)p(t)$ となり，微分方程式 (2.117) が導出できた．したがって，式 (2.118) は式 (2.117) の解である．
> (2) $p(0) = ce^0 = c = p_0$，よって，$p(t) = p_0 e^{(b-d)t}$ となる．

2.5.1 より現実に近づけるには？

人口の予測は，あっている部分とそうでない部分があった．どうやら最初の仮定

- 想定している場所と外部との接触がない
  例：海に囲まれた小島，シャーレの中の培地など
- 生物が生存するための場所・栄養は十分にある
- 年中どのタイミングでも一定の割合で生物が生まれたり，死んだりする

に問題があるようだ．すぐに思いつく要因として，

- 土地の減少：人口密度が上がると，住むための土地を勝手に確保するわけにはいかなくなる（1800 年代前半までのアメリカは，新しい土地は開拓により十分に手に入っていた）．

- 食糧の（相対的な）減少：食糧を増産するためには土地が必要だが，人口が増えると広い農地を確保するのが難しくなる．また，食料を輸送できる量にも限界があり，これにより人口の増加が抑制される．

などが挙げられる．これを考慮した微分方程式を再度考えなおす必要がある．

<u>例 2.25</u>（ロジスティック式） これら個体数の増加を妨げる要因を考慮した，人口の増減を表す関係式として，以下の微分方程式が知られている．

$$\frac{dp}{dt} = a\left(1 - \frac{p(t)}{K}\right)p(t) \tag{2.122}$$

ここで，$p(t)$ は時刻 t での人口，a，K は人口の増加率に関係する定数である．この形の微分方程式は**ロジスティック式 (logistic equation)** とよばれる．出生・死亡率が一定であった場合の微分方程式（式 (2.117)）の $b-d$ が，$a\left(1 - \frac{p(t)}{K}\right)$ に置き換わっている．この部分が全体の増加率（出生・死亡率を合計したもの）を表しているのだが，その中で，$1 - \frac{p(t)}{K}$ の部分が「個体が増えすぎると増加率が下がる」ことを表している．

この式を満たす $p(t)$ を求める方法は 3.3 節で詳しく紹介するので，ここでは最終的な $p(t)$ がどのような値になるのかの議論のみ紹介しよう．

$a, K > 0$ と仮定する．すると，$p(t)$ の値によって $\frac{dp}{dt}$ の符号が表 2.5 のように変化する．

表 2.5 式 (2.122) の増減表

$p(t)$	0	$\cdots$	K	$\cdots$
$\frac{dp}{dt}$	0	$+$	0	$-$

- $p(t) = 0$ はその生物がいないことを表しているので，増加率 $\frac{dp}{dt}$ も 0 であることは自然である．
- $0 < p(t) < K$ では $\frac{dp}{dt} > 0$，つまり個体数は増加する．
  この条件は，個体数が少ないため場所や栄養が十分にあり，個体数が増加する（(出生数) > (死亡数)）ことを示している．
- $K < p(t)$ では $\frac{dp}{dt} < 0$，つまり個体数は減少する．
  この条件は，個体数が多すぎるため場所や栄養が十分ではなく，個体数が減少す

る（(出生数) < (死亡数)）ことを示している．

- $p(t) = K$ では $\dfrac{dp}{dt} = 0$，つまり個体数は変化しない．

  この条件は，場所や栄養の条件が特殊で，出生数と死亡数が等しくつりあっている（(出生数) = (死亡数)）ことを示している．

したがって，個体数は $p(t) = K$ に向かって変化していき，そこで平衡状態 $\left(\dfrac{dp}{dt} = 0 \text{ で，} p(t) \text{ の値が変わらない状態}\right)$ になると予想される．

例 2.26 2000 年までのアメリカの人口の推移を表 2.6 に示す．また，実際の人口と式 (2.122) を解いて得られる値を図示したものが，図 2.28 である．

表 2.6　アメリカの人口

年	1800	1830	1850	1860	1870	1890	1910	1920	1930	1940	1960	1980	2000
人口 [百万人]	5.3	12.9	23	31.4	39	62.9	92.4	106.5	123.1	132.1	180.7	227.2	274.0

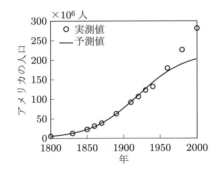

図 2.28　アメリカの人口と予測値

1940 年前後までは予測と実測値がよく合っており，式 (2.122) が実際の人口増加の様子をよく表しているといえる．この式の予測値では，アメリカの人口は最終的に 2 億 2 千万人になるとされる．

しかし，1950 年以降は人口が急激に増加しており，3 億人になろうかという勢いである[†]．これは，医療，建築，および農業などの技術の発達にともない，

- 乳幼児死亡率の減少
- 高層建築による都市の人口密度の増加：土地欠乏の解消

[†] 2010 年に 3 億人を突破し，いまでも増加傾向にある．

- 農作物の生産効率向上：栄養欠乏の解消

などが達成されたためと考えられる．

例 2.27　2010 年までのオーストラリアの人口推移（実測値）をすべてグラフ化したものを，図 2.29 に示す．1850 年，1950 年付近で人口増加に変化があるように見える．

指数関数的な変化を目で見てわかりやすくするために，対数を利用することが多い．$y = ce^{ax}$ の両辺の対数を取ると，$\ln y = \ln(ce^{ax}) \Leftrightarrow \ln y = \ln c + ax$ となることを利用する．これに基づき，縦軸を対数軸とした（だけの）グラフ[†]を図 2.30 に示す．

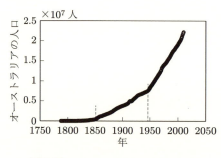

図 2.29　オーストラリアの人口推移（2010 年まで）

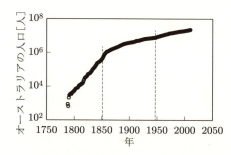

図 2.30　オーストラリアの人口推移（片対数グラフ）

すると，やはり 1850 年，1950 年付近で片対数グラフでの傾きが異なっていることがわかる．片対数グラフでの傾きは $y = ce^{ax} \Leftrightarrow \ln y = \ln c + ax$ より，人口増加率のに関係する定数 a に相当していることから，これらの時期に人口増加率に影響を及ぼす大きな社会的・技術的変化が起こったことが推測される．

これらの例のように，微分方程式を用いて生物の増加・減少の規則を定式化することは，未来の動向を予測することに活用されている．有名な研究例として，スイスのシンクタンクである**ローマクラブ**が 1972 年に公表した「**成長の限界 (The Limits to Growth)**[10]」が挙げられる．この研究では，人口増加や環境汚染に関する予測式を立てて数値的に解くことにより，地球の人口・環境がどうなるかを予測している．そして，

> 人は幾何学級数的（指数関数的）に増加するが，食料は算術級数的（比例的）にしか増加しない．

と述べ（括弧中は著者の注），100 年以内に地球上での人類の成長は限界に達すると予測している．

---

† 片対数グラフとよぶ．

2.5.2　食うか食われるか ― 捕食者・被食者モデル

本項は，ここまでよりも若干複雑な，生態系や感染症の流行などの生物学の問題を数学を通して理解する事例を紹介します．一部本書で紹介している解法では解けない問題も含まれていますが，余力があればぜひ読んでみてください．

前項では単一の種類の生物に対する個体数増減の微分方程式を立て，特殊な状況ではその解を求めることができた．しかし，実際に起きていることはもう少し複雑であり，その複雑さを実感してもらう例をいくつか示すこととする．前項で仮定したような，単一の種類の生物のみが生きている状況は実際にはありえず，複数の生物が共存している状況を考えるべきである．本項では，2 種類の捕食者・被食者が共存する場合について考えてみる．

以下の二つの変数で，時刻 t での 2 種類の生物の個体数（密度）を表すものとする．
- $x(t)$：被食者（餌となる生物）の個体数（密度）
- $y(t)$：捕食者（被食者を餌として食べる生物）の個体数（密度）

そして，この 2 種類の生物が以下の規則で増減するものとする．
- 被食者には十分な栄養があり自然に増殖できるが，捕食者に食べられてしまうことがある
- 捕食者の栄養は被食者だけである

これを定式化したのが次式である．

$$\begin{cases} \dfrac{dx}{dt} = a\left(1 - \dfrac{b}{a}y\right)x \\ \dfrac{dy}{dt} = c\left(-1 + \dfrac{d}{c}x\right)y \end{cases} \quad (a,\ b,\ c,\ d\text{ は正の定数}) \tag{2.123}$$

これは式 (2.122) のロジスティック式を 2 種類の生物に拡張したものになっており，**ロトカ＝ヴォルテラ方程式 (Lotka–Volterra equation)**† とよばれている[11]．

それぞれの式の意味の解釈を以下に示す．
- 上式：捕食者がいなければ $(y=0)$，被食者は自然に増殖すること $(\dot{x}=ax)$ を示している．
- 上式：捕食者がいると，被食者は食べられてしまい，それが捕食者の数に比例するので，$-bxy$ が変化率に加わる．
- 下式：被食者がいなければ $(x=0)$，餌がないため捕食者は減る一方であること $(\dot{y}=-cy)$ を示している．
- 下式：被食者がいると，餌があるため捕食者が増える．増加率は餌の量（= 被食

---

† ロトカ，ヴォルテラともに数学者の名前．

者の量）と捕食者の双方に比例するので，dxy が変化率に加わる．

このモデルは単純に見えるが，パラメータ a, b, c, d の値によっては一定の周期で個体数の増減を繰り返す解を生み出すことでよく知られている．次の例で見てみよう．

例 2.28（ロトカ＝ヴォルテラ方程式） $a=1.5$, $b=1$, $c=3$, $d=1$ とし，ロトカ＝ヴォルテラ方程式を計算機で数値的に解いた結果を図 2.31 に示す．被食者 x および捕食者 y の両方とも，大きく増殖する時期と減少する時期が，周期的に訪れていることがわかる．

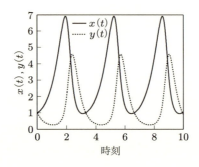

図 2.31 捕食・被食過程（ロトカ＝ヴォルテラ方程式）

2.5.3 感染症の流行

新たな感染症に関するニュースは，ここ数年だけでも新型インフルエンザ，デング熱，エボラ出血熱，ジカ熱などがある．歴史的には，ペストやコレラなどの感染症が猛威を振るったことが記録されている[†1]．

感染症の流行過程を記述することにも，微分方程式が利用される．ペストやコレラのように，急激に感染者数が増加する現象を説明するために，Kermack と McKendrick が 1927 年に発表したもの[12]を紹介しよう．

この微分方程式では，時刻 t で

- $S(t)$: 感染する可能性のある (suspicious) 人口（密度）
- $I(t)$: 感染している (infected) 人口（密度）
- $R(t)$: 感染から回復した (recovered) 人口（密度）

を表しているとする[†2]．このモデルは上記の3変数の頭文字をとって **SIR モデル**とよばれることもある．

[†1] ヨーロッパの各地には，17世紀にペストの流行が終結したことを記念する記念碑が建てられている．ウィーンのものが有名．

[†2] （幸いにも）病気からは必ず回復し，死亡しないと仮定している．死亡を想定すると，式がもう少し複雑になる．

各人物は上記三つのいずれかに必ず該当するので，任意の時刻 t に対し，

$$S(t) + I(t) + R(t) = (定数) \tag{2.124}$$

が成り立つ．

そして，感染および回復それぞれの過程は，

- 感染している人と感染する可能性のある人が接触すると，ある一定の割合で，感染する可能性のある人が感染してしまう
- 感染している人は一定の割合で回復する
- 回復した人は免疫を獲得し，再度感染することはない

と表される．これを式にするために言い換えると，

- 感染している人と感染する可能性のある人が接触すると，ある一定の割合で感染する可能性のある人が感染してしまう
  ⇔ S の減少速度は $S \cdot I$ に比例する．S の減少は I の増加と等しい
- 感染している人は一定の割合で回復する
  ⇔ I の減少速度は I に比例する．I の減少は R の増加と等しい

となる．定数 β, γ をそれぞれ感染率，回復率に関わる定数としてこの関係を記述すると，次式となる．

$$\dot{S} = -\beta S I, \quad \dot{I} = \beta S I - \gamma I, \quad \dot{R} = \gamma I \tag{2.125}$$

この（連立）微分方程式を式変形のみで解くのは難しいため，$I(t)$ を求めたい場合は計算機の助けを借りることになる．一方，この定式化により，感染症が爆発的に流行するかどうかの境界を示す値は，手計算でも導くことができる．

第 2 式 $\dot{I} = \beta S I - \gamma I$ は感染者の増減を示す微分方程式である．ここから，

- $\dot{I} = \beta S I - \gamma I < 0$ ⇔ $\dfrac{\beta S}{\gamma} < 1$ の場合，感染者は減少する
  （感染者の変化速度が負）

- $\dot{I} = \beta S I - \gamma I > 0$ ⇔ $\dfrac{\beta S}{\gamma} > 1$ の場合，感染者は増加する
  （感染者の変化速度が正）

が導かれる．ここで導かれた $\dfrac{\beta S}{\gamma}$ は**疫学的閾値 (epidemiological threshold)** という大げさな名前がついているが，意味は「感染者 1 名が回復するまでに感染させてしまう人間の数」である．したがって，上記の条件は非常に単純で，

- $\dfrac{\beta S}{\gamma} < 1$ の場合，感染者 1 名が回復するまでに感染させる他人が 1 名未満なので，感染者は減少する（感染者の変化速度が負）

- $\dfrac{\beta S}{\gamma} > 1$ の場合，感染者 1 名が回復するまでに感染させる他人が 1 名以上なので，感染者は増加する（感染者の変化速度が正）

である．これは等比数列 $a_n = a_0 r^{n-1}$ が発散するかしないかの条件によく似ているので，理解は難しくないだろう[†]．

ここで，閾値に S が含まれていることに注意しよう．S は人口密度にかかわる定数である．つまり，同じ病気であっても人口密度が一定以下であれば大流行はなく，一定を超えると爆発的に（指数関数的に）流行しうる．

例 2.29（感染症流行の数値例） $\beta = 1/100$，$\gamma = 1/30$ と設定した感染症に，$I(0) = 0.01$ の感染者が感染したとする．この病気の疫学的閾値は $\dfrac{\beta S}{\gamma} = 0.3S$ なので，$S \simeq 3.3$ 前後で大流行するかどうかが分かれる．

$S(0) = 1, 10$ それぞれの場合に対する $I(t)$ の変化を計算機で数値計算した結果を図 2.32 に示す．

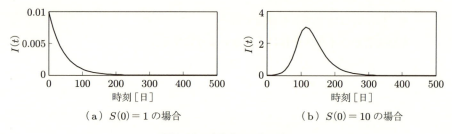

（a）$S(0) = 1$ の場合　　　　（b）$S(0) = 10$ の場合

図 2.32 感染症の流行過程

疫学的閾値の予想と一致し，人口密度が低い場合 $(S(0) = 1)$ では感染者が徐々に減っており，人口密度が高い場合 $(S(0) = 10)$ では感染者が爆発的（指数関数的）に増大している（縦軸が 2 桁違うことに注意）．

人口密度が高い場合 $(S(0) = 10)$ で感染者数が減少した時点について調べるため，$S(t)$ と疫学的閾値を追加した図 2.33 を示す．

微分方程式から予想したとおり，$S(t) < 3.3$ となった時点から感染者数が減少していることがわかる．

したがって，感染症の拡大を防ぐことは「疫学的閾値をいかに小さくすること」と言い換えることができる．今回のモデルの場合は，β，S を小さく，γ を大きくすればよいことになるが，それぞれの意味を解釈すると，以下となる．

[†] ちなみに，原子力発電などで使用される核分裂の連鎖反応も同様に理解できる．

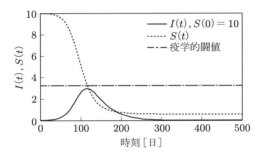

図 2.33 感染症の流行過程（感染者減少と疫学的閾値）

- β および S を小さくしたい．β は感染者と非感染者の接触回数と，接触時の感染確率，S は非感染者の密度を示している．
  — 感染者と非感染者の接触回数を少なくする．感染者は非感染者が多いところにはいかない．
    例：感染者を隔離する，感染者に自宅待機を命じる．
  — 感染者がウイルスを外に出さないようにする．
    例：外出時にはマスクを着用する．
  — 非感染者がウイルスを体に入れないようにする．
    例：外出時にはマスクを着用する，うがい・手洗いをする．
  — 予防接種を実施して S を R にする．
- γ を大きくしたい．γ は感染者の回復速度に対応しているので，
  — 感染者はただちに治療を受ける．
  — 治療薬を開発する．

これらは公衆衛生の基本政策として広く実施されているものである．

演習問題

2.11（ロジスティックモデル） ロジスティック式（式 (2.122)）

$$\frac{dp}{dt} = a\left(1 - \frac{p(t)}{K}\right)p(t)$$

のパラメータ a, K の意味を単位付きで説明せよ．ここで，$p(t)$ の単位は [人]，t の単位は [年] とする．

解答 左辺の単位が [人/年] なので，右辺もそれと等しい必要がある．
　a は $p(t)$ が小さく $1 - \dfrac{p(t)}{K}$ の影響が小さい，すなわち，土地や栄養に対して人間が十

分少ない場合の人間の増加率を表している.

$p \simeq 0$ で $\dfrac{dp}{dt} = ap(t)$ と近似すると,[人/年] $= a \times$ [人],よって,a [年$^{-1}$] である.

$p(t) = K$ となると $\dfrac{dp}{dt} = 0$,つまり人口変化がなくなるので,K はロジスティック式で予測される最終的な人口であり,単位は [人] である.

2.12（ロトカ = ヴォルテラモデルの平衡状態） ロトカ = ヴォルテラ方程式 (2.123) において,捕食者・被食者の個体数（密度）がともに変化しない x,y の値を求めよ.

解答
$$\begin{cases} \dot{x} = a\left(1 - \dfrac{b}{a}y\right)x = 0 \\ \dot{y} = c\left(-1 + \dfrac{d}{c}x\right)y = 0 \end{cases} \Rightarrow \quad a - by = 0,\ -c + dx = 0$$

したがって,$x = \dfrac{c}{d},\ y = \dfrac{a}{b}$.

2.13（SIS モデル） 時刻 t で

- $S(t)$: 感染する可能性のある (suspicious) 人口（密度）
- $I(t)$: 感染している (infected) 人口（密度）

であり,感染から回復の過程が,

- 感染している人と感染する可能性のある人が接触すると,ある一定の割合で,感染する可能性のある人が感染してしまう
- 感染している人は一定の割合で回復する
- 回復した人は感染する可能性をもつ

とした場合の微分方程式を示せ.また,S,I ともに一定となる値を示せ.ただし,総人口（密度）は N_0 で一定であるとする.

解答 SIR モデルで I から R に変化するところが I から S への変化に変わるので,次式となる.
$$\dot{S} = -\beta SI + \gamma I, \quad \dot{I} = \beta SI - \gamma I \tag{2.126}$$

S,I ともに一定 $\Leftrightarrow \dot{S} = \dot{I} = 0$ なので,$S = \dfrac{\gamma}{\beta}$,$I = N_0 - \dfrac{\gamma}{\beta}$ が得られる.

[補足] このモデルでは,常に一定数が感染していることを示している.

2.6 預金と金利

次は,金融,とくに預金（借金）と金利にまつわる事柄と微分方程式の関係を説明

しよう．資金運用や，自動車・住宅取得にかかわるローンは，かかわりあう人がかなり多い事柄であり，その仕組みを知っておくことは損にはならないだろう．また，ここまでにも頻繁に現れている**自然対数の底**e は，実は利息[†]の複利計算から生まれた定数である．この定義も合わせて確認することとしよう（定義 A.1 も参照）．

いきなりローン（借金）から始めるのは気が引けるので，手始めに，お小遣いや給料を金融機関に預金して利息をもらうというよくある状況から解説しよう．利息が付くタイミングはいろいろあるが，まずは考えるのが簡単な，1 年に 1 回利息が付く場合を考えてみよう．

例 2.30（1 年ごとの利息） 1 年ごとに預金額の 1% が利息として増える預金がある．最初に 1 万円預金したとき，10 年後の預金額はいくらになるか考えよう．

1 年後の預金額は $10000 + 0.01 \times 10000 = 10100$ [円]．2 年後の預金額は $10100 + 0.01 \times 10100 = 10201$ [円]．これを順に計算していくと，10 年後の預金額は $10000 \times 1.01^{10} = 11046$ [円] となる．

元本・利率を文字を使って一般化すると，以下のようになる．

例 2.31（1 年ごとの利息（一般化）） 1 年ごとに預金額の a 倍が利息として増える預金がある．最初に f_0 [円] 預金したとき，n 年後の預金額はいくらになるか考えよう．

1 年後の預金額は $f_0 + af_0 = (1+a)f_0$ [円]．2 年後の預金額は $(1+a)f_0 + a(1+a)f_0 = (1+a)^2 f_0$ [円]．これを順に計算していくと，n 年後の預金額は $(1+a)^n f_0$ [円] となる．

預金の種類には，1 年ではなく半年，1 箇月，1 日のように，利息が付くタイミングが短いものもある．この場合でも利率は年単位で表されることが多いが，その場合の計算は次のように行う．

例 2.32（半年ごとの利息） 半年ごとに利息がつく場合，「預けている期間が半分なので，その期間に対する利息も半分になる」と考える．すると，年 1% の利率で 10000 円を半年預けた後の預金額は，

$$10000 + 0.01 \times \frac{1}{2} \times 10000 = 10050 \, [\text{円}] \tag{2.127}$$

となり，さらに半年後（つまり，合計 1 年後）の預金額は

[†] 「利息」とローンの「利子」はどちらも「お金の貸し借りに対する対価として（元本のほかに）借り手が貸し手に支払うお金」のことであるが，「利息」は「お金を貸したときに受け取るお金」であり，それに対し「利子」は「お金を借りた側が払うお金」である．

$$10050 + 0.01 \times \frac{1}{2} \times 10050 = 10100.25 \, [円] \tag{2.128}$$

となる．これを 10 年続けたとすると，10 年後の預金額は $10000 \times 1.005^{20} = 11048.96 \, [円]$ となる．

これも文字を使って一般化しよう．

例 2.33（半年ごとの利息（一般化）） 年 $100 \times a \, [\%]$ 相当で半年ごとに利息が付く預金がある．最初に $f_0 \, [円]$ 預金したとき，n 年後の預金額はいくらになるか考えよう．

1 年後の預金額は $\left(1 + \frac{a}{2}\right)^2 f_0 \, [円]$．2 年後の預金額は $\left(1 + \frac{a}{2}\right)^4 f_0 \, [円]$．これを順に計算していくと，$n$ 年後の預金額は $\left(1 + \frac{a}{2}\right)^{2n} f_0 \, [円]$ となる．

利息の受取が 1 箇月ごとに縮まっても，同じ方針で計算できる．

例題 2.2（1 箇月ごとの利息（一般化）） 年 $100 \times a \, [\%]$ 相当で 1 箇月ごとに利息が付く預金がある．最初に $f_0 \, [円]$ 預金したとき，n 年後の預金額はいくらになるか．

解答 1 年後の預金額は $\left(1 + \frac{a}{12}\right)^{12} f_0 \, [円]$．2 年後の預金額は $\left(1 + \frac{a}{12}\right)^{24} f_0 \, [円]$．これを順に計算していくと，$n$ 年後の預金額は $\left(1 + \frac{a}{12}\right)^{12n} f_0 \, [円]$ となる． □

この調子でどんどんいき，利息が毎日支払われるとしよう．

例題 2.3（1 日ごとの利息（一般化）） 年 $100 \times a \, [\%]$ 相当で 1 日ごとに利息が付く預金がある．最初に $f_0 \, [円]$ 預金したとき，n 年後の預金額はいくらになるか．ただし，うるう年の 1 日は無視できるものとする．

解答 1 年後の預金額は $\left(1 + \frac{a}{365}\right)^{365} f_0 \, [円]$．2 年後の預金額は $\left(1 + \frac{a}{365}\right)^{730} f_0 \, [円]$．これを順に計算していくと，$n$ 年後の預金額は $\left(1 + \frac{a}{365}\right)^{365n} f_0 \, [円]$ となる． □

10000 円を年 1% 相当の利息で預金して，1 回利息が付くところの計算式だけをまとめてみよう．

$$(1 \text{ 年後の預金}) = 10000 + \frac{1}{100} \times \frac{1}{1} \times 10000 \tag{2.129}$$

$$(半年後の預金) = 10000 + \frac{1}{100} \times \frac{1}{2} \times 10000 \tag{2.130}$$

$$(1\text{箇月後の預金}) = 10000 + \frac{1}{100} \times \frac{1}{12} \times 10000 \tag{2.131}$$

$$(1\text{日後の預金}) = 10000 + \frac{1}{100} \times \frac{1}{365} \times 10000 \tag{2.132}$$

上記を一般化するために数式にしよう．預金は時間とともに変化する（増加する）値なので，時間 t の関数 $f(t)$ とする．時間の単位を年とすると，1年後の預金は $f(t+1)$ で表されるので，式 (2.129) は

$$f(0+1) = 10000 + \frac{1}{100} \times \frac{1}{1} \times 10000$$

$$\Leftrightarrow \quad f(t+1) = f(t) + \frac{1}{100} \times \frac{1}{1} \times f(t) \tag{2.133}$$

となる．同様に式 (2.130)〜(2.132) もそれぞれ f を使って表すことができる．

$$f\left(t + \frac{1}{2}\right) = f(t) + \frac{1}{100} \times \frac{1}{2} \times f(t) \tag{2.134}$$

$$f\left(t + \frac{1}{12}\right) = f(t) + \frac{1}{100} \times \frac{1}{12} \times f(t) \tag{2.135}$$

$$f\left(t + \frac{1}{365}\right) = f(t) + \frac{1}{100} \times \frac{1}{365} \times f(t) \tag{2.136}$$

ここで，左辺で時間 t が変化しているところと，右辺との共通点を見つける．すると，時間の変化を Δt とおくことにより，上の四つの式 (2.133)〜(2.136) は一つの同じ式

$$f(t + \Delta t) = f(t) + \frac{1}{100} \times \Delta t \times f(t) \tag{2.137}$$

で表すことができる．

式 (2.137) を式変形すると，次式となる．

$$\frac{f(t + \Delta t) - f(t)}{\Delta t} = \frac{1}{100} f(t) \tag{2.138}$$

ここで，利息の支払いの期間を限りなく 0 に近づけた場合の極限を考えてみよう．つまり，式 (2.138) の両辺の $\Delta t \to 0$ の極限を求める．

$$\lim_{\Delta t \to 0} \frac{f(t + \Delta t) - f(t)}{\Delta t} = \frac{1}{100} f(t) \tag{2.139}$$

左辺をよく見ると，これは微分の定義の式そのままなので，$\dfrac{df}{dt}$ と置き換える．すると，預金の増え方は微分を使って

$$\frac{df}{dt} = \frac{1}{100} f(t) \tag{2.140}$$

と書けることがわかった．さらにこの式を一般化するために，利率を $100 \times a$ [%] とすると，

$$\frac{df}{dt} = af(t) \tag{2.141}$$

となる．このようにして，（少しの近似はあるものの）預金と金利の関係を微分方程式で表せることが確認できた．

例 2.34（預金と金利） 時刻 t での預金額を $f(t)$ [円]，利率を年 $100 \times a$ [%] 相当とすると，預金額は次の微分方程式に従う．

$$\frac{df}{dt} = af(t) \tag{2.142}$$

この微分方程式の解は「微分するとそれ自身の a 倍になる関数」なので，これまで同様指数関数であると予想できる．確かに，

$$f(t) = Ce^{at} \quad \Leftrightarrow \quad \frac{df}{dt} = aCe^{at} = af(t) \quad (C \text{ は定数}) \tag{2.143}$$

であり，$f(t) = Ce^{at}$ が式 (2.142) の解であることがわかる．

預金を始めた時刻を $t = 0$ とし，そのときの預金額（元本）を f_0 とすると，

$$f(0) = Ce^{a \cdot 0} = C = f_0 \quad \Leftrightarrow \quad f(t) = f_0 e^{at} \tag{2.144}$$

となり，時間とともに預金額が指数関数的に増大することがわかる．

[補足] この解を，微分方程式 (2.142) を経由せず，式 (2.137) から直接解く方法も確認しておこう．時刻 $t = 0$ での預金額を f_0 とすると，式 (2.137) より，

$$f(0 + \Delta t) = f_0 + a\Delta t f_0 = (1 + a\Delta t) f_0 \tag{2.145}$$

が成り立つ．$n\Delta t$ 後の預金額は，

$$f(0 + n\Delta t) = (1 + a\Delta t)^n f_0 \tag{2.146}$$

となる．時刻を $t = n\Delta t$ とおき，$\Delta t \to 0$ の極限を求めると

$$f(0 + t) = \lim_{\Delta t \to 0} (1 + a\Delta t)^{\frac{t}{\Delta t}} f_0 \tag{2.147}$$

となる．さらに，$a\Delta t = h$ とおくと，$\Delta t \to 0$ のとき $h \to 0$ が成り立ち，

$$f(t) = \lim_{h \to 0}(1+h)^{\frac{at}{h}} f_0 = \lim_{h \to 0}\{(1+h)^{\frac{1}{h}}\}^{at} f_0 \tag{2.148}$$

が成り立つ．上式中に現れている $\lim_{h \to 0}\{(1+h)^{\frac{1}{h}}\}$ は**自然対数の底** e の定義にほかならない（定義 A.1 参照）．したがって，次式が得られる．

$$f(t) = f_0 e^{at} \tag{2.149}$$

1万円をさまざまな利率 a で 10 年間預金したときの預金額の変化を図 2.34 に示す．0.03% では 10 年預金した後の預金額は 10030 円にしかならない．それに対し 1.00% と 6.00% では，それぞれ 11052 円と 18221 円となる．6% では，10 年でおよそ 2 倍になっていることがわかる．

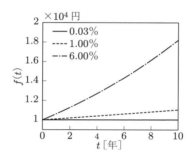

図 2.34 1 万円を 10 年間預金した場合の預金額の変化

例 2.35（ローンの返済） 預金をすると金融機関から利息が支払われるが，これとは逆に，金融機関からお金を借りると，借りた金額に応じて利子を支払わなければならない．自動車や家などの金額の大きな買い物は現金を用意することが難しいため，金融機関からお金を借りて，そのお金で車や家を購入し，借りた分を利子をつけて金融機関に返済することが一般的である．このような金融機関からの融資のことを，**ローン (loan)** とよぶ．

ローンに対しても，預金と同じ規則で利子が発生すると仮定する．預金と異なるのは，利子は融資を受けた側が金融機関に支払うことである．返済の規則として，

- 期間の長さに比例した一定額を返済する

ものとする．ローン開始を時刻 $t = 0$，ローン残額を $f(t)$ [円]，最初の融資金額を $f(0) = f_0$，利率を年 $100 \times a$ [%] 相当，返済する一定金額を b [円/時間] とすると，式 (2.137) は

$$f(t + \Delta t) = f(t) + a\Delta t f(t) - b\Delta t \tag{2.150}$$

となる．変わったのは，返済した $b\Delta t$ 分だけ金額が減少する点である．同様の手法で変形すると，次式となる．

$$\frac{f(t+\Delta t) - f(t)}{\Delta t} = af(t) - b \tag{2.151}$$

ここで，利息の支払いの期間を限りなく 0 に近づけた場合の極限を考えてみよう．つまり，式 (2.151) の両辺の $\Delta t \to 0$ の極限を求める．

$$\lim_{\Delta t \to 0} \frac{f(t+\Delta t) - f(t)}{\Delta t} = af(t) - b \tag{2.152}$$

左辺をよく見ると，これは微分の定義の式そのままなので，置き換える．すると，ローン残額の変化は微分方程式

$$\frac{df}{dt} = af(t) - b \tag{2.153}$$

と書けることがわかった．

式 (2.153) の解を求めるのはやや難しいが，「微分するとそれ自身の a 倍になる関数」と「微分して定数になる関数」の和であると予測し，

$$f(t) = c_1 e^{at} + c_2 \tag{2.154}$$

としてみる．これを式 (2.153) に代入すると，

$$c_1 a e^{at} = a(c_1 e^{at} + c_2) - b \quad \Leftrightarrow \quad ac_2 = b \quad \Leftrightarrow \quad c_2 = \frac{b}{a} \tag{2.155}$$

となり，

$$f(0) = c_1 + \frac{b}{a} = f_0 \quad \Leftrightarrow \quad c_1 = f_0 - \frac{b}{a} \tag{2.156}$$

となる．したがって，

$$f(t) = \left(f_0 - \frac{b}{a}\right)e^{at} + \frac{b}{a} \tag{2.157}$$

である．きちんとした解法は，3.4 節，3.6 節で紹介する．

融資を完済するまでに支払う合計金額を求めよう．まず，完済するまでの時間を求める．

$$f(t) = 0 \quad \Leftrightarrow \quad t = \frac{1}{a}\ln\frac{b}{b - af_0} \tag{2.158}$$

この期間に時間あたり b [円] 支払い続けるので，合計金額は $\frac{b}{a}\ln\frac{b}{b - af_0}$ [円] となる．

$\ln$ の真数の分母に $b - af_0$ があることは，$af_0 < b$ でなくてはならないことを示している．af_0 は元本に対する利子なので，この不等式は「単位時間あたり，元本に対する利子以上に返済しなくてはならない」ことを示している．

また，$b = xaf_0$ とおくと，「単位時間あたり，元本の利子の x 倍だけ支払い続ける」ことになる．これを合計金額の式に代入すると，

$$\frac{b}{a} \ln \frac{b}{b - af_0} = \frac{xaf_0}{a} \ln \frac{xaf_0}{xaf_0 - af_0} = f_0 \cdot x \ln \frac{x}{x-1} \tag{2.159}$$

となり，元本の $x \ln \dfrac{x}{x-1}$ 倍支払うことになる．この値を図示したのが，図 2.35 である．

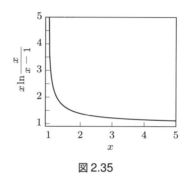

図 2.35

$x = 1$ では元本に対する利子しか支払っていないので，元本は減らずに無限に大きな金額を支払うはめになる．$x = 2$ 辺りまでで急激に減少し，それ以降では減り方は緩やかになる．

具体的な金額を計算してみよう．年 2% 相当の利率で 100 万円のローンを組んだとする．元本から発生する利子は年 2 万円である．結果を表 2.7 に示す．

表 2.7 100 万円ローンの返済額の例

返済額 [万円/年]	返済期間 [年]	返済金額 [万円]	返済額 [万円/年]	返済期間 [年]	返済金額 [万円]
3	54.93	164.79	10	11.16	111.57
4	34.66	138.83	20	5.27	105.36
5	25.24	127.71	50	2.04	102.06

長期のローンを組むと，元本に対して利息が非常に大きくなることがわかる．これは，まだ返済されていないお金にも利息が発生するためである．返済金額は「100 万円のものを手に入れるために支払った合計金額」なので，これだけ支払う価値がある（もしくは，早く手に入れる必要がある）ものなのかを考えることが重要である．また，

融資の金額にかかわらず返済金額を一定とする返済方法（一般的には「リボルビング払い」とよばれる）は注意が必要であることがわかる．一定とすべきは返済金額の絶対値ではなく，利息（もしくは融資金額）に対してどれだけの比率で返済できるかである．

実際のローンは月単位であったり金利の変動があったりするなど，この例よりは複雑で不確定な要素も増えるが，返済の基本が「いかに元本を減らすか」であることには変わりない．

演習問題

2.14 （ローンの計算） 2000 万円を年 1% 相当のローンで借入し，20 年で完済したい．返済金額は毎月一定としたとき，1 箇月あたりの返済額はいくらになるか．式 (2.157) を利用して計算せよ．なお，$e^{0.2} \simeq 1.2214$ とし，解の単位は [万円] で小数第 2 位まで示せ．

解答 $f(t) = \left(f_0 - \dfrac{b}{a}\right)e^{at} + \dfrac{b}{a}$ に $t = 20$ [年]，$a = 0.01$，$f_0 = 2000$ [万円] を代入すると，

$$f(20) = \left(2000 - \frac{b}{0.01}\right)e^{0.01 \times 20} + \frac{b}{0.01} = (2000 - 100b)e^{0.2} + 100b = 0$$

となる．よって，$b = 20\dfrac{e^{0.2}}{(e^{0.2} - 1)}$．したがって，1 箇月あたりの返済額は，$20\dfrac{e^{0.2}}{(e^{0.2} - 1)} \Big/ 12 \simeq 9.19$ [万円] である．

2.15 （借入可能なローン） 収入の 1/4 程度を返済に充てられるとしたとき，年収 600 万円の世帯が年 2% 相当のローンを 30 年で返済する計画を立てるとすると，借り入れ可能な元本はいくらになるか．[万円] 単位で求めよ．例 2.35 の議論を参考にすること．

解答 $f(t) = \left(f_0 - \dfrac{b}{a}\right)e^{at} + \dfrac{b}{a}$ に $a = 0.02$，$b = 600/4 = 150$，$t = 30$ を代入し，$f(30) = 0$ の条件を課すと，

$$f(30) = \left(f_0 - \frac{150}{0.02}\right)e^{0.02 \times 30} + \frac{150}{0.02} = 0 \quad \Leftrightarrow \quad f_0 = 7500 - 7500 \times e^{-0.6}$$

となる．したがって，$f_0 = 3384$ [万円] が得られる．

[補足] 多額のローンを組む場合は返済可能かどうかをよく検討する必要がある．貸す側の銀行から見ても，返済不可能な多額のローンを組ませることは，不良債権の増加につながるため，審査基準が用意されている．

2.7 曲線の表現

物理や経済の例など盛りだくさんであったので少々疲れたかも知れない．ここで純粋な数学の例を示そう．「微分」は「曲線の接線の傾き」でもあった（p.17 参照）ので，微分方程式は「曲線の接線の傾きに関する方程式」である．たとえば，平面上の座標を (x,y) で表すとき，微分方程式

$$\frac{dy}{dx} = f(x,y) \tag{2.160}$$

は，「座標 (x,y) での曲線の接線の傾き $\frac{dy}{dx}$ の値が $f(x,y)$ と等しい」ことを意味しており，これを解くことは「座標 (x,y) での接線の傾き $\frac{dy}{dx}$ の値が $f(x,y)$ と等しくなるような曲線の方程式を求める」ことである．

本節では，高校まででよく扱う曲線について微分方程式による表現をいくつか示す．

例 2.36（円と微分方程式） xy 平面上で円の中心を $(0,0)$，半径を r とする円の方程式は

$$x^2 + y^2 = r^2 \tag{2.161}$$

である．この円周上での接線の傾きがどのようになっているかを調べてみよう．

式 (2.161) の両辺を x で微分すると，

$$\frac{d}{dx}(x^2 + y^2) = 0 \Leftrightarrow 2x + 2y\frac{dy}{dx} = 0$$

$$\Leftrightarrow \frac{dy}{dx} = -\frac{x}{y} \tag{2.162}$$

が成り立つ．さまざまな点 (x,y) に対し，その点を通り傾き $-\frac{x}{y}$ の直線を図示してみたものが図 2.36 である．

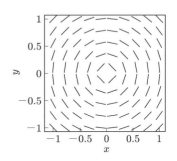

図 2.36　円の接線と微分方程式

図の直線をつなげてみると，何となく円になっているように見える．曲線は（$x^2 + y^2 = r^2$ のように）方程式で直接表現することもできるが，このように，それぞれの場所での傾きで間接的に表すこともできる．

曲線の方程式から微分方程式を導出したが，反対に，微分方程式から曲線を求められることも紹介しておこう．微分方程式

$$\frac{dy}{dx} = -\frac{x}{y} \tag{2.163}$$

が与えられているとする．左辺の $\frac{dy}{dx}$ は本来は一つのかたまりで「微分」を表すのだが，形式的に dy と dx からなる分数と見なして，

$$ydy = -xdx \tag{2.164}$$

と変形する．そして両辺を積分すると，

$$\int ydy = -\int xdx \;\Leftrightarrow\; y^2 = -x^2 + C \;\Leftrightarrow\; x^2 + y^2 = C \quad (C \text{ は定数}) \tag{2.165}$$

となり，円の方程式が導けた．

このような微分方程式の解法は**変数分離法**とよばれ，微分方程式の解法のもっとも基本的なものである．詳細は 3.3 節で紹介する．

例 2.37（曲線と微分方程式 (1)）
その他の微分方程式も同様の方法で調べてみよう．微分方程式

$$\frac{dy}{dx} = -\frac{y}{x} \tag{2.166}$$

について，さまざまな点 (x, y) でこの微分方程式で表される傾きをもつ直線を図示したものを，図 2.37 に示す．

直線をつなぐと，何となく双曲線のように見える．実際，$y = \frac{c}{x}$ を x で微分すると，

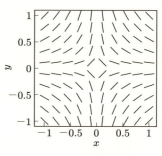

図 2.37　曲線と微分方程式 (1)

$$\frac{dy}{dx} = \frac{d}{dx}\frac{c}{x} = -\frac{c}{x^2} = -\frac{y}{x} \tag{2.167}$$

となり，微分方程式 (2.166) を満たしていることがわかる．

例 2.38（曲線と微分方程式 (2)）
微分方程式

$$\frac{dy}{dx} = y \tag{2.168}$$

について，さまざまな点 (x, y) でこの微分方程式で表される傾きをもつ直線を図示したものを，図 2.38 に示す．直線をつなぐと，何となく指数関数のように見える．実際，$y = e^x$ を x で微分すると，

$$\frac{dy}{dx} = e^x = y \tag{2.169}$$

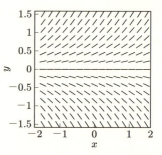

図 2.38　曲線と微分方程式 (2)

となり，微分方程式 (2.168) を満たしていることがわかる．

例 2.39（曲線と微分方程式 (3)）　微分方程式

$$\frac{dy}{dx} = -4\frac{x}{y} \qquad (2.170)$$

について，さまざまな点 (x, y) でこの微分方程式で表される傾きをもつ直線を図示したものを，図 2.39 に示す．直線をつなぐと，何となく楕円のように見える．実際，$\frac{x^2}{a^2} + \frac{y^2}{b^2} = 1$ の両辺を微分すると，

$$\frac{d}{dx}\left(\frac{x^2}{a^2} + \frac{y^2}{b^2}\right) = 0 \Leftrightarrow \frac{2x}{a^2} + \frac{2y}{b^2} \cdot \frac{dy}{dx} = 0$$

$$\Leftrightarrow \frac{dy}{dx} = -\frac{a^2}{b^2} \cdot \frac{x}{y} \qquad (2.171)$$

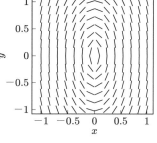

図 2.39　曲線と微分方程式 (3)

となり，元の微分方程式は $a=2$, $b=1$ の楕円を表す微分方程式であることがわかる．

例 2.40（曲線と微分方程式 (4)）　y 軸方向上から下に向かって光が入ってくる空間を想定する．この空間のどこかに鏡を置いて光を反射させ，反射した光が原点 $(0, 0)$ を通るようにしたい．このような鏡の置き方はどのように表されるだろうか？　ここで，鏡は入射角と反射角が等しくなるように光を反射させるものとする．

鏡を置く場所を (x, y) とすると，鏡の傾きは $\frac{dy}{dx}$ と

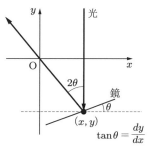

図 2.40　鏡による光線の反射

表せる．x 軸と鏡のなす角度を θ とすると，$\tan\theta = \frac{dy}{dx}$

が成り立つ．すると，光の入射角も θ となるので，反射光の傾きは $\tan\left(\frac{\pi}{2} + 2\theta\right) = -\frac{1}{\tan 2\theta}$ である（図 2.40）．

傾き $-\frac{1}{\tan 2\theta}$ の直線が (x, y) と $(0, 0)$ を通るので，

$$\frac{y-0}{x-0} = -\frac{1}{\tan 2\theta} = \frac{\tan^2\theta - 1}{2\tan\theta} \Leftrightarrow 2\frac{y}{x} = \tan\theta - \frac{1}{\tan\theta} \qquad (2.172)$$

が成り立つ．これを変形して $\tan\theta$ に関する二次方程式

$$\tan^2\theta - 2\frac{y}{x}\tan\theta - 1 = 0 \qquad (2.173)$$

を得る．これを解くと，微分方程式

$$\tan\theta = \frac{dy}{dx} = \frac{y}{x} \pm \sqrt{\left(\frac{y}{x}\right)^2 + 1} \qquad (2.174)$$

を得る．この微分方程式について，さまざまな点 (x, y) で微分方程式で表される傾きをもつ直線を図示したものを，図 2.41 に示す．

傾きをつなげると，何となく放物線のように見える．放物線の軸は $x = 0$ なので，

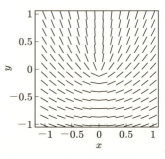

図 2.41　曲線と微分方程式 (4)

$$y = a_2 x^2 + a_0 \qquad (2.175)$$

と仮定し，式 (2.172) に代入すると，

$$2\frac{y}{x} = \frac{dy}{dx} - \frac{1}{\dfrac{dy}{dx}} \quad \Leftrightarrow \quad 2\frac{a_2 x^2 + a_0}{x} = 2a_2 x - \frac{1}{2a_2 x}$$

$$\Leftrightarrow \quad 4a_2(a_2 x^2 + a_0) = 4a_2^2 x^2 - 1$$

$$\Leftrightarrow \quad 4a_2 a_0 = -1 \qquad (2.176)$$

が成り立つ．したがって，題意を満たす曲線は

$$y = c_1 x^2 - \frac{1}{4c_1} \quad (c_1 \text{ は定数}) \qquad (2.177)$$

である．定数 c_1 を適当に定め，この式に従って鏡を置けば，反射光が原点を通る．

この性質は，放物線が遠方からの電波を反射させて一点で受信するアンテナ（パラボラアンテナ）の設計に利用されている．

演習問題

2.16 以下の曲線が満たす一階の微分方程式を求めよ．x_0, y_0, r, a, b, c は定数とする．

(1) 円：$(x - x_0)^2 + (y - y_0)^2 = r^2$　　(2) 楕円：$\dfrac{x^2}{a^2} + \dfrac{y^2}{b^2} = 1$　　(3) 双曲線：$xy = c$

解答　(1) 与式の両辺を x で微分すると，

$$\frac{d}{dx}(x - x_0)^2 + \frac{d}{dx}(y - y_0)^2 = \frac{d}{dx}r^2 \quad \Leftrightarrow \quad 2(x - x_0) + 2\frac{dy}{dx}(y - y_0) = 0$$

したがって, $\dfrac{dy}{dx} = -\dfrac{x-x_0}{y-y_0}$ となる.

(2) 与式の両辺を x で微分すると,

$$\dfrac{d}{dx}\dfrac{x^2}{a^2} + \dfrac{d}{dx}\dfrac{y^2}{b^2} = \dfrac{d}{dx}1 \quad \Leftrightarrow \quad \dfrac{2x}{a^2} + \dfrac{2y}{b^2}\dfrac{dy}{dx} = 0$$

したがって, $\dfrac{dy}{dx} = -\dfrac{b^2 x}{a^2 y}$ となる.

(3) 与式の両辺を x で微分すると,

$$\dfrac{d}{dx}(xy) = \dfrac{d}{dx}c \quad \Leftrightarrow \quad y + x\dfrac{dy}{dx} = 0$$

したがって, $\dfrac{dy}{dx} = -\dfrac{y}{x}$ となる.

2.17 以下の条件を満たす曲線を示す微分方程式を導出せよ.
(1) 接線がすべて原点を通る. (2) 接線がすべて (x_0, y_0) を通る.
(3) 法線がすべて原点を通る. (4) 法線がすべて (x_0, y_0) を通る.
(5) 任意の点 (x, y) における接線が $(x-1, 0)$ を通る.
(6) 任意の点 (x, y) における法線が $(x+1, 0)$ を通る.

解答 (1) (x, y) での接線が (x_0, y_0) を通るとき, その方程式は $y - y_0 = \dfrac{dy}{dx}(x - x_0)$.
これが必ず原点を通るので, $y - 0 = \dfrac{dy}{dx}(x - 0)$. よって, $\dfrac{dy}{dx} = \dfrac{y}{x}$ となる.

(2) (x, y) での接線が (x_0, y_0) を通るとき, その方程式は $y - y_0 = \dfrac{dy}{dx}(x - x_0)$. よって,

$\dfrac{dy}{dx} = \dfrac{y - y_0}{x - x_0}$ となる.

(3) 接線の傾きは $\dfrac{dy}{dx}$ であり, 法線の傾きを k とすると,

$$k \cdot \dfrac{dy}{dx} = -1 \quad \Leftrightarrow \quad k = -\dfrac{1}{\dfrac{dy}{dx}}$$

が成り立つ. したがって, 題意を満たす微分方程式は, $y - 0 = -\dfrac{1}{\dfrac{dy}{dx}}(x - 0)$. よって,

$\dfrac{dy}{dx} = -\dfrac{x}{y}$ となる.

(4) 接線の傾きは $\dfrac{dy}{dx}$ であり, 法線の傾きを k とすると,

$$k \cdot \frac{dy}{dx} = -1 \quad \Leftrightarrow \quad k = -\frac{1}{\frac{dy}{dx}}$$

が成り立つ．したがって，題意を満たす微分方程式は，$y - y_0 = -\dfrac{1}{\frac{dy}{dx}}(x - x_0)$．よって，$\dfrac{dy}{dx} = -\dfrac{x - x_0}{y - y_0}$ となる．

(5) (x, y) での接線が (x_0, y_0) を通るとき，その方程式は $y - y_0 = \dfrac{dy}{dx}(x - x_0)$．

これが必ず $(x - 1, 0)$ を通るので，$y - 0 = \dfrac{dy}{dx}\{x - (x - 1)\}$．よって，$\dfrac{dy}{dx} = y$ となる．

(6) 接線の傾きは $\dfrac{dy}{dx}$ であり，法線の傾きを k とすると，

$$k \cdot \frac{dy}{dx} = -1 \quad \Leftrightarrow \quad k = -\frac{1}{\frac{dy}{dx}}$$

が成り立つ．したがって，題意を満たす微分方程式は，$y - 0 = -\dfrac{1}{\frac{dy}{dx}}\{x - (x + 1)\}$．よって，$\dfrac{dy}{dx} = \dfrac{1}{y}$ となる．

2.8　本章のまとめ

本章で紹介した微分方程式とその解を表 2.8 にまとめる．いまの時点で丸暗記する必要はなく，次章での解法を理解すればよい．ただし，ここで見たことのある形かどうかを知っていれば，計算間違いに気づきやすくなるなどの利点がある．

この表からは，見た目や分野が異なる，力学，電気から生物，金融にいたるまで，同じ形の微分方程式で表せる現象がいくつもあることがわかる．さらに，同じ形の微分方程式は（当然）同じ形の解をもっている．言い換えると，異なる分野と思われる現象の間にも，数学的な共通点があるのである．

このように，微分方程式は異なる分野間での現象の共通点を発見するための強力な道具となっている．次章以降では，効率的で一貫した解法を学ぶ．

2.8 本章のまとめ

表2.8 さまざまな現象と微分方程式

現象	微分方程式	解の形
自由落下	$\dfrac{d^2x}{dt^2} = -g$	$x(t) = -\dfrac{1}{2}gt^2 + c_1 t + c_0$
放物運動	$\dfrac{d^2x}{dt^2} = -g,\quad \dfrac{d^2l}{dt^2} = 0$	$x(t) = -\dfrac{1}{2}gt^2 + c_1 t + c_0,\quad l(t) = d_1 t + d_0$
自由落下（空気抵抗あり）	$m\dfrac{dv}{dt} = -mg - Dv$	$v(t) = -\dfrac{mg}{D} + c e^{-\frac{D}{m}t}$
ばね・重り系の運動	$m\dfrac{d^2x}{dt^2} = -kx$	$x(t) = A\cos\sqrt{\dfrac{k}{m}}\, t + B\sin\sqrt{\dfrac{k}{m}}\, t$
ばね・重り系の運動（空気抵抗あり）	$m\dfrac{d^2x}{dt^2} = -kx - D\dfrac{dx}{dt}$	3.5 節を参照
振り子の運動	$\dfrac{d^2\theta}{dt^2} = -\dfrac{g}{l}\theta$	$\theta(t) = A\cos\sqrt{\dfrac{g}{l}}\, t + B\sin\sqrt{\dfrac{g}{l}}\, t$
円運動	$\begin{pmatrix}\dfrac{d^2x}{dt^2}\\[2pt]\dfrac{d^2y}{dt^2}\end{pmatrix} = \begin{pmatrix}-\dfrac{V^2}{r}\cdot\dfrac{x}{r}\\[2pt]-\dfrac{V^2}{r}\cdot\dfrac{y}{r}\end{pmatrix} = \begin{pmatrix}-\omega^2 x\\-\omega^2 y\end{pmatrix}$	$\begin{pmatrix}x\\y\end{pmatrix} = \begin{pmatrix}r\cos\theta\\r\sin\theta\end{pmatrix} = \begin{pmatrix}r\cos(\omega t + \theta_0)\\r\sin(\omega t + \theta_0)\end{pmatrix}$
RL 回路	$E - RI - L\dot{I} = 0$	$I = c_1 e^{-\frac{R}{L}t}$ （$E(t)=0$ の場合）
RC 回路	$E - R\dot{Q} - \dfrac{Q}{C} = 0$	$Q = c_1 e^{-\frac{1}{RC}t}$ （$E(t)=0$ の場合）
LC 回路	$E - \dfrac{Q}{C} - L\ddot{Q} = 0$	$Q(t) = A\cos\sqrt{\dfrac{1}{LC}}\, t + B\sin\sqrt{\dfrac{1}{LC}}\, t$ （$E(t)=0$ の場合）
RLC 回路	$E(t) - R\dfrac{dQ}{dt} - L\dfrac{d^2Q}{dt^2} - \dfrac{Q(t)}{C} = 0$	3.5 節を参照
放射性元素の崩壊	$\dfrac{df}{dt} = -kf$	$f(t) = c_1 e^{-kt} = c_1\left(\dfrac{1}{2}\right)^{\frac{t}{T}}$ （T：半減期）
生物の増減（ネズミ算）	$\dfrac{dp}{dt} = (b-d)p(t)$	$p(t) = p_0 e^{(b-d)t}$
生物の増減（ロジスティック式）	$\dfrac{dp}{dt} = a\left(1 - \dfrac{p(t)}{K}\right)p(t)$	3.3 節を参照
預金と金利	$\dfrac{df}{dt} = af(t)$	$f(t) = f_0 e^{at}$
ローンの返済	$\dfrac{df}{dt} = af(t) - b$	$f(t) = \left(f_0 - \dfrac{b}{a}\right)e^{at} + \dfrac{b}{a}$

章末問題

2.1（解の物理的な妥当性を検討する (1)）　あなたは下記のテスト問題に回答している．

> 1. 質量 m の物体が空気抵抗を受けながら自由落下している．粘性摩擦係数を D，重力加速度を g とし，速度 $v(t)$ が従う微分方程式を導け．
> 2. $v(t)$ の解の候補は $v(t) = c_1 + c_2 e^{c_3 t}$（$c_1$, c_2, c_3 は定数）である．$v(t)$ を微分方程式に代入し，c_1, c_2, c_3 のうちいくつかを求めよ．

あなたは，1. の設問に対し，$m\dot{v} = -mg + Dv$ としてしまったが，誤りに気づいていない．以下の手順で 0 点を避けよう．

(1) $v(t) = c_1 + c_2 e^{c_3 t}$（$c_1$, c_2, c_3 は定数）を $m\dot{v} = -mg + Dv$ に代入し，定数を定めよ．

(2) (1) で求めた解に対し，$t \to \infty$ の極限を求め，これが「空気抵抗を受けて落下する物体の速度」に対する物理的な直感・経験と一致するかどうかを検討し，誤りを見つけよ．

解答　(1) $v(t) = c_1 + c_2 e^{c_3 t}$ を $m\dot{v} = -mg + Dv$ に代入すると，

$$m \cdot c_2 c_3 e^{c_3 t} = -g + D(c_1 + c_2 e^{c_3 t}) \quad \Rightarrow \quad mc_2 c_3 = Dc_2, \; 0 = -mg + Dc_1$$

よって，　$c_3 = \dfrac{D}{m}$,　$c_1 = \dfrac{mg}{D}$.

(2) (1) より，$v(t) = \dfrac{mg}{D} + c_2 e^{\frac{D}{m} t}$（$c_2$ は定数）となるが，$t \to \infty$ で速度が時間に対し指数関数的に増えることを示している．

空気抵抗がない場合でも

$$m\dot{v} = -mg \quad \Leftrightarrow \quad \dot{v} = -g \quad \text{よって，} \quad v(t) = -gt + C \quad (C \text{ は定数})$$

であり，速度は時間に対し一次関数的に増えるのみである．したがって，空気抵抗がある場合にそれよりさらに急激に速度が速くなることはありえない．

(1) で c_i を求める計算に誤りはないので，誤っているのはそれより前，つまり微分方程式である．

2.2（解の物理的な妥当性を検討する (2)）　あなたは下記のテスト問題に回答している．

> 質量 m の重りがばね定数 k のばねに鉛直下向きにとりつけられている．ばねの上端は天井に固定されており，空気抵抗は無視できるとする．つりあいの位置からの伸びを $x(t)$ としたとき，$x(t)$ が従う微分方程式を導き，解け．

あなたは微分方程式を $m\ddot{x} = kx$ と導いてしまったが，誤りに気づいていない．以下の手順で 0 点を避けよう．

(1) 解の候補は「二階微分して k/m 倍になる関数」である．このような関数を見つけよ．
(2) (1) で求めた解の候補に対し，$t \to \infty$ の極限を求め，これが「ばねにつけられた重りの挙動」に対する物理的な直感・経験と一致するかどうか検討し，誤りを見つけよ．

> **解答** (1) $Ce^{\lambda t}$ は微分すると λ 倍になる関数である．これを利用すると，$Ce^{\lambda t}$ は二階微分すると λ^2 倍になるので，$\lambda^2 = \dfrac{k}{m}$．よって，$\lambda = \pm\sqrt{\dfrac{k}{m}}$ より，解の候補は
> $$x(t) = C_1 e^{\sqrt{\frac{k}{m}}t} + C_2 e^{-\sqrt{\frac{k}{m}}t} \quad (C_1, C_2 \text{ は定数})$$
> (2) (1) で求めた式は，$t \to \infty$ で位置が時間に対し指数関数的に増えることを示している．ばねにつながれた物体の位置が，力を外から受けていないのに無限に発散することはありえない．(1) で $x(t)$ を求める計算に誤りはないので，誤っているのはそれより前，つまり微分方程式である．

2.3（**解の物理的な妥当性を検討する (3)**） LC 直列回路のコンデンサの電荷 $Q(t)$ に対する微分方程式を $L\ddot{Q} = \dfrac{Q(t)}{C}$ と立てた友人がいる．この微分方程式を解き，解が物理的に妥当な挙動を示しているかどうかを検討することにより，微分方程式の導出が正しいかどうかを友人に説明してあげよう．

> **解答** （略解）解の候補は $Q(t) = C_1 e^{\sqrt{\frac{1}{LC}}t} + C_2 e^{-\sqrt{\frac{1}{LC}}t}$ と求められる．
> $t \to \infty$ で $Q(t)$ が発散するが，これは外部から電荷が供給されなくても回路内の電荷が発散することを示しており，エネルギー保存則に反する．
> 微分方程式から解の候補を求める計算に誤りはないので，微分方程式の導出に誤りがある．

2.4（**温度の変化**†） 熱した金属球を空気中に放置すると，金属球は冷めて温度が下がる．このとき，金属球の温度 $T(t)$ の変化率はそれ自身の温度と外気温 T_a との差に比例することが知られている．T_a は常に一定と仮定し，$T(t)$ が従う微分方程式を導出せよ．

> **解答** 金属球の温度 $T(t)$ の変化率は $\dfrac{dT}{dt}$ で表され，それが外気温との差 $T_a - T$ に比例するのだから，求める微分方程式は次式となる．
> $$\frac{dT}{dt} = k(T_a - T) \quad (k \text{ は定数})$$

---

† この法則も**ニュートン**によって研究されたものである．

2.5（万有引力†） 二つの物体間にはたらく引力（万有引力）の大きさは，距離の2乗に反比例することが知られている．このとき，地球上の物体の万有引力による運動を示す微分方程式を導出せよ．

物体に対し地球は非常に重く，地球は静止しており，物体のみ運動するものと仮定できるとする．

解答 物体と地球の重心との距離を r とすると，万有引力 F が距離の2乗に反比例するので，$F \propto \dfrac{1}{r^2}$ となる．

運動方程式を立てると，次式が得られる．
$$m\ddot{r} \propto \frac{1}{r^2} \iff \ddot{r} = \frac{k}{r^2} \quad (k \text{ は定数})$$

[補足] 万有引力については，さらに「二つの物体の質量に比例する」ことも知られているので，二つの物体の質量を m, M, 定数を G とすると $F = -G\dfrac{mM}{r^2}$ とも表される．

運動するほうの物体の質量を m とすると，$m\ddot{r} = -G\dfrac{mM}{r^2} \iff \ddot{r} = -G\dfrac{M}{r^2}$ と表される．物理定数は通常正の値をとるので，力の向きを表す符号が必ず必要である．

2.6（万有引力による位置エネルギー） 二つの質量 M, m の物体間には引き合う力がはたらき，その大きさは物体間の距離 r に対し $G\dfrac{mM}{r^2}$ となることが実験的に知られている（ここで，G は定数）．

$r \to \infty$ を位置エネルギーが 0 となる基準点とするとき，物体間の距離が r のときの物体 m の位置エネルギー $U(r)$ を求めよ．

解答 位置エネルギーの定義より，$U(r) = \displaystyle\int G\dfrac{mM}{r^2} dr + C = -G\dfrac{mM}{r} + C$.
$\lim_{r \to \infty} U(r) = C = 0$ を基準点としているので，$U(r) = -G\dfrac{mM}{r}$ となる．

2.7（薄膜による光の吸収） 非常に薄い透明な膜の層に垂直に光を入射すると，その一部が吸収される．吸収量は光が通過した層の厚さ Δx と層に入射する光の量 $L(x)$ に比例する．$L(x)$ が従う微分方程式を導出せよ．

解答 光が Δx 通過したときの光の量の変化を ΔL とすると，ΔL は L と Δx に比例するので，$\Delta L = -kL(x)\Delta x$ （$k > 0$ は定数）．

この式を $\dfrac{\Delta L}{\Delta x} = -kL(x)$ と変形し，$\Delta x \to 0$ の極限をとると，次の微分方程式が得られる．

---

† くどいようだが，この法則も**ニュートン**によって研究されたものである．

$$\frac{dL}{dx} = -kL$$

2.8 (**揮発性物質**) 球状の揮発性物質（たとえば，ナフタレン）は空気中で蒸発するが，そのときの体積の変化率は表面積に比例する．時刻を t，体積を $V(t)$，半径を $r(t)$ としたときの微分方程式を導出せよ．

解答 $V(t) = \dfrac{4\pi r^3(t)}{3}$，体積の変化率は $\dfrac{dV}{dt}$，表面積は $4\pi r^2$ で表されるので，$\dfrac{dV}{dt} = k \cdot 4\pi r^2$（$k$ は定数）が成り立つ．左辺を変形すると，$\dfrac{dV}{dt} = \dfrac{dV}{dr} \cdot \dfrac{dr}{dt} = 4\pi r^2 \dfrac{dr}{dt} = k \cdot 4\pi r^2$．したがって，$\dfrac{dr}{dt} = k$（$k$ は定数）となる．

2.9 (**気体**) 実験によると，低圧かつ定温の気体の体積 V の圧力 p に対する変化率は体積に比例し，圧力に反比例する．微分方程式を導出せよ．

解答（略解） $\dfrac{dV}{dp} = k\dfrac{V}{p}$（$k$ は定数）

2.10 (**物体の落下に対する異なる主張**) 古代ギリシアの哲学者アリストテレス (Aristoteles)[†1]は日常の観察から，

> 物体が自由落下するときの時間は，落下する物体の質量に依存し，重いものほど速く落下する

と主張した（これを「主張 A」とする）．確かに，鉄球と鳥の羽根では鉄球のほうが速く落下する．

それに対し，16 世紀のイタリアの物理学者**ガリレオ (Galilo Galilei)**[†2]はさまざまな実験を通し，

> 物体が自由落下するときの時間は，落下する物体の質量には依存しない

という法則（落体の法則とよばれる）を発見している（これを「主張 B」とする）．

それぞれの主張が真っ向から対立しているように見えるが，各主張に対し
- 前提としている条件
- その条件から導かれる微分方程式とその解

を明確にし，それぞれの主張がどのような条件で成り立つのかを議論せよ．

[†1] 紀元前 4 世紀の人物．「西洋最大の哲学者」ともよばれる超ビッグネーム．ここでの「哲学」は，いまでいうところの自然科学＋社会科学全般をさし，業績は非常に多岐にわたる．

[†2] 物理学・天文学で大きな業績を残している．物理学ではここで紹介した落体の法則が，天文学では望遠鏡を利用した観測，木星の衛星の発見（それらの衛星群は「ガリレオ衛星」として知られている），さらに地動説に関する主張が，とくに有名である．

解答

- 主張 A では空気抵抗があることを条件としている．

  この場合，速度 $v(t)$ が従う微分方程式は，$\frac{dv}{dt} = -g - \frac{D}{m}v$ であり，その解は $v(t) = -\frac{mg}{D} + \frac{mg}{D}e^{-\frac{D}{m}t}$ である．ここで，$v(0) = 0$ と仮定した．

  この場合では，時間が十分に経過した，つまり $t \to \infty$ とした場合の速度は $v(t) \to -\frac{mg}{D}$ であり，最終的な速度は質量 m に依存し，アリストテレスの主張どおり重いものほど速く落下することがわかる．

- 主張 B では空気抵抗がないことを条件としている．

  この場合，速度 $v(t)$ が従う微分方程式は $\frac{dv}{dt} = -g$ であり，その解は $v(t) = -gt$ である．ここで，$v(0) = 0$ と仮定した．

  この場合では，速度 $v(t)$ が質量 m に依存していない．したがって，ガリレオの主張どおり，落下時間も質量に依存しないことがわかる．

2.11 （放射性元素の多重崩壊）　放射性元素の中には，崩壊した後もまた放射性元素であるようなものが存在する．

　元の放射性元素を A とする．一つの A はある確率で崩壊して別の一つの元素 B になるとする．さらに，一つの B も崩壊して一つの C となり，C は安定した崩壊しない元素とする．時刻 $t = 0$ で空間中に元素 A のみが濃度 $f_A(0)$ だけ存在し，A から B，B から C への崩壊の定数をそれぞれ k_{AB}，k_{BC} ($k_{AB} \neq k_{BC}$) としたとき，それぞれの元素の濃度 $f_A(t)$，$f_B(t)$，$f_C(t)$ が満たすべき微分方程式を求めよ．

　また，放射性元素が 1 種類の場合の解（式 (2.104)）からこの問題に対する解の形を類推して解け．

解答

- 元素 A の濃度変化：元素 A は崩壊するのみであるので，$\frac{df_A}{dt} = -k_{AB}f_A$ $\cdots (*)$
- 元素 B の濃度変化：元素 B は元素 A からの崩壊により増加し，それ自身の崩壊により減少するので，$\frac{df_B}{dt} = k_{AB}f_A - k_{BC}f_B$ $\cdots (**)$
- 元素 C の濃度変化：元素 C は元素 B からの崩壊により増加するのみであるので，$\frac{df_C}{dt} = k_{BC}f_B$ $\cdots (***)$

$(*)$ から順に解いていく．$(*)$ はすでに解の形が示されているので，$f_A(t) = f_A(0)e^{-k_{AB}t}$．これを $(**)$ に代入すると，$\frac{df_B}{dt} = k_{AB}f_A(0)e^{-k_{AB}t} - k_{BC}f_B$．解の形は $f_B(t) = C_1 e^{-k_{AB}t} + C_2 e^{-k_{BC}t}$ と予測され，これを両辺に代入すると，

$$-k_{AB}C_1 f_A(0)e^{-k_{AB}t} - k_{BC}C_2 e^{-k_{BC}t}$$
$$= k_{AB}f_A(0)e^{-k_{AB}t} - k_{BC}(C_1 e^{-k_{AB}t} + C_2 e^{-k_{BC}t}) \quad (C_1, C_2 \text{ は定数})$$
$$\Leftrightarrow \quad -k_{AB}C_1 = k_{AB}f_A(0) - k_{BC}C_1$$

よって，$C_1 = \dfrac{k_{AB}f_A(0)}{-k_{AB} + k_{BC}}$. また，$f_B(0) = 0 \Leftrightarrow C_1 + C_2 = 0$ なので，$C_2 = -C_1$ より，$C_2 = -\dfrac{k_{AB}f_A(0)}{-k_{AB} + k_{BC}}$. したがって，$f_B(t) = \dfrac{k_{AB}f_A(0)}{-k_{AB} + k_{BC}}(e^{-k_{AB}t} - e^{-k_{BC}t})$ これを $(***)$ に代入して，

$$\frac{df_C}{dt} = k_{BC} \cdot \frac{k_{AB}f_A(0)}{-k_{AB} + k_{BC}}(e^{-k_{AB}t} - e^{-k_{BC}t})$$

を得る．両辺を t で積分すると，

$$f_C(t) = \frac{k_{AB}k_{BC}f_A(0)}{-k_{AB} + k_{BC}}\left(\frac{e^{-k_{AB}t}}{-k_{AB}} - \frac{e^{-k_{BC}t}}{-k_{BC}}\right) + C$$
$$= \frac{f_A(0)}{-k_{AB} + k_{BC}}(-k_{BC}e^{-k_{AB}t} + k_{AC}e^{-k_{BC}t}) + C \quad (C \text{ は定数})$$

となる．$f_C(0) = 0$ なので，

$$f_C(0) = \frac{f_A(0)}{-k_{AB} + k_{BC}}(-k_{BC} + k_{AC}) + C = -f_A(0) + C = 0$$

よって，$\quad f_C(t) = \dfrac{f_A(0)}{-k_{AB} + k_{BC}}(-k_{BC}e^{-k_{AB}t} + k_{AC}e^{-k_{BC}t}) + f_A(0)$

これらをまとめると，以下のようになる．

$$\begin{cases} f_A(t) = f_A(0)e^{-k_{AB}t} \\ f_B(t) = \dfrac{k_{AB}f_A(0)}{-k_{AB} + k_{BC}}(e^{-k_{AB}t} - e^{-k_{BC}t}) \\ f_C(t) = \dfrac{f_A(0)}{-k_{AB} + k_{BC}}(-k_{BC}e^{-k_{AB}t} + k_{AC}e^{-k_{BC}t}) + f_A(0) \end{cases}$$

2.12 （**SIR モデル + 免疫喪失**）　時刻 t で
- $S(t)$: 感染する可能性のある (suspicious) 人口（密度）
- $I(t)$: 感染している (infected) 人口（密度）
- $R(t)$: 感染から回復した (recovered) 人口（密度）

とする．感染からの回復の過程が，
- 感染している人と感染する可能性のある人が接触すると，ある一定の割合で，感染する可能性のある人が感染してしまう

- 感染している人は一定の割合で回復する
- 回復した人は免疫を獲得するが，一定の割合で，免疫を喪失し感染する可能性をもつ人に戻る

と表されたときの微分方程式を示せ．また，S, I, R が一定となる値を示せ．ただし，総人口（密度）は N_0 で一定であるとする．

解答 SIR モデルに，免疫の喪失を加える．これを表す定数を α とすると，

$$\begin{cases} \dot{S} = -\beta SI + \alpha R \\ \dot{I} = \beta SI - \gamma I \\ \dot{R} = \gamma I - \alpha R \end{cases}$$

となる．S, I, R が一定であることは $\dot{S}, \dot{I}, \dot{R}$ がすべて 0 であることと等しい．したがって，それぞれの値は次式で求められる．

$$\dot{S} = \dot{I} = \dot{R} = 0 \Leftrightarrow \begin{cases} -\beta SI + \alpha R = 0 \\ \beta SI - \gamma I = 0 \\ \gamma I - \alpha R = 0 \end{cases}$$

$$\Leftrightarrow \quad S = \frac{\gamma}{\beta}, \quad I = \frac{N_0 - \dfrac{\gamma}{\beta}}{1 + \dfrac{\gamma}{\alpha}}, \quad R = \frac{N_0 - \dfrac{\gamma}{\beta}}{1 + \dfrac{\alpha}{\gamma}}$$

2.13（**SIR モデル + 出生・死亡**）(1) SIR モデルに以下の出生・死亡を組み込んだ微分方程式を示せ．
- 総人口 $N(t)$ に比例した出生があり（比例定数を η とする），出生したら感染の可能性がある
- S, I, R すべてに対し，一定の割合で感染症とは関係ない自然死がある（比例定数を μ とする）
- I は感染症が原因となり，一定の割合で死亡することがある（比例定数を α とする）

(2) $\dot{I} > 0$ を解き，疫学的閾値を求めよ．

(3) (2) の結果より，この感染症が爆発的に流行するのは，感染症に起因する死亡率が高い場合か低い場合のどちらか．理由とともに示せ．

解答 (1) SIR モデルに，出生・死亡を追加すると，以下のようになる．

$$\begin{cases} \dot{S} = -\beta SI + \eta N - \mu S \\ \dot{I} = \beta SI - \gamma I - \alpha I - \mu I \\ \dot{R} = \gamma I - \mu R \end{cases}$$

(2) $\dot{I} = \beta SI - \gamma I - \alpha I - \mu I > 0$　よって，$\dfrac{\beta S}{\gamma + \alpha + \mu} > 1$.

(3) この感染症が流行する条件は $\dfrac{\beta S}{\gamma + \alpha + \mu} > 1$ であるので，α が小さい場合に爆発的に流行しやすい．

[補足] 致死率 α が高い感染症のほうが流行しやすいように思うが，実際はそうではない．致死率 α が高い感染症の場合，その感染症にかかってしまった場合の被害は大きいものの，死亡して他の人に感染が拡大しないため，大流行にはならないことが，このモデルから示唆される．

Chapter 3

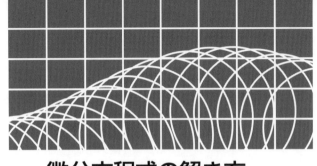

微分方程式の解き方

前章ではさまざまな分野(力学,電気,生物,金融など)の問題が微分方程式に帰着できることを学んだ.前章での解の与え方は非常に天下り的であったので,本章では汎用性の高い,一般的な解法を示そう.

3.1 微分方程式を「解く」とは?

まずは,微分方程式を「解く」とはどのようなことか,考えよう.
もっとも単純だと思われる微分方程式は

$$\frac{df}{dt} = 1 \tag{3.1}$$

である.$\frac{df}{dt}$ は関数 f を変数 t で微分したものなので,f は t に関する関数,すなわち $f(t)$ と書ける.この微分方程式がいっていることは,「関数 $f(t)$ は微分すると 1 となるものである」ということであり,この微分方程式を「解く」ことは,そのような**関数 $f(t)$ を見つけること**にほかならない.

微分方程式を解くには,微分方程式から微分の演算をなくすように式を変形していけばよい.そのときに活躍するのが,微分の逆演算である積分である.この微分方程式の場合は,両辺を t で積分することができ,$\int \frac{df}{dt} dt = f(t) + C$($C$ は定数)であるので,

$$\int \frac{df}{dt} dt = \int 1 dt \quad \Leftrightarrow \quad f(t) = t + C \quad (C \text{ は定数}) \tag{3.2}$$

となり,$f(t)$ を求めることができた.これが微分方程式 (3.1) の**解 (solution)** である.

微分方程式の解法は,その微分方程式の形によっていくつかのものを使い分けるので,本章ではそれらについて具体例とともに順に示していく.

3.2 単純な積分による解法

参考：・自由落下→例 2.1 など．

まず最初に解くのは，両辺を t で積分できる形の微分方程式である．この形であれば，高校までの知識のみで取り扱うことができる．第 2 章でも最初に扱った，もっとも単純な**自由落下**から始めよう．

自由落下（例 2.1）の微分方程式は

$$\frac{d^2 x}{dt^2} = -g \tag{3.3}$$

である．右辺の g は定数なので両辺を t で積分することができ，

$$\int \frac{d^2 x}{dt^2} dt = -\int g\, dt \Leftrightarrow \frac{dx}{dt} = -gt + C_1 \quad (C_1 \text{ は定数}) \tag{3.4}$$

となる．さらに両辺を t で積分すると

$$\int \frac{dx}{dt} dt = \int (-gt + C_1) dt$$

$$\Leftrightarrow x(t) = -\frac{1}{2} g t^2 + C_1 t + C_2 \quad (C_1,\ C_2 \text{ は定数}) \tag{3.5}$$

が得られる．$x(t)$ が得られているので，これで微分方程式が解けた．

この手順を一般化した解法を示そう．

解法 3.1（単純な積分による解法）

$$\frac{df}{dt} = g(t) \tag{3.6}$$

の形の微分方程式は両辺を t で積分し，以下のように解ける．

$$\int \frac{df}{dt} dt = \int g(t) dt \Leftrightarrow f(t) = \int g(t) dt + C \quad (C \text{ は定数}) \tag{3.7}$$

この例のように，微分方程式の解は定数 C を含んでおり，その値によりさまざまな関数が微分方程式の解になることがわかる．このように，定数を含んだ解を**一般解**とよぶ．

初期条件 (initial condition) などが与えられている場合は一般解に代入し，それらを用いて定数を決定する．このことは，微分方程式のみから得られる一般解は，さまざまな初期状態に対応するものであり，定数によりそれを表していると解釈される．

例 3.1（単純な積分による解法の例：自由落下） 自由落下（例 2.1）の微分方程式に対応する解は，式 (3.5) より

$$x(t) = -\frac{1}{2}gt^2 + C_1 t + C_2 \quad (C_1,\ C_2 \text{ は定数}) \tag{3.8}$$

である．初期条件を $x(0) = x_0,\ v(0) = v_0$ とすると，

$$x(0) = C_2 = x_0, \quad v(0) = \left.\frac{dx}{dt}\right|_{t=0} = C_1 = v_0 \tag{3.9}$$

と定まる．したがって，初期条件に対応する解は，次式となる．

$$x(t) = -\frac{1}{2}gt^2 + v_0 t + x_0 \tag{3.10}$$

ここで，今後使う用語を定義しよう．微分方程式はいくつかの基準で分類されて名前が付けられるが，「その微分方程式中に現れるもっとも階数の高い微分」により分類されることがある．

定義 3.1 微分方程式の中に現れるもっとも階数の高い微分が n 階微分である場合，それを n **階微分方程式**とよぶ．

したがって，自由落下の微分方程式 $\ddot{x} = -g$ は「二階微分方程式」であり，これの速度に関する微分方程式 $\dot{v} = -gt + C$ は「一階微分方程式」である．

演習問題

3.1 以下の微分方程式を解け．

(1) $\dfrac{df}{dt} = 1$ (2) $\dfrac{df}{dt} = \sin t$ (3) $\dfrac{df}{dt} = e^{at}$ （$a \neq 0$ は定数）

(4) $\dfrac{d^2 f}{dt^2} = \cos \omega t$ （$\omega \neq 0$ は定数）

解答 (1) $\dfrac{df}{dt} = 1 \Leftrightarrow f = \int 1 dt = t + C$ よって，$f(t) = t + C$ （C は定数）．

(2) $\dfrac{df}{dt} = \sin t \Leftrightarrow f = \int \sin t dt = -\cos t + C$ よって，$f(t) = -\cos t + C$ （C は定数）．

(3) $\dfrac{df}{dt} = e^{at} \Leftrightarrow f = \int e^{at} dt = \dfrac{e^{at}}{a} + C$ よって，$f(t) = \dfrac{e^{at}}{a} + C$ （C は定数）．

(4) $\dfrac{d^2 f}{dt^2} = \cos \omega t \ \Leftrightarrow \ \dfrac{df}{dt} = \int \cos \omega t dt = \dfrac{\sin \omega t}{\omega} + C_1$ （C_1 は定数）

$$\Leftrightarrow f = \int \left(\frac{\sin\omega t}{\omega} + C_1\right) dt$$

したがって，$f(t) = -\dfrac{\cos\omega t}{\omega^2} + C_1 t + C_2$（$C_1$, C_2 は定数）．

3.2 以下の微分方程式を解け．初期条件を用いて定数を定めること．

(1) $\dfrac{df}{dt} = -1$, $f(0) = 2$ (2) $\dfrac{df}{dt} = \cos t$, $f(0) = 0$ (3) $\dfrac{d^2 f}{dt^2} = t^2 + 3t$, $f(0) = 1$, $\dot{f}(0) = 0$

解答 (1)
$$\frac{df}{dt} = -1 \Leftrightarrow f = \int (-1) dt = -t + C$$
$$\Leftrightarrow f(t) = -t + C \quad (C \text{ は定数})$$

$f(0) = C = 2$ より，$f(t) = -t + 2$．

(2) $\dfrac{df}{dt} = \cos t \Leftrightarrow f(t) = \sin t + C$（$C$ は定数）．$f(0) = C = 0$ より，$f(t) = \sin t$．

(3) $\dfrac{d^2 f}{dt^2} = t^2 + 3t \Leftrightarrow \dfrac{df}{dt} = \int (t^2 + 3t) dt = \dfrac{t^3}{3} + \dfrac{3t^2}{2} + C_0$（$C_0$ は定数）

$\dot{f}(0) = C_0 = 0$ より，$\dfrac{df}{dt} = \dfrac{t^3}{3} + \dfrac{3t^2}{2}$ となる．さらに，

$$f(t) = \int \left(\frac{t^3}{3} + \frac{3t^2}{2}\right) dt = \frac{t^4}{12} + \frac{t^3}{2} + C_1, \quad f(0) = C_1 = 1 \quad (C_1 \text{ は定数})$$

となり，よって，$f(t) = \dfrac{t^4}{12} + \dfrac{t^3}{2} + 1$．

3.3 地上に置いてある 1 [kg] の物体を速度 10 [m/s] で斜め上方 60° に投げ上げた．物体には鉛直下向きに重力がかかり，空気抵抗はないものとする．以下の設問に答えよ（重力加速度定数を $g = 9.8$ [m/s^2] として計算せよ）．

(1) 水平方向，鉛直方向の運動方程式を微分方程式としてそれぞれ立てよ．水平方向は x，鉛直方向は y で表し，投げ上げた瞬間を $t = 0$ [s]，位置を $x = y = 0$ [m] とする．

(2) (1) で導出した微分方程式を解け．与えられた初期条件を利用すること．

(3) 重りが地上に落ちてくるまでに飛んだ時間の長さ [s] と水平方向の距離 [m] を求めよ．いずれも小数第 2 位まで求めること．

解答 (1) 水平方向には力がはたらかないので，$\ddot{x} = 0$．鉛直方向には下向きに mg の力がはたらくため，鉛直上向きを $v > 0$ とすると，$m\ddot{y} = -mg \Leftrightarrow \ddot{y} = -g$．

(2) $\int \ddot{x}(t)dt = \int 0 dt \Leftrightarrow \dot{x}(t) = C$ （C は定数）．$\dot{x}(0) = C = 10(\cos 60°) = 5 \,[\text{m/s}]$．

$\int \dot{x}(t)dt = \int 5dt \Leftrightarrow x(t) = 5t + C$, $x(0) = 0$ なので，$C = 0$ で，$x(t) = 5t$．

$\int \ddot{y}(t)dt = -\int g dt \Leftrightarrow \dot{y}(t) = -gt + C$ （C は定数）．$\dot{y}(0) = C = 10(\sin 60°) = 5\sqrt{3}$．

$\int \dot{y}(t)dt = \int (-gt + 5\sqrt{3})dt \Leftrightarrow y(t) = -\frac{1}{2}gt^2 + 5\sqrt{3}\,t + C$ （C は定数）．

$y(0) = C = 0$ なので，$y(t) = -4.9t^2 + 5\sqrt{3}\,t$．

(3) 重りが地上にある時刻は，

$$y = 0 \Leftrightarrow -4.9t^2 + 5\sqrt{3}\,t = 0 \Leftrightarrow t = 0, \frac{5\sqrt{3}}{4.9} \simeq 1.77\,[\text{s}]$$

水平方向に飛んだ距離は，$x\left(\frac{5\sqrt{3}}{4.9}\right) = \frac{25\sqrt{3}}{4.9} \simeq 8.84\,[\text{m}]$．

3.4 球状の揮発性物質（たとえば，ナフタレン）は空気中で蒸発するが，そのときの体積の変化率は表面積に比例する．時刻を t，半径を $r(t)$ としたとき，以下の設問に答えよ．
(1) $r(t)$ が従う微分方程式を導出せよ．
(2) (1) で求めた微分方程式を解け．ここで，$r(0) = r_0$ とする．
(3) 半径が 3 [cm] から 2 [cm] になるのに 2 箇月かかった．3 [cm] から 1 [cm] になるのには何箇月かかると予測されるか．

解答 (1) 体積を $V(t)$ とする．

$$V(t) = \frac{4\pi r^3(t)}{3},\ \frac{dV}{dt} = \frac{dV}{dr}\cdot\frac{dr}{dt} = 4\pi r^2 \frac{dr}{dt} = k\cdot 4\pi r^2\ \text{よって，}\ \frac{dr}{dt} = k\ (k\text{ は定数})．$$

(2) $\frac{dr}{dt} = k \Leftrightarrow r(t) = kt + C$ （k, C は定数）．$r(0) = C = r_0$．よって，$r(t) = kt + r_0$ （k は定数）．

(3) $r(0) = 3$, $r(2) = 2$ を代入すると，$r_0 = 3$, $2k + 3 = 2$．よって，$k = -\frac{1}{2}$．T 箇月後に 1 [cm] になるとすると，$r(T) = -\frac{1}{2}T + 3 = 1$．よって，$T = 4\,[\text{箇月}]$．

3.3 一階微分方程式と変数分離

参考： • 自由落下（空気抵抗のある場合）→例 2.4
• RL 回路，RC 回路→例 2.9, 2.10
• 放射性元素→例 2.4

- ネズミ算，ロジスティック式→例 2.22, 2.25
- 預金と金利，ローンの返済→例 2.34, 2.35
- 曲線の表現→ 2.7 節の一部

　前節で示したような，両辺が単純に積分できる形で表される現象は非常に限られており，多くは他の解法を必要とする．ここでは，一階微分方程式に対する代表的かつ強力な解法である**変数分離法 (variable separation method)** を紹介する．

　これまでの経験から直感できるかもしれないが，一般に階数が高くなるほどその微分方程式を解くのは難しくなる†．もっとも取り組みやすい一階微分方程式から足場を固めていこう．

3.3.1 変数分離法の基本

前章で示した微分方程式の中で，

$$\frac{df}{dt} = af(t) \quad (a \text{ は定数}) \tag{3.11}$$

の形の微分方程式が多数あった．上式の両辺を $f(t)$ で割ると

$$\frac{1}{f(t)} \cdot \frac{df}{dt} = a \tag{3.12}$$

となる．この両辺を t で積分すると

$$\int \frac{1}{f(t)} \cdot \frac{df}{dt} dt = \int a \, dt \quad \Leftrightarrow \quad \int \frac{1}{f} \cdot df = \int a \, dt \tag{3.13}$$

となる．左辺は f で，右辺は t で積分をすることになっているが，積分される関数がそれぞれ $\frac{1}{f}$, a（定数）となっており，積分を計算できる．

$$\int \frac{1}{f} df = \int a \, dt \quad \Leftrightarrow \quad \ln|f| = at + C \quad (C \text{ は定数}) \tag{3.14}$$

両辺の指数をとって，

$$|f(t)| = e^{at+C} = e^{at} \cdot e^C \quad \Leftrightarrow \quad f(t) = \pm e^C \cdot e^{at} \tag{3.15}$$

が成り立つ．ここで，C が定数なので $\pm e^C$ も定数となる．$\pm e^C$ を新たに定数 C と置き換えると，微分方程式の解は

---

† 二次方程式のほうが一次方程式よりも難しく，二変数の連立方程式は一変数の方程式よりも難しいことと似ている．

$$f(t) = Ce^{at} \quad (C \text{ は定数}) \tag{3.16}$$

と求められる．

式 (3.11) から式 (3.13) への変形については，$\dfrac{df}{dt}$ を形式的に「普通の分数」と見なして，

$$\frac{df}{dt} = af(t) \quad \Leftrightarrow \quad \frac{df}{f} = a\,dt \tag{3.17}$$

と変形し，その後両辺に積分を示す $\int$ を付ける方法がよく用いられる．

この式変形では，変数 f に関する項が左辺に，t に関する項が右辺に「分離」されているように見えることから，このような解法は**変数分離法 (variable separation method)** とよばれる．

解法 3.2（変数分離法） 微分方程式が以下の形式

$$\frac{df}{dt} = g(f)h(t) \tag{3.18}$$

と表されている場合，それぞれの変数 f, t に関する項を分離して

$$\frac{df}{g(f)} = h(t)\,dt \tag{3.19}$$

と変形し，両辺を積分して

$$\int \frac{df}{g(f)} = \int h(t)\,dt + C \quad (C \text{ は定数}) \tag{3.20}$$

と解ける．この方法を**変数分離法 (variable separation method)** とよぶ．

例 3.2（変数分離法の例） 微分方程式

$$\frac{df}{dt} = (1 - af)t \tag{3.21}$$

を変数分離法で解き，解を検算せよ．

左辺に f，右辺に t を集めて分離すると，

$$\frac{df}{1 - af} = t\,dt \quad \Leftrightarrow \quad -\frac{1}{a} \cdot \frac{1}{f - \dfrac{1}{a}}\,df = t\,dt \tag{3.22}$$

であり，両辺を積分すると

$$-\frac{1}{a}\int \frac{1}{f-\frac{1}{a}}df = \int t\,dt \Leftrightarrow -\frac{1}{a}\ln\left|f-\frac{1}{a}\right| = \frac{1}{2}t^2 + C$$

$$\Leftrightarrow \ln\left|f-\frac{1}{a}\right| = -\frac{a}{2}t^2 + C \Leftrightarrow f-\frac{1}{a} = e^{-\frac{a}{2}t^2+C} \quad (C \text{ は定数})$$

よって，$f(t) = Ce^{-\frac{a}{2}t^2} + \frac{1}{a}$ となる．

得られた $f(t)$ を微分すると，$\dot{f} = -atCe^{-\frac{a}{2}t^2}$ であり，$(1-af)t = \left(1-aCe^{-\frac{a}{2}t^2} + a\cdot\frac{1}{a}\right)t = -atCe^{-\frac{a}{2}t^2} = \dot{f}$，すなわち与式 (3.21) の両辺が等しいことが示せた．

[補足] 積分は正しく行う必要がある．よくあるのは，$\int \frac{1}{1-af}df = \ln|1-af|$ とする類の誤りである．$1-af = u$ とおいた置換積分を行うか，その必要のない形である $-\frac{1}{a}\cdot\frac{1}{f-\frac{1}{a}}$ にあらかじめ変形しておくなどの工夫が必要である．

例 3.3（自由落下：空気抵抗のある場合の解法）

例 2.4 で導いたように，空気抵抗がある場合の落下速度 v は，微分方程式

$$\frac{dv}{dt} = -g - \frac{D}{m}v \tag{3.23}$$

に従う．この式から左辺を v，右辺を t に関する式に変形（変数分離）すると，

$$\frac{dv}{dt} = -\frac{Dv+mg}{m} \Leftrightarrow \frac{dv}{Dv+mg} = -\frac{dt}{m} \Leftrightarrow \frac{dv}{v+\frac{mg}{D}} = -\frac{D}{m}dt \tag{3.24}$$

となる．両辺を積分すると

$$\int \frac{dv}{v+\frac{mg}{D}} = -\int \frac{D}{m}dt \Leftrightarrow \ln\left|v+\frac{mg}{D}\right| = -\frac{D}{m}t + C$$

$$\Leftrightarrow v + \frac{mg}{D} = Ce^{-\frac{D}{m}t} \quad (C \text{ は定数}) \tag{3.25}$$

となる．よって，$v(t) = -\frac{mg}{D} + Ce^{-\frac{D}{m}t}$ となり，解 $v(t)$ が求められた．

同様の形の微分方程式の解法を演習しておこう．もう少し複雑な形の微分方程式を変数分離法で解く方法は，3.3.2 項で紹介する．

演習問題

3.5 (RL回路) 図3.1の回路（RL回路）の電圧 $E(t)$ と電流 $I(t)$ について，以下の設問に答えよ．

(1) コイルでの電圧降下は電流の時間変化率に比例し，比例定数は L である．このとき $I(t)$ が従う微分方程式を導出せよ．

(2) $E(t) = 0$, $I(0) = I_0$ のときの $I(t)$ を求め，概形を図示せよ．

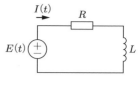

図3.1 RL回路

(3) $E(t) = E_0$（つまり，直流電圧），$I(0) = 0$ のときの $I(t)$ を求め，概形を図示せよ．

解答 (1)（略解） $E(t) = RI + L\dfrac{dI}{dt}$

(2) $0 = RI + L\dfrac{dI}{dt} \Leftrightarrow \displaystyle\int \dfrac{dI}{I} = -\int \dfrac{R}{L}dt \Leftrightarrow \ln|I| = -\dfrac{R}{L}t + C \Leftrightarrow I(t) = Ce^{-\frac{R}{L}t}$ （C は定数）．

$I(0) = C = I_0$ より，$I(t) = I_0 e^{-\frac{R}{L}t}$ となる．

$\dfrac{L}{R} = T$ としたグラフを図3.2に示す．

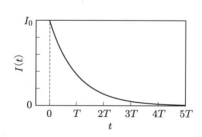

図3.2 (2) の $I(t)$ の概形

(3) $E_0 = RI + L\dfrac{dI}{dt} \Leftrightarrow \dfrac{dI}{dt} = -\dfrac{R}{L}\left(I - \dfrac{E_0}{R}\right) \Leftrightarrow \displaystyle\int \dfrac{dI}{I - \frac{E_0}{R}} = -\dfrac{R}{L}\int dt \Leftrightarrow \ln\left|I - \dfrac{E_0}{R}\right| = -\dfrac{R}{L}t + C \Leftrightarrow I(t) - \dfrac{E_0}{R} = Ce^{-\frac{R}{L}t}$ （C は定数）より，$I(t) = \dfrac{E_0}{R} + Ce^{-\frac{R}{L}t}$．

$I(0) = \dfrac{E_0}{R} + C = 0 \Leftrightarrow C = -\dfrac{E_0}{R}$ なので，$I(t) = \dfrac{E_0}{R} - \dfrac{E_0}{R}e^{-\frac{R}{L}t} = \dfrac{E_0}{R}\left(1 - e^{-\frac{R}{L}t}\right)$ となる．

$\dfrac{L}{R} = T$ としたグラフを図3.3に示す．

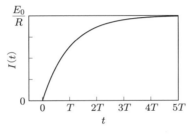

図 3.3 (3) の $I(t)$ の概形

[補足] 検算や，得られた解が特殊な状況（たとえば $t \to \infty$ など）でどのように振る舞うかを調べることは，重要である．

定性的に考えると，コイルによる起電力は電流の変化率に比例するので，電流が一定に近づくとコイルはただの電線として振る舞うことがわかる．この問題では電源が $E(t) = 0$ または $E(t) = E_0$，つまり直流を仮定しているので，どちらの場合でも時間が十分に経てば電流は一定値となり，コイルはただの電線になる．このことと，得られた解に対して $t \to \infty$ の極限をとることを関連付ける．

(2) では $I(t) = I_0 e^{-\frac{R}{L}t}$ なので，$\lim_{t \to \infty} I(t) = 0$ となる．電源のない回路なので，こうなることは自然である．

(3) では $\lim_{t \to \infty} \frac{E_0}{R}(1 - e^{-\frac{R}{L}t}) = \frac{E_0}{R}$ となり，直流電源 E_0 に抵抗 R をつないだだけの回路となっていることがわかる．

このような点検は，計算間違いを発見するのにも役立つ．たとえば，計算間違いで $I(t) = I_0 e^{\frac{R}{L}t}$ としてしまった場合，「$t \to \infty$ となるとどうなるだろう？」と考えれば，電流が発散してしまう（電源もないのに!!）ことから，「どこかで計算間違いをやってしまったな」と発見することができる．

3.6 (RC 回路) 図 3.4 の回路（RC 回路）の電圧 $E(t)$ とコンデンサの電荷 $Q(t)$ について，以下の設問に答えよ．

(1) 蓄積される電荷は電極間の電位差に比例し，電荷の時間変化率は電流と等しい．この

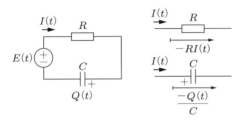

図 3.4 RC 回路と各素子での電位降下

とき，$Q(t)$ が従う微分方程式を導け．
(2) $E(t) = 0$, $Q(0) = Q_0$ のときの $Q(t)$ を求めよ．また，$Q(t)$ を微分することで $I(t)$ を求め，$Q(t)$ および $I(t)$ の概形を示せ．
(3) $E(t) = E_0$, $Q(0) = 0$ のときの $Q(t)$ を求めよ．また，$Q(t)$ を微分することで $I(t)$ を求め，$Q(t)$ および $I(t)$ の概形を示せ．

解答 (1) $E(t) = RI + \dfrac{Q}{C}$ であり，電荷と電流には $\dfrac{dQ}{dt} = I$ の関係があるので，$E(t) = R\dfrac{dQ}{dt} + \dfrac{Q}{C}$.

(2) $0 = R\dfrac{dQ}{dt} + \dfrac{Q}{C} \Leftrightarrow \int \dfrac{dQ}{Q} = -\dfrac{1}{RC} \int dt \Leftrightarrow \ln|Q(t)| = -\dfrac{1}{RC}t + C_1$ より，$Q(t) = C_1 e^{-\frac{1}{RC}t}$ (C_1 は定数)．$Q(0) = C_1 = Q_0$ なので，$Q(t) = Q_0 e^{-\frac{1}{RC}t}$, $I(t) = \dfrac{dQ}{dt} = -\dfrac{Q_0}{RC}e^{-\frac{1}{RC}t}$ が得られる．

$RC = T$ としたグラフを図 3.5 に示す．

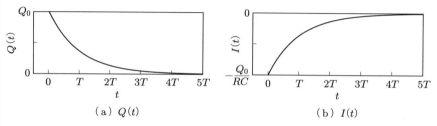

(a) $Q(t)$ （b) $I(t)$

図 3.5 (2) の $Q(t)$, $I(t)$ の概形

(3) $E_0 = R\dfrac{dQ}{dt} + \dfrac{Q}{C} \Leftrightarrow \dfrac{dQ}{dt} = -\dfrac{1}{RC}(Q - CE_0) \Leftrightarrow \int \dfrac{dQ}{Q - CE_0} = -\dfrac{1}{RC} \int dt \Leftrightarrow \ln|Q - CE_0| = -\dfrac{1}{RC}t + C_1 \Leftrightarrow Q = CE_0 + C_1 e^{-\frac{1}{RC}t}$. よって，$Q(0) = CE_0 + C_1 =$

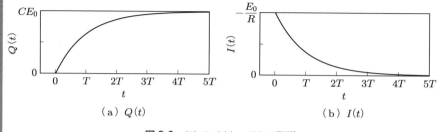

(a) $Q(t)$ （b) $I(t)$

図 3.6 (3) の $Q(t)$, $I(t)$ の概形

$0 \Leftrightarrow C_1 = -CE_0$ なので,$Q(t) = CE_0\left(1 - e^{-\frac{1}{RC}t}\right)$, $I(t) = \dfrac{dQ}{dt} = \dfrac{E_0}{R}e^{-\frac{1}{RC}t}$ が得られる. $RC = T$ としたグラフを図 3.6 に示す.

3.7 (放射性元素の崩壊) 放射性元素の崩壊による濃度 $f(t)$ の変化は,濃度と経過時間の双方に比例する.

(1) $f(t)$ が従う微分方程式を導け.
(2) (1) の微分方程式を解け.また,解を半減期 T を用いて表せ.
(3) 半減期が 1600 年の放射性元素の濃度は 1 年,10 年,100 年それぞれで元の何倍になるか.小数第 4 位まで求めよ.

解答(略解)(1) $\dfrac{df}{dt} = -kf$　(2) $f(t) = Ce^{-kt} = C\left(\dfrac{1}{2}\right)^{\frac{t}{T}}$　(C は定数)

(3) $f(0) = C$ なので,$\dfrac{f(t)}{f(0)} = \left(\dfrac{1}{2}\right)^{\frac{t}{1600}}$ を電卓などで計算する.それぞれ 0.9960, 0.9957, 0.9576 倍.

3.8 (預金と利息) 金融機関に預金を預けると利息を受け取ることができる.利息の金額は預金額 $f(t)$ と預金期間 Δt に比例する.金利を年 $100 \times a$ [%] 相当とするとき,以下の設問に答えよ.

(1) $f(t + \Delta t)$ を求めよ.
(2) (1) を利用し,$\Delta t \to 0$ としたとき $f(t)$ が従う微分方程式を求めよ.
(3) (2) で求めた微分方程式を解け.ただし,$f(0) = f_0$ とする.
(4) 金利が年 2% 相当のとき,最初の預金額の 2 倍になるには何年かかるか.また,1% 相当のときは何年かかるか.小数第 1 位まで求めよ.

解答 (1) $f(t + \Delta t) = f(t) + af(t)\Delta t$

(2) $f(t + \Delta t) = f(t) + af(t)\Delta t \Leftrightarrow \dfrac{f(t + \Delta t) - f(t)}{\Delta t} = af(t)$

$\Leftrightarrow \displaystyle\lim_{\Delta t \to 0} \dfrac{f(t + \Delta t) - f(t)}{\Delta t} = af(t)$　よって,$\dfrac{df}{dt} = af(t)$

(3) $\dfrac{df}{dt} = af(t) \Leftrightarrow \displaystyle\int \dfrac{df}{f} = \int a\,dt \Leftrightarrow \ln|f(t)| = at + C \Leftrightarrow f(t) = Ce^{at}$

$f(0) = C = f_0$ より,$f(t) = f_0 e^{at}$ となる.

(4) 金利が年 2% 相当の場合,$f(t) = f_0 e^{0.02t}$.T 年後に $2f_0$ となっているので,$f(T) = f_0 e^{0.02T} = 2f_0 \Leftrightarrow T = \dfrac{1}{0.02}\ln 2 \simeq 34.5$ [年].1% の場合は,$T = \dfrac{1}{0.01}\ln 2 \simeq 69.3$ [年] かかる.

3.9（ローンと金利） A さんは住宅を購入するために住宅ローンを契約した．以下の条件の場合に毎年支払うべき金額と返済の総額を求めよ．

- 融資額は 2000 万円
- 金利が年 2% 相当で変動がない
- 返済金額は毎年一定
- 返済期間は 25 年

解答 時刻 t での融資額の残高を $f(t)$ [万円]，単位時間あたりの返済金額を b [万円/年] とすると，

$$f(t+\Delta t) = f(t) + 0.02\Delta t f(t) - b\Delta t \Leftrightarrow \frac{f(t+\Delta t) - f(t)}{\Delta t} = 0.02 f(t) - b$$

$$\Leftrightarrow \lim_{\Delta t \to 0} \frac{f(t+\Delta t) - f(t)}{\Delta t} = 0.02 f(t) - b \quad \text{よって，} \quad \frac{df}{dt} = 0.02 f(t) - b$$

となる．この微分方程式を変数分離法で解く．

$$\frac{df}{dt} = 0.02 f(t) - b \Leftrightarrow \frac{df}{dt} = 0.02(f(t) - 50b) \Leftrightarrow \int \frac{df}{f - 50b} = \int 0.02 dt$$

$$\ln|f - 50b| = 0.02t + C \Leftrightarrow f(t) = 50b + Ce^{0.02t}$$

$$f(0) = 50b + C = 2000 \Leftrightarrow C = 2000 - 50b$$

よって，$f(t) = 50b + (2000 - 50b)e^{0.02t}$．25 年後に完済するので，

$$f(25) = 50b + (2000 - 50b)e^{0.02 \times 25} = 0$$

$$\Leftrightarrow b = \frac{2000e^{0.5}}{50e^{0.5} - 50} = \frac{40}{1 - e^{-0.5}} \simeq 101.66 \,[\text{万円}]$$

総額は $25b \simeq 2541.5$ [万円] になる．

3.10（微分方程式と曲線） 以下の条件を満たす曲線を示す微分方程式を導出し，解け．また，いくつかの積分定数に対して解を図示せよ．

(1) 接線がすべて原点を通る． (2) 法線がすべて原点を通る．
(3) 任意の点 (x,y) における接線が $(x-1, 0)$ を通る．
(4) 任意の点 (x,y) における法線が $(x+1, 0)$ を通る．

解答 (1) (x,y) での接線が (x_0, y_0) を通るとき，その方程式は $y - y_0 = \frac{dy}{dx}(x - x_0)$．これが必ず原点を通るので，$y - 0 = \frac{dy}{dx}(x - 0)$．よって，$\frac{dy}{dx} = \frac{y}{x}$．変数分離法を用いて解くと，$\int \frac{dy}{y} = \int \frac{dx}{x} \Leftrightarrow \ln|y| = \ln|x| + C$．したがって，$y = Cx$（$C$ は定数）．

(2) 接線の傾きは $\dfrac{dy}{dx}$ であり，法線の傾きを k とすると，$k \cdot \dfrac{dy}{dx} = -1 \Leftrightarrow k = -\dfrac{1}{\dfrac{dy}{dx}}$ が成り立つ．したがって，題意を満たす微分方程式は，$y - 0 = -\dfrac{1}{\dfrac{dy}{dx}}(x - 0)$．よって，$\dfrac{dy}{dx} = -\dfrac{x}{y}$．変数分離法を用いて解くと，$\int y dy = -\int x dx \Leftrightarrow \dfrac{y^2}{2} = -\dfrac{x^2}{2} + C$．したがって，$x^2 + y^2 = C$（$C$ は定数）．

(3) (x, y) での接線が (x_0, y_0) を通るとき，その方程式は $y - y_0 = \dfrac{dy}{dx}(x - x_0)$．これが必ず $(x - 1, 0)$ を通るので，$y - 0 = \dfrac{dy}{dx}\{x - (x - 1)\}$．よって，$\dfrac{dy}{dx} = y$．変数分離法を用いて解くと，$\int \dfrac{dy}{y} = \int dx \Leftrightarrow \ln|y| = x + C$．したがって，$y = Ce^x$（$C$ は定数）．

(4) 接線の傾きは $\dfrac{dy}{dx}$ であり，法線の傾きを k とすると $k \cdot \dfrac{dy}{dx} = -1 \Leftrightarrow k = -\dfrac{1}{\dfrac{dy}{dx}}$ が成り立つ．したがって，題意を満たす微分方程式は，$y - 0 = -\dfrac{1}{\dfrac{dy}{dx}}\{x - (x + 1)\}$ より，$\dfrac{dy}{dx} = \dfrac{1}{y}$．変数分離法を用いて解くと，$\int y dy = \int dx$．よって，$y^2 = 2x + C$（$C$ は定数）．

(1) から (4) それぞれを図 3.7 に示す．

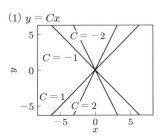

(1) $y = Cx$

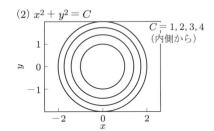

(2) $x^2 + y^2 = C$

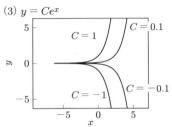

(3) $y = Ce^x$

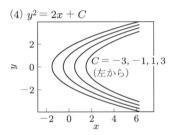

(4) $y^2 = 2x + C$

図 3.7　いくつかの積分定数に対応する曲線

3.11 以下の微分方程式を解け．初期値が与えられている場合は定数の値も求めよ．

(1) $\dfrac{dy}{dt} = 2ty$ (2) $\dfrac{dt}{dy} = \dfrac{t}{2y}$ (3) $\dfrac{dt}{dy} = \dfrac{t}{y^2}$

(4) $\dfrac{dy}{dt} = y\sin 2t$, $y(0) = 2$ (5) $\dfrac{dy}{dt} = y\cos t$, $y(0) = 1$

解答 (1) $\dfrac{dy}{dt} = 2ty \Leftrightarrow \dfrac{dy}{y} = 2tdt \Leftrightarrow \displaystyle\int \dfrac{dy}{y} = \int 2tdt$

$\Leftrightarrow \ln y = t^2 + C$ よって，$y = Ce^{t^2}$ （C は定数）

(2)（略解） $y = Ct^2$ （C は定数） (3)（略解） $y = \dfrac{1}{-\ln t + C}$ （C は定数）

(4)（略解） $y = 2e^{-\frac{1}{2}\cos 2t + \frac{1}{2}}$ (5)（略解） $y = e^{\sin t}$

3.3.2 複雑な変数分離法

少し手の込んだ変形により，変数分離に帰着できる問題もある．

例 3.4（ロジスティック式の解法） 例 2.25 で導いたように，生物の個体数の増加を妨げる要因を含んだ微分方程式

$$\dfrac{dp}{dt} = a\left(1 - \dfrac{p(t)}{K}\right)p(t) \tag{3.26}$$

が知られている．

この微分方程式に対しても変数分離法が適用でき，

$$\dfrac{dp}{dt} = \dfrac{a}{K}\{K - p(t)\}p(t) \Leftrightarrow \dfrac{dp}{(K-p)p} = \dfrac{a}{K}dt \tag{3.27}$$

となる．ここで，左辺の $\dfrac{1}{(K-p)p}$ を**部分分数分解**する．この式が $\dfrac{k_1}{K-p} + \dfrac{k_2}{p}$ （k_1, k_2 は定数）の形に変形できるとし，元の $\dfrac{1}{(K-p)p}$ と等しくなるように定数 k_1, k_2 を定める．

$$\dfrac{k_1}{K-p} + \dfrac{k_2}{p} = \dfrac{k_1 p + k_2(K-p)}{(K-p)p} = \dfrac{(k_1 - k_2)p + k_2 K}{(K-p)p} \equiv \dfrac{1}{(K-p)p} \tag{3.28}$$

したがって，

$$k_1 - k_2 = 0,\ k_2 K = 1 \Leftrightarrow k_1 = k_2 = \dfrac{1}{K} \tag{3.29}$$

であり，

3.3 一階微分方程式と変数分離

$$\frac{1}{(K-p)p} = \frac{1}{K}\left(\frac{1}{K-p} + \frac{1}{p}\right) = \frac{1}{K}\left(-\frac{1}{p-K} + \frac{1}{p}\right) \tag{3.30}$$

となる．元の微分方程式 (3.28) に代入すると，

$$\frac{1}{K}\left(-\frac{1}{p-K} + \frac{1}{p}\right)dp = \frac{a}{K}dt \tag{3.31}$$

となり，両辺を積分すると

$$\int \left(-\frac{1}{p-K} + \frac{1}{p}\right)dp = \int a\,dt$$

$$\Leftrightarrow \quad -\ln|p-K| + \ln|p| = at + C \quad \Leftrightarrow \quad \ln|p-K| - \ln|p| = -at + C$$

$$\Leftrightarrow \quad \ln\left|\frac{p-K}{p}\right| = -at + C \quad \Leftrightarrow \quad \frac{p-K}{p} = Ce^{-at}$$

$$\Leftrightarrow \quad (1 - Ce^{-at})p(t) = K \quad (C \text{ は定数})$$

よって， $$p(t) = \frac{K}{1 - Ce^{-at}} \tag{3.32}$$

のように解を求められる．$\lim_{t\to\infty} p(t) = K$ なので，十分時間が経過すると個体数は K に収束することがわかる．

演習問題

3.12 以下の微分方程式を解け．初期値が与えられている場合は定数の値も求めよ．

(1) $\dfrac{df}{dt} = \dfrac{1}{1 - f^2}$ (2) $f\dfrac{df}{dt} = 2te^{f^2}$ (3) $\dfrac{dy}{dx} = y\dfrac{e^x - e^{-x}}{e^x + e^{-x}}$

(4) $\dfrac{df}{dt} = (f-1)(f-2)(f-3)$ (5) $\dfrac{df}{dt} = f\tan 2t,\quad f(0) = 2$

解答 (1) (与式) $\Leftrightarrow \displaystyle\int \frac{df}{1-f^2} = \int dt \Leftrightarrow \int \frac{1}{2}\left(\frac{1}{1-f} + \frac{1}{1+f}\right)df = t + C$

$\Leftrightarrow \dfrac{1}{2}(-\ln|1-f| + \ln|1+f|) = t + C \Leftrightarrow \ln\left|\dfrac{1+f}{1-f}\right| = 2t + C$

$\Leftrightarrow \dfrac{1+f}{1-f} = Ce^{2t}$ よって， $f(t) = \dfrac{Ce^{2t} - 1}{Ce^{2t} + 1}$ （C は定数）

(2) (与式) $\Leftrightarrow \displaystyle\int fe^{-f^2}df = \int 2t\,dt \Leftrightarrow \int \frac{d}{df}\left(-\frac{1}{2}e^{-f^2}\right)df = t^2 + C$

$\Leftrightarrow e^{-f^2} = -2t^2 + C$ （C は定数） よって， $f^2 = -\ln|-2t^2 + C|$

(3) （与式） $\Leftrightarrow \int \dfrac{dy}{y} = \int \dfrac{e^x - e^{-x}}{e^x + e^{-x}} dx \Leftrightarrow \ln|y| = \int \dfrac{(e^x + e^{-x})'}{e^x + e^{-x}} dx$

$\Leftrightarrow \ln|y| = \ln|e^x + e^{-x}| + C$ （C は定数） よって，$y(x) = C(e^x + e^{-x})$

(4) まず，$f = 1, 2, 3$ は両辺ともに 0 とするので，解である．$f = 1, 2, 3$ 以外のとき，

$$（与式） \Leftrightarrow \int \dfrac{df}{(f-1)(f-2)(f-3)} = \int dt$$

左辺の分数部分を部分分数分解すると，

$$\dfrac{1}{(f-1)(f-2)(f-3)} = \dfrac{1}{2}\dfrac{1}{f-1} - \dfrac{1}{f-2} + \dfrac{1}{2}\dfrac{1}{f-3}$$

したがって，（左辺）$= \dfrac{1}{2}\ln|f-1| - \ln|f-2| + \dfrac{1}{2}\ln|f-3|$ となるから，

$\dfrac{1}{2}\ln|f-1| - \ln|f-2| + \dfrac{1}{2}\ln|f-3| = t + C$

$\Leftrightarrow \ln|f-1| - 2\ln|f-2| + \ln|f-3| = 2t + C$

$\Leftrightarrow \ln\left|\dfrac{(f-1)(f-3)}{(f-2)^2}\right| = 2t + C \Leftrightarrow \dfrac{(f-1)(f-3)}{(f-2)^2} = Ce^{2t}$ （C は定数）

f について解くと，$f = \dfrac{2 - 2Ce^{2t} \pm \sqrt{1 - Ce^{2t}}}{1 - Ce^{2t}}$ となる．

(5) （略解） $f(t) = \dfrac{2}{\sqrt{\cos 2t}}$

3.13 （**トリチェリの法則**） 円柱状のタンクの底に小さな穴があいており，タンク内の水が外に流れ出す装置があるとする．以下の設問に答えよ．

(1) 時間間隔 Δt でタンク内の水の高さが $h(t)$ から $h(t) - \Delta h$ に変化したとする．タンクの断面積を S_T，穴の断面積を S_H，流出する水の流速を v としたときにこれらが満たす関係を示せ．

(2) トリチェリの法則によれば，穴から流出する水の流速 v はタンク内の水の高さ h を使って $v = 0.6\sqrt{2gh}$ と書ける．このとき，h, t が従う微分方程式を求めよ．

(3) (2) で求めた微分方程式の定数をまとめて k とおけるとしたとき，微分方程式の一般解を求めよ．

(4) 底面の直径 $1\,[\mathrm{m}]$，タンクの高さ $1.5\,[\mathrm{m}]$，穴の直径 $1\,[\mathrm{cm}]$ で，$t = 0$ で水が満杯に入っているとする．

このときの $h(t)$ および水が満杯の $\dfrac{1}{2}, \dfrac{1}{4}, 0$ 倍となる時刻 $[\mathrm{s}]$ をそれぞれ求めよ．

解答 (1) タンク内の水の変化量は $-S_T\Delta h$, タンクから流出した水の総量は $S_H v\Delta t$ なので, $-S_T\Delta h = S_H v\Delta t$ が成り立つ.

(2) $-S_T\Delta h = S_H v\Delta t \Leftrightarrow -S_T\Delta h = 0.6 S_H\sqrt{2gh}\,\Delta t \Leftrightarrow \dfrac{\Delta h}{\Delta t} = -\dfrac{0.6 S_H\sqrt{2g}}{S_T}h^{\frac{1}{2}}$.

$\Delta t \to 0$ の極限を求めると, $\dfrac{dh}{dt} = -\dfrac{0.6 S_H\sqrt{2g}}{S_T}h^{\frac{1}{2}}$.

(3) $\dfrac{dh}{dt} = -kh^{\frac{1}{2}} \Leftrightarrow \int h^{-\frac{1}{2}}dh = -\int k\,dt \Leftrightarrow 2h^{\frac{1}{2}} = -kt + C$ より, $h(t) = (-2kt + C)^2$.

(4)（略解）それぞれの値を代入すると, $h(t) = (1.225 - 1.323\times 10^{-4}t)^2$. $h = 0.5, 0.25, 0$ のそれぞれについて t を求めると, $t \simeq 3.9\times 10^3,\ 5.5\times 10^3,\ 9.3\times 10^3$ [s].

3.4 斉次系・非斉次系と定数変化法

参考： ・自由落下（空気抵抗のある場合）→例 2.4
・RL 回路，RC 回路→例 2.9, 2.10
・預金と金利，ローンの返済→例 2.34, 2.35

変数分離法が使えるようになって，解ける微分方程式の種類は格段に増えた．しかし，たとえば RL 回路に印加される電圧 $E(t)$ が定数でないような場合（例 2.9）に変数分離法を適用しようとすると，

$$\frac{dI}{dt} = -\frac{R}{L}\left(I(t) - \frac{E(t)}{R}\right) \Leftrightarrow \int \frac{dI}{I(t) - \dfrac{E(t)}{R}} = -\int \frac{R}{L}dt \tag{3.33}$$

となり，左辺は分母に $E(t)$ を含むため不定積分を求められない（具体的に $E(t) = t$, $\sin t$ などを代入してみるとよくわかる）．とくに，$E(t) = E_0\sin\omega t$ とすることは回路に交流の電圧をかけることであり，この形の微分方程式を解くことは実用上非常に有用である（むしろ，解けないことには交流電源を取り扱えないことになってしまう）．

本節ではこのような形の微分方程式の解法を紹介する．

3.4.1 一階微分方程式の分類

この後の準備のため，一階微分方程式をさらに分類する．一階微分方程式のうち，

$$\frac{df}{dt} + g(t)f(t) = r(t) \tag{3.34}$$

は $\dfrac{df}{dt}$, f に関する一次式であり，**線形 (linear)** であるという．

この微分方程式は，右辺の関数 $r(t)$ によりさらに分類でき，

- $r(t) \equiv 0$ のとき**斉次（せいじ）**な微分方程式
- そうでないとき**非斉次（ひせいじ）**な微分方程式

とよぶ.

斉次方程式は

$$\frac{df}{dt} + g(t)f(t) = 0 \tag{3.35}$$

であり, その**一般解**はすでに示した変数分離法により

$$\int \frac{df}{f} = -\int g(t)dt + C \quad (C \text{ は定数}) \tag{3.36}$$

を計算することで解くことができる.

3.4.2 定数変化法

さて, 斉次方程式の一般解から非斉次方程式の解（一般解に対し**特殊解**とよばれる）を得るための巧妙な方法である, **定数変化法**を紹介しよう.

<u>解法 3.3</u>（定数変化法） 関数 $v(t)$ が斉次方程式 (3.35) の一般解の一つであると仮定する. つまり,

$$\frac{dv}{dt} + g(t)v(t) = 0 \tag{3.37}$$

が成り立つと仮定する. 一般解は定数 C を用いて $Cv(t)$ と表される. 実際, $v(t)$ の代わりに $Cv(t)$ を上式に代入しても,

$$\frac{d}{dt}(Cv(t)) + g(t)Cv(t) = C\left(\frac{dv}{dt} + g(t)v(t)\right) = 0 \tag{3.38}$$

が成り立つ. ここで, C を t の関数 $C(t)$ と見なして, 非斉次方程式 (3.34) に代入して一般解 $C(t)v(t)$ をみる.

$$\frac{df}{dt} = \frac{d}{dt}\{C(t)v(t)\} = \frac{dC}{dt}v + C\frac{dv}{dt} = C'(t)v(t) + C(t)v'(t) \tag{3.39}$$

であるので,

$$\frac{df}{dt} + g(t)f(t) = 0 \Leftrightarrow C'(t)v(t) + C(t)v'(t) + C(t)g(t)v(t) = r(t)$$

$$\Leftrightarrow C(t)\{v'(t) + g(t)v(t)\} + C'(t)v(t) = r(t)$$

$$\Leftrightarrow C'(t) = \frac{r(t)}{v(t)} \tag{3.40}$$

となり，C' に関する一階微分方程式となっている．これは，右辺が積分できる形になっていれば，

$$C(t) = \int \frac{r(t)}{v(t)} dt + C_1 \quad (C_1 \text{ は定数}) \tag{3.41}$$

と解くことができる．非斉次方程式の解は $f(t) = C(t)v(t)$ と仮定したので，斉次方程式の解 $v(t)$ とここで求めた $C(t)$ を組み合わせることで一般解を得られる．

例 3.5（定数変化法の例）

$$\frac{df}{dt} + af(t) = t \tag{3.42}$$

の解を定数変化法を用いて求める．

この微分方程式の斉次方程式は

$$\frac{df}{dt} + af(t) = 0 \tag{3.43}$$

であり，その解は変数分離法を用いて

$$\int \frac{df}{f} = -\int a dt + C \quad \Leftrightarrow \quad \ln|f| = -at + C \quad \Leftrightarrow \quad f(t) = Ce^{-at} \tag{3.44}$$

と求められる．

C を $C(t)$ と見なし，元の非斉次方程式に代入すると，

$$\frac{df}{dt} + af(t) = t \quad \Leftrightarrow \quad C'(t)e^{-at} + C(t)(e^{-at})' + C(t)ae^{-at} = t$$

$$\Leftrightarrow \quad C'(t) = te^{at}$$

$$\Leftrightarrow \quad C(t) = \int te^{at} dt + C_1 \quad (C_1 \text{ は定数}) \tag{3.45}$$

となる．部分積分を利用して右辺の積分を計算すると，

$$C(t) = \frac{1}{a}te^{at} - \frac{1}{a^2}e^{at} + C_1 \tag{3.46}$$

となるので，非斉次方程式の解は次式となる．

$$f(t) = C(t)e^{-at} = \left(\frac{1}{a}te^{at} - \frac{1}{a^2}e^{at} + C_1\right)e^{-at} = C_1 e^{-at} + \frac{t}{a} - \frac{1}{a^2} \tag{3.47}$$

非斉次方程式の一般解が，斉次方程式の一般解と非斉次方程式の特殊解の和で表されることを，証明して確認しておこう．

例 3.6 非斉次の微分方程式

$$\frac{df}{dt} + g(t)f(t) = r(t) \tag{3.48}$$

について，斉次方程式

$$\frac{df}{dt} + g(t)f(t) = 0 \tag{3.49}$$

の一般解 $f_1(t)$ と式 (3.48) の特殊解 $f_2(t)$ を用いて

$$f(t) = C_1 f_1(t) + f_2(t) \quad (C_1 は定数) \tag{3.50}$$

とすると，$f(t)$ は式 (3.48) の一般解である．

証明 $f(t)$ を式 (3.48) に代入すると，

$$\frac{df}{dt} + g(t)f(t) = r(t) \Leftrightarrow \frac{d}{dt}\{C_1 f_1(t) + f_2(t)\} + g(t)\{C_1 f_1(t) + f_2(t)\} = r(t)$$

$$\Leftrightarrow C_1\left(\frac{df_1}{dt} + g(t)f_1(t)\right) + \frac{df_2}{dt} + g(t)f_2(t) = r(t) \tag{3.51}$$

となる．ここで，f_1 は式 (3.49) の一般解であるので，

$$\frac{df_1}{dt} + g(t)f_1(t) = 0 \tag{3.52}$$

である．f_2 は式 (3.48) の特殊解なので，

$$\frac{df_2}{dt} + g(t)f(t)_2 = r(t) \tag{3.53}$$

が成り立つ．これらの関係を式 (3.51) に代入すると (左辺) = (右辺) となる．したがって，$f(t)$ は式 (3.48) の一般解である． ∎

例題 3.1 (定数変化法の適用例：RL 回路) 図 3.8 の回路 (RL 回路) の電圧 $E(t)$ を $E(t) = E_0 \sin \omega t$ としたときに $E(t)$, $I(t)$ が従う微分方程式を導き，$I(0) = I_0$ のときの電流 $I(t)$ を求めよ．

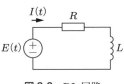

図 3.8 RL 回路

解答 微分方程式は $E_0 \sin \omega t = RI + L\dfrac{dI}{dt}$ であり，これは非斉次の微分方程式である．

斉次方程式 $RI + L\dfrac{dI}{dt} = 0$ の一般解は $I(t) = Ce^{-\frac{R}{L}t}$．$C$ を $C(t)$ と見なして非斉次方程式に代入すると，

$$RCe^{-\frac{R}{L}t} + L\dot{C}e^{-\frac{R}{L}t} + LC\left(-\frac{R}{L}\right)e^{-\frac{R}{L}t} = \dot{C}Le^{-\frac{R}{L}t} = E_0\sin\omega t$$

よって，$\quad \dot{C} = \dfrac{E_0}{L}e^{\frac{R}{L}t}\sin\omega t \ \Leftrightarrow \ C(t) = \displaystyle\int \dfrac{E_0}{L}e^{\frac{R}{L}t}\sin\omega t\,dt$

部分積分などを利用してこの積分を計算すると，$C(t) = c_1 + \dfrac{E_0}{R^2+\omega^2L^2}(R\sin\omega t - \omega L\cos\omega t)\cdot e^{\frac{R}{L}t}$ となる．したがって，以下がわかる．

$$I(t) = C_1 e^{-\frac{R}{L}t} + \frac{E_0}{R^2+\omega^2L^2}(R\sin\omega t - \omega L\cos\omega t),$$

$$I(0) = C_1 - \frac{E_0\omega L}{R^2+\omega^2L^2} = I_0 \quad \text{よって，} \quad C_1 = I_0 + \frac{E_0\omega L}{R^2+\omega^2L^2}$$

したがって，初期条件を満たす解は次式となる．

$$I(t) = \left(I_0 + \frac{E_0\omega L}{R^2+\omega^2L^2}\right)e^{-\frac{R}{L}t} + \frac{E_0}{R^2+\omega^2L^2}(R\sin\omega t - \omega L\cos\omega t) \qquad \square$$

演習問題

3.14 以下に，非斉次の微分方程式と，対応する斉次方程式の解 $f_1(t)$ を示す．下記の例のように，$f = C_1(t)f_1(t)$ を非斉次の微分方程式に代入し，$C_1(t)$ および f を求めよ．

(1) $f'+3f=3e^{-t}$, $f_1=e^{-3t}$ 　　(2) $f'-f=e^t$, $f_1=e^t$ 　　(3) $tf'+2f=4t^2$, $f_1=t^{-2}$

(4) $f'+2f=3e^t$, $f_1=e^{-2t}$ 　　(5) $f'-f=e^{-t}$, $f_1=e^t$ 　　(6) $tf'+2f=3t^2$, $f_1=t^{-2}$

例：$f'-f=3$, $f_1=e^t$
解答 $f=C_1(t)e^t$ を非斉次の微分方程式に代入すると，
$C_1'e^t + C_1 e^t - C_1 e^t = 3 \ \Rightarrow \ C_1' = 3e^{-t} \ \Rightarrow \ C_1 = -3e^{-t} + C_2$ 　（C_2 は定数）
したがって，$f(t) = C_1 f_1 = (-3e^{-t} + C_2)e^t = -3 + C_2 e^t$ となる．

解答 C_2 を定数とする．
(1) $\qquad C_1'e^{-3t} - 3C_1 e^{-3t} + 3C_1 e^{-3t} = 3e^{-t} \ \Leftrightarrow \ C_1' e^{-3t} = 3e^{-t}$

$$\Leftrightarrow \ C_1' = 3e^{2t} \ \Leftrightarrow \ C_1 = \frac{3}{2}e^{2t} + C_2$$

したがって，$f(t) = C_1 f_1 = \left(\dfrac{3}{2}e^{2t} + C_2\right)e^{-3t} = \dfrac{3}{2}e^{-t} + C_2 e^{-3t}$ となる．

(2)（略解）$C_1' = 1$, $C_1 = t + C_2$, $f(t) = te^t + C_2 e^t$

(3)（略解） $C_1' = 4t^3$, $C_1 = t^4 + C_2$, $f(t) = t^2 + C_2 t^{-2}$

(4) $C_1' e^{-2t} - 2C_1 e^{-2t} + 2C_1 e^{-2t} = 3e^t \Leftrightarrow C_1' e^{-2t} = 3e^t$
$\Leftrightarrow C_1' = 3e^{3t} \Leftrightarrow C_1 = e^{3t} + C_2$

したがって，$f(t) = C_1 f_1 = (e^{3t} + C_2)e^{-2t} = e^t + C_2 e^{-2t}$ となる．

(5)（略解） $C_1' = e^{-2t}$, $C_1 = -\dfrac{1}{2}e^{-2t} + C_2$, $f(t) = -\dfrac{1}{2}e^{-t} + C_2 e^t$

(6)（略解） $C_1' = 3t^3$, $C_1 = \dfrac{3}{4}t^4 + C_2$, $f(t) = \dfrac{3}{4}t^2 + C_2 t^{-2}$

3.15 定数変化法を利用して以下の微分方程式を解け．初期値が与えられている場合は定数も求めよ．

(1) $f' - f = 3$　　(2) $f' - 2f = \cos t$　　(3) $f' - 2tf = 3t^2 e^{t^2}$, $f(0) = 1$

(4) $f' + \dfrac{1}{t}f = \dfrac{\ln t}{t}$, $f(e) = \dfrac{1}{e}$　　(5) $f' + f = e^{3t}$　　(6) $f' + 2f = 3\sin t$

(7) $f' - 2tf = -3t^2 e^{t^2}$, $f(0) = 1$　　(8) $f' + \dfrac{1}{t}f = \dfrac{\cos 2t}{t}$, $f(\pi) = 1$

解答　C_2 を定数とする．

(1) 斉次方程式 $f' - f = 0 \Leftrightarrow f' = f$ の解は $f(t) = C_1 e^t$ である．C_1 を $C_1(t)$ と見なして非斉次方程式に代入すると，

$$C_1' e^t + C_1 e^t - C_1 e^t = 3 \Leftrightarrow C_1' e^t = 3 \Leftrightarrow C_1' = 3e^{-t}$$

両辺を t で積分すると，$C_1(t) = 3\int e^{-t} dt = -3e^{-t} + C_2$．したがって，非斉次方程式の一般解は，$f(t) = (3e^{-t} + C_2)e^t = C_2 e^t - 3$ となる．

(2)（略解） $C_1' = e^{-2t}\cos t$, $C_1 = e^{-2t}\left(-\dfrac{2}{5}\cos t + \dfrac{1}{5}\sin t\right) + C_2$,

$f(t) = C_2 e^{2t} - \dfrac{2}{5}\cos t + \dfrac{1}{5}\sin t$

(3)（略解） $C_1' = 3t^2$, $C_1 = t^3 + C_2$, $f(t) = C_2 e^{t^2} + t^3 e^{t^2}$,

$f(0) = 1 \Rightarrow f(t) = e^{t^2} + t^3 e^{t^2}$

(4)（略解） $C_1' = \ln t$, $C_1 = t\ln t - t + C_2$, $f(t) = \dfrac{C_2}{t} + \ln t - 1$,

$f(e) = \dfrac{1}{e} \Rightarrow f(t) = \dfrac{1}{t} + \ln t - 1$

(5)（略解） $C_1' = e^{4t}$, $C_1 = \dfrac{1}{4}e^{4t} + C_2$, $f(t) = \dfrac{1}{4}e^{3t} + C_2 e^{-t}$

(6)（略解） $C_1' = 3e^{2t}\sin t$, $C_1 = e^{2t}\left(-\dfrac{3}{5}\cos t + \dfrac{6}{5}\sin t\right)$,

$$f(t) = C_2 e^{-2t} - \frac{3}{5}\cos t + \frac{6}{5}\sin t$$

(7)（略解）　$C_1' = -3t^2$,　$C_1 = -t^3 + C_2$,　$f(t) = C_2 e^{t^2} - t^3 e^{t^2}$,
$f(0) = 1 \Rightarrow f(t) = e^{t^2} - t^3 e^{t^2}$

(8)（略解）　$C_1' = \cos 2t$,　$C_1 = \frac{1}{2}\sin 2t + C_2$,　$f(t) = \frac{C_2}{t} + \frac{\sin 2t}{2t}$,
$f(\pi) = 1 \Rightarrow f(t) = \frac{\pi}{t} + \frac{\sin 2t}{2t}$

3.16 （RC 回路） 図 3.9 の回路（RC 回路）において電圧 $E(t)$ を $E(t) = E_0 \sin \omega t$ としたときに $E(t)$, $I(t)$ が従う微分方程式を導き，$I(0) = I_0$ のときの電流 $I(t)$ を求めよ．

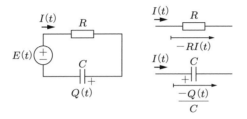

図 3.9　RC 回路と各素子での電位降下

解答（略解）　微分方程式は $R\dot{I} + \frac{I}{C} = \dot{E} \Leftrightarrow R\dot{I} + \frac{I}{C} = \omega E_0 \cos \omega t$ となる．

斉次方程式の解は $I(t) = c(t)e^{-\frac{1}{RC}t}$．これを非斉次方程式に代入して部分積分を用いて $c(t)$ を求めると，$I(t) = ce^{-\frac{1}{RC}t} + \frac{E_0 \omega C}{1 + (\omega RC)^2}(\cos \omega t + \omega RC \sin \omega t)$ が得られる．初期条件 $I(0) = I_0$ を満たす解は，次式となる．

$$I(t) = \left\{ I_0 - \frac{E_0 \omega C}{1 + (\omega RC)^2} \right\} e^{-\frac{1}{RC}t} + \frac{E_0 \omega C}{1 + (\omega RC)^2}(\cos \omega t + \omega RC \sin \omega t)$$

3.17 （ローンの返済） A さんは住宅を購入するために住宅ローンを契約した．まずはじめに，以下の条件で毎年の返済金額を設定した．

- 融資額は 2000 万円
- 金利が年 2% 相当で変動がない
- 返済金額は毎年一定
- 返済期間は 25 年

幸いなことに A さんが勤めている会社は業績が好調であり，A さんの給与も毎年上がっている．余裕ができたので 1 年あたり 2 万円ずつ返済金額を増やすこととした（当初の予定より，1 年後は 2 万円，2 年後は 4 万円，3 年後は 6 万円多く…という意味）．

このときの微分方程式を導出し，$f(t)$ を求めよ．

また，返済金額を増やすことで返済期間が短縮されるが，短縮期間が 1 年，3 年，5 年のうちどれにもっとも近いかを示せ．

解答 融資残高を $f(t)$ [万円]，単位時間当たりの返済金額を $b+2t$ [万円] とすると，微分方程式は $\dfrac{df}{dt} = 0.02f - b - 2t$ となる．b は演習問題 3.9 で $b = \dfrac{40}{1-e^{-0.5}} \simeq 101.66$ [万円] と求められている．

斉次方程式の一般解は $f(t) = C(t)e^{0.02t}$．これを非斉次方程式に代入すると，$\dot{C} = (-b-2t)e^{-0.02t}$．両辺を積分すると，$C(t) = e^{-0.02t}(100t + 5000 + 50b) + C$（$C$ は定数）．

したがって，次式が得られる．

$$f(t) = Ce^{0.02t} + 100t + 5000 + 50b$$

$f(0) = 2000$ なので，

$$f(t) = (-3000 - 50b)e^{0.02t} + 100t + 5000 + 50b \simeq -8083.0e^{0.02t} + 100t + 10083$$

となる．$f(24)$, $f(22)$, $f(20)$ をそれぞれ求めると，-579.7, -267.5, 24.57 なので，20 年と少しで完済する，つまり返済期間が約 5 年縮まったことがわかる．

[補足] $f(t) = -8083.0e^{0.02t} + 100t + 10083 = 0$ は指数関数と一次関数が含まれているため，解析的に（式変形のみで）解くのは難しい形である．正確に解を求めようとすると，計算機（コンピュータ）の助けが必要となる．

20 年間での返済金額は，$(101.66 + 121.66) \times 20 \times 0.5 \simeq 2233$ [万円] であり，残りが約 25 万円なので，総返済金額は約 2258 万円となる．この金額は演習問題 3.9（返済金額を一定としたままの場合）に比べて 300 万円近く少ない．

3.5　指数関数と特性方程式

参考：
- ばね・重り系→例 2.5, 2.6
- 振り子→例 2.7
- RL 回路，RC 回路，LC 回路，RLC 回路→例 2.9〜2.12

この節では二階（以上）の微分方程式の解法を紹介したいが，すべての二階微分方程式を扱うのは非常に難しい．そこで，解が比較的簡便に求められ，かつ実用上有用性が高い（＝さまざまな現象を表現できる）**定数係数**の二階微分方程式に対象を絞って解法を紹介する．

3.5.1　定数係数線形微分方程式とその解の形式

一階線形微分方程式の中でもとくに定数係数をもつ

$$\frac{df}{dt} + af = 0 \quad (a \text{ は定数}) \tag{3.54}$$

の形の微分方程式は，さまざまな現象を表せることをこれまでの例で確認した．この微分方程式は変数分離法で解くことができ，解は次式である．

$$f(t) = Ce^{-at} \quad (C \text{ は定数}) \tag{3.55}$$

二階以上の定数係数線形微分方程式についても，その解が指数関数になるだろうと予測できる．実際，

$$\frac{d^2 f}{dt^2} + a_1 \frac{df}{dt} + a_0 f = 0 \quad (a_1, \ a_0 \text{ は定数}) \tag{3.56}$$

の解が指数関数 $Ce^{\lambda t}$（C は定数）であると仮定して代入すると，

$$f'' + a_1 f' + a_0 f = 0 \Leftrightarrow \lambda^2 Ce^{\lambda t} + a_1 \lambda Ce^{\lambda t} + a_0 Ce^{\lambda t} = 0$$
$$\Leftrightarrow (\lambda^2 + a_1 \lambda + a_0) Ce^{\lambda t} = 0 \tag{3.57}$$

がすべての t に対して成り立つべきであることがわかる．$e^{\lambda t}$ がすべての t で 0 となることはないため，この条件は

$$C = 0, \quad \lambda^2 + a_1 \lambda + a_0 = 0$$

のいずれかが成り立つことと等価である．$C = 0$ は**自明な解** $f(t) = 0$ と対応するため除外すると，

$$\lambda^2 + a_1 \lambda + a_0 = 0 \tag{3.58}$$

を満たす $\lambda = \lambda_1, \lambda_2$ を求めればよい[†]．すると，二つの定数 C_1, C_2 を使って

$$f(t) = C_1 e^{\lambda_1 t} + C_2 e^{\lambda_2 t} \tag{3.59}$$

が解となる．

ここで求めた方程式 (3.58) を微分方程式 (3.56) に対する**特性方程式 (characteristic equation)** とよぶ．

例 3.7（特性方程式を用いた解法例 (1)）

$$f'' + 3f' + 2f = 0 \tag{3.60}$$

に $f = Ce^{\lambda t}$（C は定数）を代入すると，

$$(\lambda^2 + 3\lambda + 2) Ce^{\lambda t} = 0 \tag{3.61}$$

[†] 式 (3.58) は二次方程式なので，当然二つの解をもつ（重解は二つと数える）．

であることから，特性方程式

$$\lambda^2 + 3\lambda + 2 = 0 \tag{3.62}$$

が得られる．この特性方程式の解は $\lambda = -1, -2$ なので，微分方程式の一般解は

$$f(t) = C_1 e^{-t} + C_2 e^{-2t} \quad (C_1, C_2 \text{ は定数}) \tag{3.63}$$

である[†]．

3.5.2 特性方程式を用いた解法

特性方程式は微分の階数に対応した次数の方程式である．二次以上の方程式では
- （異なる）実数解 ・重解 ・（共役な）複素解

など解のバリエーションがあり，それぞれに対応して微分方程式の解の形がやや異なる．
まずは二階の微分方程式に対し，それぞれの場合に対応した解の形を見ていこう．

（異なる）実数解の場合　　特性方程式 (3.58) が異なる実数解 $\lambda = \lambda_1, \lambda_2$ をもつ場合はすでに確認したように，

$$f(t) = C_1 e^{\lambda_1 t} + C_2 e^{\lambda_2 t} \quad (C_1, C_2 \text{ は定数}) \tag{3.64}$$

が解となる．

重解の場合　　特性方程式 (3.58) が重解 $\lambda = \lambda_1$ をもつ場合，一つの解は

$$f(t) = C_1 e^{\lambda_1 t} \tag{3.65}$$

であるが，これ以外に解がないかを**定数変化法**を利用して探してみよう．

特性方程式 (3.58) が重解 $\lambda = \lambda_1$ をもつということは，特性方程式は

$$(\lambda - \lambda_1)^2 = 0 \quad \Leftrightarrow \quad \lambda^2 - 2\lambda_1 \lambda + \lambda_1^2 = 0 \tag{3.66}$$

であり，対応する元の微分方程式は次式である．

$$f'' - 2\lambda_1 f' + \lambda_1^2 f = 0 \tag{3.67}$$

この微分方程式に $f = C_1(t) e^{\lambda_1 t}$ を代入すると，

$$\begin{aligned} & f'' - 2\lambda_1 f' + \lambda_1^2 f = 0 \\ \Leftrightarrow \quad & (C_1'' + 2\lambda_1 C_1' + \lambda_1^2 C_1) e^{\lambda_1 t} - 2\lambda_1 (C_1' + \lambda_1 C_1) e^{\lambda_1 t} + \lambda_1^2 C_1 e^{\lambda_1 t} = 0 \\ \Leftrightarrow \quad & C_1'' = 0 \end{aligned} \tag{3.68}$$

[†] 特性方程式の解のどちらを λ_1, λ_2 とするかにとくに決まりはないが，「大きい順」，「小さい順」など規則を決めておくとよい．

が得られ，最後の式の両辺を 2 回積分すると，

$$C_1(t) = C_1 t + C_2 \quad (C_1, C_2 \text{は定数}) \tag{3.69}$$

である．したがって，特性方程式が重解をもつ場合の微分方程式の一般解は

$$f(t) = C_1(t)e^{\lambda_1 t} = C_1 t e^{\lambda_1 t} + C_2 e^{\lambda_1 t} \tag{3.70}$$

となる．すなわち，重解の場合は，一つ目の項に t をかけたものがもう一つの項になっている．

（共役な）複素解の場合 特性方程式が共役な複素解 $\lambda = \alpha \pm j\beta$ をもつ場合，解は

$$f(t) = C_1 e^{(\alpha+j\beta)t} + C_2 e^{(\alpha-j\beta)t} \quad (C_1, C_2 \text{は定数}) \tag{3.71}$$

であるが，複素数が含まれており，どのような関数かがわかりにくい．ここで，**オイラーの公式 (Eular's formula)**（定理 A.5）

$$e^{jx} = \cos x + j \sin x \tag{3.72}$$

を利用すると，

$$\begin{aligned}
f(t) &= C_1 e^{(\alpha+j\beta)t} + C_2 e^{(\alpha-j\beta)t} = e^{\alpha t}(C_1 e^{j\beta t} + C_2 e^{-j\beta t}) \\
&= e^{\alpha t}\{C_1(\cos\beta t + j\sin\beta t) + C_2(\cos(-\beta t) + j\sin(-\beta t))\} \\
&= e^{\alpha t}\{C_1(\cos\beta t + j\sin\beta t) + C_2(\cos\beta t - j\sin\beta t)\} \\
&= e^{\alpha t}\{(C_1 + C_2)\cos\beta t + j(C_1 - C_2)\sin\beta t\}
\end{aligned} \tag{3.73}$$

と変形できる．C_1, C_2 は定数であったので，それらの和や差も定数と考えられる．そこで，$C_1 + C_2 = A$，$j(C_1 - C_2) = B$ とおけば，

$$f(t) = e^{\alpha t}(A\cos\beta t + B\sin\beta t) \tag{3.74}$$

と簡潔に表すことができる．したがって，上式が複素解に対応する一般解である．

まとめ：基底関数と解 このように，特性方程式の解 λ にはそれに対応して解となる関数が決まっている．二階微分方程式の場合にはそのような解は二つあり，一般解

表 3.1 特性方程式の解と基底関数，および一般解

特性方程式の解		基底関数	一般解
異なる実数解	λ_1, λ_2	$\{e^{\lambda_1 t}, e^{\lambda_2 t}\}$	$f(t) = C_1 e^{\lambda_1 t} + C_2 e^{\lambda_2 t}$
重解	λ_1	$\{te^{\lambda_1 t}, e^{\lambda_1 t}\}$	$f(t) = C_1 t e^{\lambda_1 t} + C_2 e^{\lambda_1 t}$
共役な複素解	$\alpha \pm j\beta$	$\{e^{\alpha t}\cos\beta t, e^{\alpha t}\sin\beta t\}$	$f(t) = e^{\alpha t}A\cos\beta t + e^{\alpha t}B\sin\beta t$

はそれらの線形和で表される．解の要素となる関数を**基底関数**とよぶ．

表 3.1 に，二階微分方程式の特性方程式の解と対応する基底関数，および一般解をまとめる．

例 3.8（特性方程式を用いた解法例 (2)）

1. 微分方程式

$$f'' + 2f' + f = 0 \tag{3.75}$$

に対応する特性方程式とその解は

$$\lambda^2 + 2\lambda + 1 = 0 \quad \Leftrightarrow \quad (\lambda+1)^2 = 0 \quad \text{よって，} \quad \lambda = -1 \text{（重解）} \tag{3.76}$$

であるので，基底関数は $\{e^{-t}, te^{-t}\}$ である．したがって，一般解は

$$f(t) = (C_1 + C_2 t)e^{-t} \quad (C_1, \ C_2 \text{ は定数}) \tag{3.77}$$

である．

2. 微分方程式

$$f'' + 2f' + 2f = 0 \tag{3.78}$$

に対応する特性方程式とその解は

$$\lambda^2 + 2\lambda + 2 = 0 \quad \text{よって，} \quad \lambda = \frac{-2 \pm \sqrt{2^2 - 4 \cdot 2}}{2} = -1 \pm j \tag{3.79}$$

であるので，基底関数は $\{e^{-t}\cos t, \ e^{-t}\sin t\}$ である．したがって，一般解は

$$f(t) = e^{-t}(A\cos t + B\sin t) \quad (A, \ B \text{ は定数}) \tag{3.80}$$

である．

3.5.3　物理現象としての解釈

定数係数の n 階微分方程式の解は，n 次の特性方程式とその解によって特徴づけられることがわかった．このことを，微分方程式とそれに対応する物理現象を結びつけて解釈することとしよう．

一階の場合　一階の定数係数微分方程式

$$f' + a_0 f = 0 \quad (a_0 \text{ は実数の定数}) \tag{3.81}$$

の特性方程式とその解は $\lambda + a_0 = 0$，よって，$\lambda = -a_0$ である．したがって，一般解は $f(t) = Ce^{-a_0 t}$ であり，

- $-a_0 > 0 \Leftrightarrow f(t)$ は発散
  - ネズミ算 → 例 2.22
  - 預金と金利,ローンの返済 → 例 2.34, 2.35
- $-a_0 = 0 \Leftrightarrow f(t)$ は一定値
- $-a_0 < 0 \Leftrightarrow f(t)$ は 0 に収束
  - RL 回路,RC 回路 → 例 2.9, 2.10
  - 放射性元素 → 例 2.4

となる.この形の微分方程式で表される現象は,原理的にこの 3 種類のうちいずれかの振る舞いしかしない.

二階の場合　一階の場合に対し,二階の定数係数微分方程式

$$f'' + a_1 f' + a_0 f = 0 \quad (a_0,\ a_1 \text{ は実数の定数}) \tag{3.82}$$

の特性方程式 $\lambda^2 + a_1 \lambda + a_0 = 0$ の解は実数解,重解,複素共役解に分類され,それぞれ振る舞いが異なる.とくに興味深いのは複素共役解の場合であり,この場合には時間とともに振動する関数 $\cos \beta t$, $\sin \beta t$ が解として現れる.

日常的にも簡単に確認できる振動現象
- ばね・重り系 → 例 2.5, 2.6
- 振り子 → 例 2.7

などは,いずれも二階の微分方程式で,対応する特性方程式に複素共役解が存在する場合に対応する.

このことを利用すると,複素共役解をもつ電気回路を構成することで,時間とともに振動する信号を生成することができる.

例 3.9(LC 発振回路)　容量 C のコンデンサとインダクタンス L のコイルが図 3.10 のようにつながれている回路を LC 回路とよぶ.

図のように電流の向きを定義すると,コンデンサでの電圧低下は $E_C(t) = -\dfrac{1}{C} \int I(t) dt$ である.

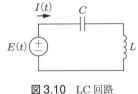

図 3.10　LC 回路

また,コイルを流れる電流 $I(t)$ とコイル両端の電圧 $E_L(t)$ の間には $E_L(t) = -L \dfrac{dI}{dt}$ の関係がある.

外部から電圧が印加されない $(E(t) = 0)$ 場合,起電力のつりあいを示す式は,キルヒホッフの法則より,次のように導かれる.

$$E_C + E_L = 0 \Leftrightarrow \frac{1}{C}\int I(t)dt + L\frac{dI}{dt} = 0$$

と導かれる．

コンデンサの電荷 $Q(t)$ と電流 $I(t)$ の間には，$\frac{dQ}{dt} = I(t)$ の関係がある．上記の微分方程式にこの関係を代入すると，

$$\frac{Q(t)}{C} + L\frac{d^2Q}{dt^2} = 0 \Leftrightarrow \frac{d^2Q}{dt^2} + \frac{1}{LC}Q(t) = 0$$

と，$Q(t)$ に関する二階微分方程式が得られる．

この微分方程式の特性方程式とその解は $\lambda^2 + \frac{1}{LC} = 0 \Rightarrow \lambda = \pm j\frac{1}{\sqrt{LC}}$ である．したがって，一般解は $Q(t) = A\cos\frac{1}{\sqrt{LC}}t + B\sin\frac{1}{\sqrt{LC}}t$（$A$, B は定数）である．

$t = 0$ でコンデンサに電荷が Q_0 蓄積されており，電流が流れていない，つまり，$I(0) = \dot{Q}(0) = 0$ という初期条件だとすると，$Q(0) = A = Q_0$, $\dot{Q}(0) = B\frac{1}{\sqrt{LC}} = 0 \Rightarrow A = Q_0, B = 0$ となる．したがって，初期条件を満たす解は $Q(t) = Q_0\cos\frac{1}{\sqrt{LC}}t$ である．$I(t) = \dot{Q}(t)$ の関係を用いると，$I(t) = -\frac{Q_0}{\sqrt{LC}}\sin\frac{1}{\sqrt{LC}}t$ となる．

それぞれを図示すると，図 3.11 となる．

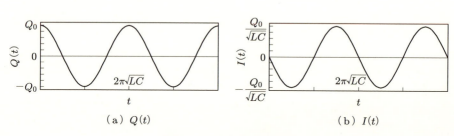

図 3.11 $Q(t)$, $I(t)$ の概形

演習問題

3.18 以下の微分方程式に対し，特性方程式とその解を求めよ．

(1) $f'' + 5f' + 4f = 0$ (2) $3f'' + 4f' + f = 0$ (3) $f'' + 9f = 0$
(4) $f'' + 2f' + 2f = 0$ (5) $f'' + 4f' + 3f = 0$ (6) $2f'' + 3f' + f = 0$
(7) $f'' + 4f = 0$

解答（略解）(1) $\lambda^2 + 5\lambda + 4 = 0$, $\lambda = -1, -4$
(2) $3\lambda^2 + 4\lambda + 1 = 0$, $\lambda = -1, -\dfrac{1}{3}$ (3) $\lambda^2 + 9 = 0$, $\lambda = \pm 3j$
(4) $\lambda^2 + 2\lambda + 2 = 0$, $\lambda = -1 \pm j$ (5) $\lambda^2 + 4\lambda + 3 = 0$, $\lambda = -1, -3$
(6) $2\lambda^2 + 3\lambda + 1 = 0$, $\lambda = -1, -\dfrac{1}{2}$ (7) $\lambda^2 + 4 = 0$, $\lambda = \pm 2j$

3.19 以下の関数を解にもつ二階線形微分方程式を求めよ．
(1) e^{2t}, e^{-3t} (2) e^t, e^{-2t} (3) e^{3t}, te^{3t} (4) $\sin\omega t$, $\cos\omega t$
(5) $e^{-3t}\cos t$, $e^{-3t}\sin t$ (6) $e^{\alpha t}\cos\beta t$, $e^{\alpha t}\sin\beta t$ (7) e^{2t}, te^{2t} (8) $\sin 2t$, $\cos 2t$

例：e^t, e^{-t}

解答 e^t, e^{-t} は $\lambda = 1, -1$ に対応する．これらの値を解にもつ特性方程式は $(\lambda - 1)(\lambda + 1) = 0 \Leftrightarrow \lambda^2 - 1 = 0$ である．この特性方程式に対応する微分方程式は $f'' - f = 0$．

解答 (1) $\lambda = 2, -3 \Leftrightarrow (\lambda - 2)(\lambda + 3) = 0 \Leftrightarrow \lambda^2 + \lambda - 6 = 0$
対応する微分方程式は $f'' + f' - 6f = 0$．
(2) $\lambda = 1, -2 \Leftrightarrow (\lambda - 1)(\lambda + 2) = 0 \Leftrightarrow \lambda^2 + \lambda - 2 = 0$
対応する微分方程式は $f'' + f' - 2f = 0$．
(3) $\lambda = 3$（重解）$\Leftrightarrow (\lambda - 3)^2 = 0 \Leftrightarrow \lambda^2 - 6\lambda + 9 = 0$
対応する微分方程式は $f'' - 6f' + 9f = 0$．
(4) $\lambda = \pm j\omega \Leftrightarrow (\lambda - j\omega)(\lambda + j\omega) = 0 \Leftrightarrow \lambda^2 + \omega^2 = 0$
対応する微分方程式は $f'' + \omega^2 f = 0$．
(5) $\lambda = -3 \pm j \Leftrightarrow (\lambda + 3 + j)(\lambda + 3 - j) = 0 \Leftrightarrow \lambda^2 + 6\lambda + 10 = 0$
対応する微分方程式は $f'' + 6f' + 10f = 0$．
(6) $\lambda = \alpha \pm j\beta \Leftrightarrow \{\lambda - (\alpha + j\beta)\}\{\lambda - (\alpha - j\beta)\} = 0 \Leftrightarrow \lambda^2 - 2\alpha\lambda + \alpha^2 + \beta^2 = 0$
対応する微分方程式は $f'' - 2\alpha f' + (\alpha^2 + \beta^2)f = 0$．
(7) $\lambda = 2$（重解）$\Leftrightarrow (\lambda - 2)^2 = 0 \Leftrightarrow \lambda^2 - 4\lambda + 4 = 0$
対応する微分方程式は $f'' - 4f' + 4f = 0$．
(8) $\lambda = \pm 2j \Leftrightarrow (\lambda - 2j)(\lambda + 2j) = 0 \Leftrightarrow \lambda^2 + 4 = 0$
対応する微分方程式は $f'' + 4f = 0$．

3.20 次の微分方程式を解け．解は複素数を含まない形に変形して示すこと．
(1) $f'' + 2f' + 3f = 0$ (2) $f'' + f = 0$ (3) $f'' - 4f = 0$ (4) $f'' + \omega^2 f = 0$
(5) $f'' + 6f' + 10f = 0$ (6) $f'' - 2\alpha f' + (\alpha^2 + \beta^2)f = 0$
(7) $y'' - 4y' + 3y = 0$, $y(0) = -1$, $y'(0) = -5$
(8) $y'' - 2y' + 2y = 0$, $y(0) = 1$, $y'(0) = 1$

解答（略解）　(1) $f = e^{-t}(A\cos\sqrt{2}\,t + B\sin\sqrt{2}\,t)$　(2) $f = A\cos t + B\sin t$
(3) $f = C_1 e^{2t} + C_2 e^{-2t}$　(4) $f(t) = A\cos\omega t + B\sin\omega t$
(5) $f(t) = e^{-3t}(A\cos t + B\sin t)$　(6) $f(t) = e^{\alpha t}(A\cos\beta t + B\sin\beta t)$
(7) $y(t) = -2e^{3t} + e^t$　(8) $y(t) = e^t \cos t$

3.21（ばね・重り系）　ばね定数 k のばねに質量 m の台車が図 3.12 (a) のようにつながれている．地面は水平であり，ばねは地面と平行に取り付けられている．台車と地面の間の摩擦はないと仮定する．以下の設問に答えよ．

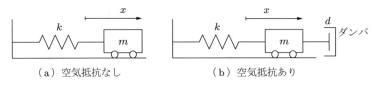

（a）空気抵抗なし　　　　（b）空気抵抗あり

図 3.12　ばね・重り系

(1) つりあいの位置からばねが x だけ伸びたとき，ばねによる力はばねの伸びに比例し，ばねの伸びに逆方向である．台車が従う運動方程式を微分方程式で表せ．
(2) 台車を $x = l$ の位置まで伸ばし，静止させた後に手を離す．手を離した時刻を $t = 0$ としたときの台車の挙動 $x(t)$ を求め，図示せよ．
(3) 台車にダンパを取り付ける（図 (b)）．ダンパは空気抵抗（流体抵抗）による力を生み出す装置である．ダンパにより生み出される空気抵抗は速度 v と逆向きであり，大きさは速度に比例する（比例定数を d とする）．このとき，台車が従う運動方程式を微分方程式で示せ．
(4) (3) の状況で台車を $x = l$ の位置まで伸ばし，静止させた後に手を離す．手を離した時刻を $t = 0$ としたときの台車の挙動 $x(t)$ を求めよ．ただし，$m = 1$, $d = 2$, $k = 10$, $l = 1$ とせよ．
(5) 運動エネルギー $V = \dfrac{1}{2}mv^2$ とばねによる位置エネルギー $U = \dfrac{1}{2}kx^2$ の和 E の時間変化について，以下の設問に答えよ．
　i. E の時間微分に対し，図 (a) の台車が従う微分方程式から導かれる関係を代入することで，E が時間に依存せず一定であることを示せ．
　ii. E の時間微分に対し，図 (b) の台車が従う微分方程式から導かれる関係を代入することで，$\dot{E}$ が満たす条件を導け．さらに，その条件から $\displaystyle\lim_{t\to\infty} E(t)$, $\displaystyle\lim_{t\to\infty} x(t)$, $\displaystyle\lim_{t\to\infty} v(t)$ がどのようになるか述べよ．

解答　(1) $ma = -kx \Leftrightarrow m\dfrac{d^2 x}{dt^2} = -kx$

(2) $m\ddot{x} + kx = 0$ の特性方程式は $m\lambda^2 + k = 0 \Leftrightarrow \lambda = \pm j\sqrt{\dfrac{k}{m}}$.

したがって，一般解は $x(t) = A\cos\sqrt{\dfrac{k}{m}}t + B\sin\sqrt{\dfrac{k}{m}}t$. $x(0) = l, \dot{x}(0) = 0$ より，$A = l$, $B\sqrt{\dfrac{k}{m}} = 0 \Rightarrow A = l, B = 0$. したがって，求める台車の挙動は $x(t) = l\cos\sqrt{\dfrac{k}{m}}t$. 図示すると図 3.13 となる．

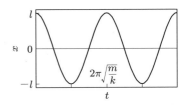

図 3.13　台車の挙動

(3) （略解）(1) の微分方程式の右辺に空気抵抗による力 $-dv = -d\dfrac{dx}{dt}$ が加わるので，$m\ddot{x} = -d\dot{x} - kx$.

(4) （略解）特性方程式は $\lambda^2 + 2\lambda + 10 = 0$ であり，その解は $\lambda = -1 \pm 3j$.

したがって，一般解は $x(t) = e^{-t}(A\cos 3t + B\sin 3t)$

初期条件は $x(0) = 1, \dot{x}(0) = 0$ なので，これで A, B を定めると，

$$x = e^{-t}\left(\cos 3t + \dfrac{1}{3}\sin 3t\right)$$

(5) i. 　　$E = V + U = \dfrac{1}{2}mv^2 + \dfrac{1}{2}kx^2$, 　$\dot{E} = mv\dot{v} + kx\dot{x} = m\ddot{x}\dot{x} + k\dot{x}x$

台車が従う微分方程式は $m\ddot{x} = -kx$ なので，これを代入すると，$\dot{E} = -k\dot{x}x + k\dot{x}x = 0$ 時間変化率が 0 なので，E は一定であることが示された．

ii. $\dot{E} = m\ddot{x}\dot{x} + k\dot{x}x$ であり，台車が従う微分方程式は $m\ddot{x} = -d\dot{x} - kx$ なので，これを代入すると，$\dot{E} = (-d\dot{x} - kx)\dot{x} + k\dot{x}x = -d(\dot{x})^2 < 0$. $E \geq 0$ であり，$x = \dot{x} = 0$ でありかつそのときのみ $E = 0$ なので，$\displaystyle\lim_{t\to\infty} E(t) = 0$, $\displaystyle\lim_{t\to\infty} x(t) = 0$, $\displaystyle\lim_{t\to\infty} v(t) = 0$ がそれぞれ成り立つ．

3.22 （振り子） 質量 m の重りが長さ l の細い棒の一端に取り付けられている．棒のもう一端は自由に回転できるものとする．θ を棒の角度とし，鉛直下向きのとき $\theta = 0$，反時計回りを正とする．以下の設問に答えよ．

(1) 重りにかかる重力を，棒の鉛直方向と回転方向に分解し，それぞれの力の大きさを示せ．

(2) 回転方向で θ が満たすべき微分方程式を導け．

(3) (2) で求めた微分方程式の中での三角関数をテイラー展開により一次関数で近似せよ．このとき，近似可能な条件を明記すること．

(4) (3) で求めた微分方程式を解け．ただし，初期条件は $\theta(0) = \theta_0$, $\dot{\theta}(0) = 0$ とする．

解答 (1) 重りにかかる力を図示すると，図 3.14 となる．

図より，棒の鉛直方向にかかる力の大きさは $mg\cos\theta$，回転方向にかかる力の大きさは $mg\sin\theta$ である．

(2) 回転方向に移動する距離を x とおくと，運動方程式は $m\ddot{x} = -mg\sin\theta$. x と θ の間には $l\theta \equiv x$ の関係があるので，それを代入すると，$ml\ddot{\theta} = -mg\sin\theta \Leftrightarrow \ddot{\theta} = -\dfrac{g}{l}\sin\theta$ となる．

(3) $\sin\theta$ をテイラー展開すると，$\sin\theta = \sin 0 + \cos 0 \cdot \theta + \dfrac{1}{2}(-\sin 0)\theta^2 - \dfrac{1}{3!}(-\cos 0)\theta^3 + \cdots = \theta - \dfrac{1}{3!}\theta^3 + \cdots$ となる．ここで，θ^3 が無視できるほど θ が十分小さいとすると，$\sin\theta \simeq \theta$ と近似できる．

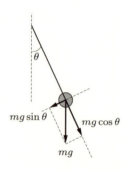

図 3.14 振り子の重りにかかる重力

この条件下では，微分方程式は $\ddot{\theta} = -\dfrac{g}{l}\theta$ となる．

(4) $\ddot{\theta} + \dfrac{g}{l}\theta = 0$ の特性方程式は $\lambda^2 + \dfrac{g}{l} = 0$. これを解くと，$\lambda = \pm j\sqrt{\dfrac{g}{l}}$. したがって，一般解は $\theta(t) = A\cos\sqrt{\dfrac{g}{l}}\,t + B\sin\sqrt{\dfrac{g}{l}}\,t$ となる．

初期条件を代入すると，$\theta(0) = A = \theta_0$, $\dot{\theta}(0) = B\sqrt{\dfrac{g}{l}} = 0 \Rightarrow B = 0$. したがって，解は $\theta(t) = \theta_0 \cos\sqrt{\dfrac{g}{l}}\,t$ となる．

3.23 (RLC 回路) 抵抗 R の抵抗，インダクタンス L のコイルと容量 C のコンデンサが図 3.15 のように交流電源につながれている．

この回路の電源電圧 $E(t)$ と電流 $I(t)$，コンデンサの初期電圧 $E_C(0)$ との間には以下の関係が成り立つ．

$$E(t) = RI(t) + L\dfrac{dI}{dt} + \dfrac{1}{C}\int_0^t I(\tau)d\tau + E_C(0)$$

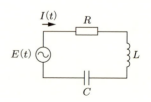

図 3.15 RLC 回路

(1) $Q(t) = \displaystyle\int_0^t I(\tau)d\tau + Q(0)$ の関係を利用して $I(t)$, $\dot{I}(t)$ を $Q(t)$ を用いて表し，与式を Q に関する微分方程式とせよ．

(2) $E(t) = 0$, $Q(0) = Q_0$, $\dot{Q}(0) = 0$, つまり電源はなく，コンデンサに電荷が Q_0 たまっている状態を初期条件とする．このとき，$Q(t)$ が振動的な振る舞いとなる R, L, C の条件を求めよ．ただし，R, L, C はすべて 0 でなく正とする．

(3) $E(t) = 0$, $Q(0) = Q_0$, $\dot{Q}(0) = 0$, かつ $L = 1$, $R = 2$, $C = 0.1$ のときの $Q(t)$ を求めよ．

解答 (1) $\dfrac{1}{C}\displaystyle\int_0^t I(\tau)d\tau + E_C(0) = \dfrac{1}{C}\int_0^t I(\tau)d\tau + \dfrac{Q(0)}{C} = \dfrac{1}{C}Q(t)$

$\dot{Q} = I$, $\ddot{Q} = \dot{I}$ をそれぞれ与式に代入すると, $E(t) = R\dot{Q} + L\ddot{Q} + \dfrac{Q}{C}$ が導ける.

(2) $E(t) = 0$ より, $L\ddot{Q} + R\dot{Q} + \dfrac{Q}{C} = 0$. 特性方程式は, 次式となる.

$$L\lambda^2 + R\lambda + \frac{1}{C} = 0 \;\Leftrightarrow\; \lambda = \frac{-R \pm \sqrt{R^2 - 4\dfrac{L}{C}}}{2L}$$

振動は, 特性方程式が複素解をもつ場合なので, $R^2 - 4\dfrac{L}{C} < 0$ が満たされる場合で生じる.

(3) 特性方程式は,

$$\lambda^2 + 2\lambda + 10 = 0 \;\Leftrightarrow\; \lambda = \frac{-2 \pm \sqrt{4 - 40}}{2} = -1 \pm 3j$$

対応する一般解は, $Q(t) = e^{-t}(A\cos 3t + B\sin 3t)$. $Q(0) = A = Q_0$ なので,

$Q(t) = e^{-t}(Q_0 \cos 3t + B\sin 3t)$,

$\dot{Q}(t) = -e^{-t}(Q_0 \cos 3t + B\sin 3t) + e^{-t}(-3Q_0 \sin 3t + 3B\cos 3t)$,

$\dot{Q}(0) = -Q_0 + 3B = 0$ よって, $B = \dfrac{Q_0}{3}$

したがって, $Q(t) = Q_0 e^{-t}\left(\cos 3t + \dfrac{1}{3}\sin 3t\right)$ が得られる.

アナロジー(類似) ばね・重り・ダンパ系(演習問題 3.21 (3))と RLC 回路(演習問題 3.23 (1))を見比べると, どちらも二階の微分方程式で表されていることがわかる.

$$m\ddot{x} + d\dot{x} + kx = F \quad (F(t)\text{は外から加わる力}) \tag{3.83}$$

$$L\ddot{Q} + R\dot{Q} + \frac{1}{C}Q = E \tag{3.84}$$

したがって, これらの振る舞いは, 見た目が異なるものの数学的な特性は同じなので, 同様の特徴をもつことがわかる. このように, 見た目や分野が異なると思われる系の間にも, 数学的な類似(**アナロジー**)があることがよくある. 力学の問題がわかれば電気の問題もわかるし, その逆もいえるのである. このことは, 物事の振る舞いを数学的に抽象化して取り扱うことの大きな利点の一つである.

3.5.4 特性方程式と解の収束（二階微分方程式の場合）

二階の定数係数微分方程式に対し，解 $f(t)$ が時間とともに収束するかどうか，すなわち $\lim_{t\to\infty} f(t) = 0$ となるかどうかは，物理現象の重要な特徴である．速度，温度，電圧などの物理量が時間とともに発散するような状況は非常に危険であり，望ましくない．この性質と特性方程式の解 λ_i の関係を調べよう．

- λ_1, λ_2 が異なる実数解の場合

  $f(t) = C_1 e^{\lambda_1 t} + C_2 e^{\lambda_2 t}$ である．一階の場合と同じで，$\lambda_1 < 0$, かつ $\lambda_2 < 0$ の場合は $\lim_{t\to\infty} e^{\lambda_1 t} = 0$, $\lim_{t\to\infty} e^{\lambda_2 t} = 0$ がそれぞれ成り立つ．それに対し，$\lambda_1 \geq 0$, $\lambda_2 \geq 0$ の場合は一定値もしくは発散する．したがって，次式が成り立つ．

$$\lim_{t\to\infty} f(t) = 0 \quad \Leftrightarrow \quad \lambda_1 < 0, \text{ かつ } \lambda_2 < 0 \tag{3.85}$$

- λ_1, λ_2 が重解の場合

  $f(t) = (C_1 + C_2 t) e^{\lambda_1 t}$ である．$\lambda_1 < 0$ の場合，t が発散する速度よりも $e^{\lambda_1 t}$ が 0 に収束する速度のほうが速い[†1]ので，次式が成り立つ．

$$\lim_{t\to\infty} f(t) = 0 \quad \Leftrightarrow \quad \lambda_1 < 0 \tag{3.86}$$

- λ_1, λ_2 が複素共役解の場合

  λ_1, λ_2 は複素数なので，実部と虚部に分解して $\lambda_1 = \alpha + j\beta$, $\lambda_2 = \alpha - j\beta$ とおける．すると，

$$f(t) = C_1 e^{\lambda_1 t} + C_2 e^{\lambda_2 t} = C_1 e^{(\alpha+j\beta)t} + C_2 e^{(\alpha-j\beta)t} = e^{\alpha t}(C_1 e^{j\beta t} + C_2 e^{-j\beta t})$$

  よって，$\quad f(t) = e^{\alpha t}(A\cos\beta t + B\sin\beta t)$

となる．$-1 \leq \cos\beta t, \sin\beta t \leq 1$ なので，次式が成り立つ．

$$\lim_{t\to\infty} f(t) = 0 \quad \Leftrightarrow \quad \alpha < 0 \tag{3.87}$$

これらの三つの条件は

$$\lim_{t\to\infty} f(t) = 0 \quad \Leftrightarrow \quad \Re(\lambda_1) < 0, \Re(\lambda_2) < 0 \tag{3.88}$$

と簡潔にまとめることができる[†2]．

[†1] 厳密には**ロピタルの定理**を利用して証明する．
[†2] $\Re$ は実数，実部を表す記号である．Re と書くこともある．それに対し，虚部は $\Im$ や Im で表す．

3.5 指数関数と特性方程式

> 演習問題

3.24 二階の定数係数微分方程式
$$\ddot{f} + a_1 \dot{f} + a_0 f = 0$$
の解 $f(t)$ が，任意の $f(0)$, $\dot{f}(0)$ に対して $\lim_{t \to \infty} f(t) = 0$ を満たすための a_1, a_0 の必要十分条件を求めよ．

> **解答** 特性方程式は $\lambda^2 + a_1 \lambda + a_0 = 0$ である．特性方程式の解を λ_1, λ_2 とすると，$\lim_{t \to \infty} f(t) = 0 \Leftrightarrow \Re(\lambda_1) < 0$, $\Re(\lambda_2) < 0$ が成り立つ．特性方程式の判別式に基づいて場合分けし，解の実部が負である条件を導く．
>
> - $a_1^2 - 4a_0 > 0$ の場合：解は $\lambda = \dfrac{-a_1 \pm \sqrt{a_1^2 - 4a_0}}{2}$.
>
> $\dfrac{-a_1 + \sqrt{a_1^2 - 4a_0}}{2} < 0 \Leftrightarrow \lambda_1, \lambda_2 < 0$ なので，
>
> $\dfrac{-a_1 + \sqrt{a_1^2 - 4a_0}}{2} < 0 \Leftrightarrow \sqrt{a_1^2 - 4a_0} < a_1 \Leftrightarrow a_0 > 0$.
>
>   したがって，$a_1^2 - 4a_0 > 0$ かつ $a_0 > 0$.
>
> - $a_1^2 - 4a_0 = 0$ の場合：解は $\lambda = \dfrac{-a_1}{2} < 0$. したがって，$a_1^2 - 4a_0 = 0$ かつ $a_1 > 0$.
>
> - $a_1^2 - 4a_0 < 0$ の場合：解は $\lambda = \dfrac{-a_1 \pm j\sqrt{-a_1^2 + 4a_0}}{2}$. $\Re(\lambda_i) = -\dfrac{a_1}{2} < 0$ より，$a_1^2 - 4a_0 < 0$ かつ $a_1 > 0$.
>
> 上記の条件をまとめると，$a_1 > 0$ かつ $a_0 > 0$ となる．

3.25 ばね・重り・ダンパ系（演習問題 3.21 の図 3.12 (b) 参照）について，以下の設問に答えよ．
(1) 時間が十分に経過したときに台車が停止するための必要十分条件を示せ．
(2) 重りの運動エネルギーとばねの伸びによる位置エネルギーの合計を E としたとき，その時間変化率 $\dot{E}$ を求めよ．この結果から，台車が停止するのはばね・重り・ダンパのどの要素がどのようにはたらいているためと考えられるか述べよ．
(3) もしも，ダンパの代わりに「速度と**同じ向き**に速度に比例する大きさの力を発生する」装置をつけたとしたら何が起こるか，微分方程式を立てて述べよ．

> **解答**（略解） (1) 演習問題 3.24 と同様にして，k, m, $d > 0$.
> (2) $\dot{E} = -d(\dot{x})^2$ が示せる．この式は，ダンパの空気抵抗でエネルギーが消費されることを示している．
> (3) $-d\dot{x}$ を $d\dot{x}$ に置き換えて微分方程式を立てる．特性方程式の解の実部が正となり，位置・速度が発散する解が得られる．

[補足] (3) は，(2) の議論を参考にして，$\dot{E} > 0$ であり全エネルギーが増加する ⇔ 位置と速度が発散する，という示し方でもよい．

3.26 RLC 回路（演習問題 3.23 参照）について，以下の設問に答えよ．
(1) 時間が十分に経過したときに $Q = 0$ となるための必要十分条件を示せ．
(2) 回路中でエネルギーを蓄積する素子はコイルとコンデンサである．コイルが蓄積しているエネルギーは $E_L = \dfrac{1}{2}LI^2$，コンデンサが蓄積しているエネルギーは $E_C = \dfrac{Q^2}{2C}$ である．これらの合計を E とし，その時間変化率 $\dot{E}$ を求めよ．またこの結果から，はじめにコンデンサに蓄えられていたエネルギーに対し，抵抗・コイル・コンデンサのどの素子がどのようにはたらいているのかを述べよ．

解答（略解） (1) $R > 0$．
(2) $\dot{E} = -R(\dot{Q})^2$．抵抗のみエネルギーを消費し，コイルとコンデンサは消費しない．

3.6 未定係数法

参考：
- ばね・重り系 → 例 2.5, 2.6
- 振り子 → 例 2.7
- RL 回路，RC 回路，LC 回路，RLC 回路 → 例 2.9〜2.12

定数係数であるが非斉次の微分方程式

$$a_1 f' + a_0 f = r(t) \quad (\text{一階}) \tag{3.89}$$

$$a_2 f'' + a_1 f' + a_0 f = r(t) \quad (\text{二階}) \tag{3.90}$$

に対しては，**特殊解**を求める必要がある．

一階の場合の一般的な方法として**定数変化法**をすでに紹介したが，ここでは $r(t)$ が特殊な形の場合に適用できる**未定係数法**を紹介しよう．実用上頻繁に現れる形の $r(t)$ について，定数変化法に比べ未定係数法は計算が容易な手法である．

$r(t)$ は，力学系では外からの力，電気回路では回路に印加される電源電圧を表すことが多く（このことから，$r(t)$ は外力項ともよばれる），それらの関数の形は工学的に意味のある一次関数や三角関数など特定の形を想定することが多い．そのような場合では，未定係数法は特殊解を求める簡便な方法として有効に活用できる．

$r(t)$ が多項式の場合

例 3.10（未定係数法の例 (1)）

1. 一階の非斉次微分方程式

$$f' + 3f = t + 1 \tag{3.91}$$

は右辺が多項式であるので，特殊解は多項式であると予想できる．また，右辺の次数は一次なので，特殊解も一次の多項式と予想される．

試しに，特殊解の候補を

$$f_s = k_1 t + k_0 \quad (k_0, \ k_1 \text{ は定数}) \tag{3.92}$$

として与式に代入すると，

$$k_1 + 3(k_1 t + k_0) = t + 1 \quad \Leftrightarrow \quad 3k_1 t + (k_1 + 3k_0) = t + 1 \tag{3.93}$$

が恒等式となるので，

$$3k_1 = 1, \ k_1 + 3k_0 = 1 \quad \Leftrightarrow \quad k_1 = \frac{1}{3}, \ k_0 = \frac{2}{9} \tag{3.94}$$

と定まり，次の特殊解 f_s が得られる．

$$f_s = \frac{1}{3}t + \frac{2}{9} \tag{3.95}$$

非斉次方程式の一般解は，斉次方程式の一般解と非斉次方程式の特殊解の和であるので（例 3.6 参照），次式である．

$$f(t) = C_1 e^{-3t} + \frac{1}{3}t + \frac{2}{9} \quad (C_1 \text{ は定数}) \tag{3.96}$$

2. 二階の非斉次微分方程式

$$f'' + 3f' + 2f' = 2t^3 + 13t^2 + 24t + 15 \tag{3.97}$$

は右辺が多項式であるので，特殊解は多項式であると予想できる．また，右辺の次数は三次なので，特殊解も三次の多項式と予想される．

試しに，特殊解の候補を

$$f_s = k_3 t^3 + k_2 t^2 + k_1 t + k_0 \quad (k_0, k_1, k_2, k_3 \text{ は定数}) \tag{3.98}$$

として与式に代入すると，

$$2k_3 t^3 + (2k_2 + 9k_3)t^2 + (2k_1 + 6k_2 + 6k_3)t + (2k_0 + 3k_1 + 2k_2)$$
$$= 2t^3 + 13t^2 + 24t + 15 \tag{3.99}$$

が恒等式となる．これを解くと k_0 から k_3 が定まり，次の特殊解 f_s が得られる．

$$f_s = t^3 + 2t^2 + 3t + 1 \tag{3.100}$$

非斉次方程式の一般解は，斉次方程式の一般解と非斉次方程式の特殊解の和であるので，次式となる．

$$f(t) = C_1 e^{-2t} + C_2 e^{-t} + t^3 + 2t^2 + 3t + 1 \quad (C_1,\ C_2\ \text{は定数}) \tag{3.101}$$

このように，$r(t)$ が n 次の多項式である場合は，特殊解 f_s の候補として n 次の多項式

$$f_s(t) = k_n t^n + k_{n-1} t^{n-t} + \cdots + k_1 t + k_0 \quad (k_0, \ldots, k_n\ \text{は定数}) \tag{3.102}$$

を選べばよい．

$r(t)$ が指数関数の場合　　もう一つ特殊解を予想しやすいのは，右辺が指数関数，つまり $r(t) = e^{at}$ のような場合である．ただし，指数関数は斉次方程式の一般解になりうるため，注意が必要である．

たとえば，

$$f' + 3f = e^t \tag{3.103}$$

については特殊解の候補を

$$f_s = ke^t \quad (k\ \text{は定数}) \tag{3.104}$$

とおき，左辺に代入すると，

$$(\text{左辺}) = ke^t + 3ke^t = e^t = (\text{右辺}) \tag{3.105}$$

となり，ただちに $f_s(t) = \dfrac{1}{4} e^t$ が得られる．

しかし，

$$f' + 3f = e^{-3t} \tag{3.106}$$

に対し，特殊解の候補を

$$f_s = ke^{-3t} \tag{3.107}$$

とおき，左辺に代入すると，

$$(\text{左辺}) = -3ke^{-3t} + 3ke^{-3t} = 0 \neq e^{-3t} = (\text{右辺}) \tag{3.108}$$

となってしまい，右辺の e^{-3t} は出てこない．これはある意味当然で，与式に対する斉

次方程式の一般解は $y(t) = C_1 e^{-3t}$ であるから，この形の関数は左辺を 0 にしてしまうのである．

候補を見つけるために，またもや**定数変化法**を利用しよう．特殊解の候補を

$$f_s = k(t)e^{-3t} \tag{3.109}$$

として与式の左辺に代入すると，

$$(\text{左辺}) = -3k(t)e^{-3t} + k'(t)e^{-3t} + 3k(t)e^{-3t} = k'(t)e^{-3t} = e^{-3t} = (\text{右辺}) \tag{3.110}$$

となる．最後の式をまとめると，

$$k'(t)e^{-3t} = e^{-3t} \Leftrightarrow k'(t) = 1 \tag{3.111}$$

となり，これは $k(t) = k_1 t + k_0$ となることを意味している．

ここから特殊解の候補は $f_s = k(t)e^{-3t} = (k_1 t + k_0)e^{-3t}$ となるが，$k_0 e^{-3t}$ は斉次方程式の一般解に含まれているので除外するとして，

$$f_s(t) = kte^{-3t} \tag{3.112}$$

とすればよいことがわかる．

このように，$r(t)$ が指数関数 be^{at} である場合，特殊解 $f_s(t)$ の候補として同じ形の指数関数

$$f_s(t) = ke^{at} \quad (k \text{ は定数}) \tag{3.113}$$

を選べばよい．ただし，
- この候補が斉次方程式の一般解に含まれている場合は，t をかける
- t をかけたものがまだ斉次方程式の一般解に含まれている場合は，さらに t をかける

ことが必要である．

$r(t)$ が三角関数の場合　　$r(t)$ が三角関数の場合は，実は指数関数の場合と非常によく似ている．

オイラーの公式から $\cos\omega t = \dfrac{1}{2}(e^{j\omega t} + e^{-j\omega t})$，$\sin\omega t = \dfrac{1}{2j}(e^{j\omega t} - e^{-j\omega t})$ であることがわかるので，$r(t)$ にこれらの三角関数が含まれている場合，特殊解の候補として

$$f_s(t) = C_1 e^{j\omega t} + C_2 e^{-j\omega t} \quad (C_1, C_2 \text{ は定数}) \tag{3.114}$$

を選べば筋が通る．しかし，大抵の微分方程式の解は実数であるので，これを実数の形に戻して，

$$f_s(t) = A\cos\omega t + B\sin\omega t \quad (A, B \text{ は定数}) \tag{3.115}$$

とするほうが都合がよい．三角関数も斉次方程式の一般解に含まれうるので，t をかける規則は指数関数の場合と同じである．

まとめ：未定係数法での右辺の形と解の候補　このように，非斉次方程式の右辺の形によっては，対応する特殊解の形をあらかじめ定めることができる．

表3.2に式(3.80)や(3.90)の右辺 $r(t)$ の形式と対応する特殊解の候補を示す．

表3.2 非斉次方程式の特殊解の候補

$r(t)$	$f_s(t)$
$r(t) = b_n t^n + b_{n-1} t^{n-1} + \cdots + b_1 t + b_0$	$f_s(t) = k_n t^n + k_{n-1} t^{n-1} + \cdots + k_1 t + k_0$
$r(t) = b e^{at}$	$f_s(t) = k e^{at}$
$r(t) = k_A \cos \omega t + k_B \sin \omega t$	$f_s(t) = A \cos \omega t + B \sin \omega t$
$r(t) = e^{at}(k_A \cos \omega t + k_B \sin \omega t)$	$f_s(t) = e^{at}(A \cos \omega t + B \sin \omega t)$

※ $r(t)$ がこの表で示されているものの線形和である場合，$f_s(t)$ も和が候補となる．
※ ただし，これらの候補が斉次方程式の一般解に含まれている場合は，t をかける．
※ t をかけたものがまだ斉次方程式の一般解に含まれている場合は，さらに t をかける．

例題3.2（未定係数法の例(2)） 未定係数法を用いて以下の微分方程式の特殊解を求めよ．

(1) $f'' + 3f' + 2f = t$ 　(2) $f'' + 3f' + 2f = e^{2t}$ 　(3) $f'' + 3f' + 2f = e^{-t}$
(4) $f'' + 3f' + 2f = 2\cos t$ 　(5) $f'' + 2f' + f = e^{-t}$ 　(6) $f'' + 4f = \sin 2t$

解答　(1) 右辺が一次の多項式なので，特殊解を $f_s = at + b$ とおく．これを代入すると $3a + 2at + 2b = t \Rightarrow 2a = 1, 3a + 2b = 0$．これを解いて，$a = \dfrac{1}{2}$, $b = -\dfrac{3}{4}$．したがって，$f_s = \dfrac{1}{2}t - \dfrac{3}{4}$ となる．

(2) 右辺が指数関数なので，これが斉次方程式の解に含まれていないかどうかを確かめる．
　斉次方程式の特性方程式は $\lambda^2 + 3\lambda + 2 = 0$ であり，これを解くと $\lambda = -1, -2$ である．したがって，e^{2t} は斉次方程式の解に含まれない．
　特殊解を $f_s = ae^{2t}$ とおき，与式に代入すると，

$$4ae^{2t} + 6ae^{2t} + 2ae^{2t} = e^{2t} \Rightarrow 12ae^{2t} = e^{2t} \Rightarrow a = \dfrac{1}{12}$$

したがって，$f_s = \dfrac{1}{12}e^{2t}$ となる．

(3) 右辺が指数関数なので，これが斉次方程式の解に含まれていないかどうかを確かめる．
　斉次方程式の特性方程式は $\lambda^2 + 3\lambda + 2 = 0$ であり，これを解くと $\lambda = -1, -2$ である．したがって，e^{-t} は斉次方程式の解に含まれるので，特殊解を $f_s = ate^{-t}$ とおく．$f'_s = ae^{-t} - ate^{-t}$, $f''_s = -2ae^{-t} + ate^{-t}$ を与式に代入すると，

$$-2ae^{-t} + ate^{-t} + 3(ae^{-t} - ate^{-t}) + 2ate^{-t} = ae^{-t} = e^{-t} \Rightarrow a = 1$$

したがって，$f_s = te^{-t}$ となる．

(4) 右辺が三角関数なので，これが斉次方程式の解に含まれていないかどうかを確かめる．

斉次方程式の特性方程式は $\lambda^2 + 3\lambda + 2 = 0$ であり，これを解くと $\lambda = -1, -2$ である．$\cos t$ は $\lambda = \pm j$ に対応する解なので，右辺は斉次方程式の解に含まれない．特殊解を $f_s = A\cos t + B\sin t$ とすると，$f'_s = -A\sin + B\cos t$, $f''_s = -A\cos t - B\sin t$. これを与式に代入すると，

$$-A\cos t - B\sin t + 3(-A\sin + B\cos t) + 2(A\cos t + B\sin t)$$
$$= (A + 3B)\cos t + (-3A + B)\sin t = \cos t \Rightarrow A + 3B = 1, -3A + B = 0$$

これを解いて，$A = \dfrac{1}{10}$, $B = \dfrac{3}{10}$. したがって，$f_s = \dfrac{1}{10}\cos t + \dfrac{3}{10}\sin t$ となる．

(5) 右辺が指数関数なので，これが斉次方程式の解に含まれていないかどうかを確かめる．

斉次方程式の特性方程式は $\lambda^2 + 2\lambda + 1 = 0$ であり，これを解くと $\lambda = -1$ （重解）である．したがって，e^{-t} は斉次方程式の解に含まれる．同様に，ate^{-t} も斉次方程式の解に含まれることが確かめられる．このため，特殊解を $f_s = at^2 e^{-t}$ とおく．$f'_s = 2ate^{-t} - at^2 e^{-t}$, $f''_s = 2ae^{-t} - 4ate^{-t} + at^2 e^{-t}$ を与式に代入すると，

$$(2ae^{-t} - 4ate^{-t} + at^2 e^{-t}) + 2(2ate^{-t} - at^2 e^{-t}) + at^2 e^{-t} = 2ae^{-t} = e^{-t}$$

よって，$a = \dfrac{1}{2}$ より，$f_s = \dfrac{1}{2}t^2 e^{-t}$.

(6) 右辺が三角関数なので，これが斉次方程式の解に含まれていないかどうかを確かめる．

斉次方程式の特性方程式は $\lambda^2 + 4 = 0$ であり，これを解くと $\lambda = \pm 2j$ である．$\sin 2t$ は $\lambda = \pm 2j$ に対応する解なので，右辺は斉次方程式の解に含まれる．したがって，特殊解を $f_s = t(A\cos 2t + B\sin 2t)$ とすると，

$$f'_s = (A\cos 2t + B\sin 2t) + t(-2A\sin 2t + 2B\cos 2t)$$
$$f''_s = (-4A\sin 2t + 4B\cos 2t) + t(-4A\cos 2t - 2B\sin 2t)$$
$$f''_s + 4f_s = (-4A\sin 2t + 4B\cos 2t) + t(-4A\cos 2t - 2B\sin 2t)$$
$$\quad + 4t(A\cos 2t + B\sin 2t)$$
$$= (-4A\sin 2t + 4B\cos 2t) = \sin 2t$$
$$\Leftrightarrow \quad -4A = 1, 4B = 0 \quad \text{よって，} \quad A = -\dfrac{1}{4}, B = 0, \quad f_s = -\dfrac{1}{4}t\cos 2t \quad \square$$

<u>**例題 3.3**</u> （RL 回路と未定係数法） 抵抗 R の抵抗とインダクタンス L のコイルが図 3.16 のように交流電源につながれている．交流電源の電圧は $E(t) = E_0 \sin\omega t$ とする．以下の設問に答えよ．

(1) 回路を流れる電流 $I(t)$ が満たすべき微分方程式を求めよ.
(2) $R=1$, $L=1$, $I(0)=0$ のときの $I(t)$ を求めよ.
(3) (2) の結果に基づき, 入力電圧の周波数が高くなったとき, 電流の振幅の大小の変化について述べよ. ただし, 時間が経過して e^{-t} が十分に小さくなっているものとする.

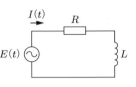

図 3.16 RL 回路

(4) 入力を $E(t)$, 出力を $RI(t)$ としたとき, 入出力の振幅の比を求めよ.
(5) (4) で求めた振幅比が $\sqrt{\dfrac{1}{2}}$ となる ω を求めよ.
(6) ある値 x の絶対値が 1 よりも十分に小さい場合, $1+x^2 \simeq 1$ と近似できるものとする. ω が非常に小さい場合, 非常に大きい場合のそれぞれに対し, (4) で求めた振幅比を近似せよ.
(7) (6) の結果に基づき, ω が 1 よりも十分に大きい場合, ω を何倍にすると振幅比が $\dfrac{1}{2}$ 倍になるか述べよ.

解答 (1) (略解) $RI(t) + L\dfrac{dI}{dt} = E_0 \sin\omega t$

(2) $I(t) + \dfrac{dI}{dt} = E_0 \sin\omega t$. 斉次方程式を解くと, $I(t) + \dfrac{dI}{dt} = 0 \Leftrightarrow I(t) = Ce^{-t}$. 特殊解を求めるために $I_s = A\cos\omega t + B\sin\omega t$ とおくと, $I_s' = -A\omega\sin\omega t + B\omega\cos\omega t$. 与式に代入して,

$$(-A\omega\sin\omega t + B\omega\cos\omega t) + (A\cos\omega t + B\sin\omega t) = E_0 \sin\omega t$$
$$\Leftrightarrow (B\omega + A)\cos\omega t + (-A\omega + B)\sin\omega t = E_0 \sin\omega t$$
$$\Leftrightarrow B\omega + A = 0, \quad -A\omega + B = E_0 \quad \text{よって,} \quad A = \dfrac{-\omega E_0}{\omega^2 + 1}, \quad B = \dfrac{E_0}{\omega^2 + 1}$$

したがって, $I(t) = Ce^{-t} + \dfrac{-\omega E_0}{\omega^2+1}\cos\omega t + \dfrac{E_0}{\omega^2+1}\sin\omega t$ より,

$$I(0) = C - \dfrac{\omega E_0}{\omega^2+1} = 0 \quad \text{よって,} \quad C = \dfrac{\omega E_0}{\omega^2+1}$$

したがって, $I(t) = \dfrac{\omega E_0}{\omega^2+1}e^{-t} + \dfrac{-\omega E_0}{\omega^2+1}\cos\omega t + \dfrac{E_0}{\omega^2+1}\sin\omega t$.

(3) 時間が十分経過しているので, e^{-t} は十分小さいと見なし,

$$I(t) = \dfrac{-\omega E_0}{\omega^2+1}\cos\omega t + \dfrac{E_0}{\omega^2+1}\sin\omega t = \sqrt{\dfrac{1}{\omega^2+1}} E_0 \sin(\omega t + \alpha)$$

したがって, 入力の周波数 ω が大きくなると振幅は小さくなる.

(4) 時間が十分経過している場合, $I(t) = \sqrt{\dfrac{1}{\omega^2+1}} E_0 \sin(\omega t + \alpha)$. $R=1$ より, $RI(t) = I(t)$. したがって, 入力の振幅は E_0, 出力の振幅は $\sqrt{\dfrac{1}{\omega^2+1}} E_0$ であり, その比は $\sqrt{\dfrac{1}{\omega^2+1}}$ となる.

(5) $\sqrt{\dfrac{1}{\omega^2+1}} = \sqrt{\dfrac{1}{2}} \Leftrightarrow \omega^2+1 = 2$ よって, $\omega = 1$.

［補足］ ω は電源の角周波数を示しているため, 正の値のみを考える.

(6) ω が 1 よりも十分小さい場合, $\omega^2+1 \simeq 1$ なので, $\sqrt{\dfrac{1}{\omega^2+1}} \simeq \sqrt{\dfrac{1}{1}} = 1$.

ω が 1 よりも十分に大きい場合, $\omega^2+1 = \omega^2\left(1+\dfrac{1}{\omega^2}\right) \simeq \omega^2$ なので, $\sqrt{\dfrac{1}{\omega^2+1}} \simeq \sqrt{\dfrac{1}{\omega^2}} = \dfrac{1}{\omega}$.

(7) (略解) 2 倍 □

「右辺が斉次方程式の一般解と重複したら t をかける」という規則は数学的なものであるが, これと対応する興味深い現象がある.

例 3.11（強制発振） ばね定数 k のばねに質量 m の台車が図 3.17 のようにつながれている. 地面は水平であり, ばねは地面と平行に取り付けられている. 台車と地面の間の摩擦はないと仮定する.

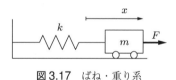

図 3.17 ばね・重り系

この台車に水平方向に力 $F(t) = F_0 \sin\omega t$ が何らかの方法でかけられたと仮定しよう. すると, 微分方程式は $m\ddot{x} + kx = F_0 \sin\omega t$ となる.

斉次方程式の一般解は, すでに演習問題 3.21 で求めたように, $x(t) = A\cos\sqrt{\dfrac{k}{m}}t + B\sin\sqrt{\dfrac{k}{m}}t$ なので, 特殊解は $\omega = \sqrt{\dfrac{k}{m}}$ かどうかで場合分けする必要がある.

$\omega \neq \sqrt{\dfrac{k}{m}}$ の場合は, 特殊解は $x_s(t) = a\cos\omega t + b\sin\omega t$ とすればよい.

しかし, $\omega = \sqrt{\dfrac{k}{m}}$ の場合は, 特殊解は $x_s(t) = t(a\cos\omega t + b\sin\omega t)$ となるが, これは時間とともに振幅が増大する関数である.

このことは，ばねと重りで定まる固有の角周波数 $\sqrt{\dfrac{k}{m}}$ と同じ角周波数の力が外から加わり続けると，（数学上では）台車の位置の振幅が発散することを示している．

この例のように，外から加わる力の周波数が元々の振動数（**固有振動数**とよぶ）と同じ場合，振幅が増大してしまう現象が起こる．これを**強制発振**とよぶ．ほかにも身近な例だと，ブランコをこぐときに，ブランコの揺れ方にあわせて体の重心を動かすと揺れが増すことも，強制発振の一例である．

大規模な建造物（高層ビル，橋など）にはさまざまな要因（風，地震，自動車の走行など）でいろいろな周波数の振動が加わるので，構造のそれぞれの部分での固有振動数が異なるように設計し，強制発振を防いでいる．

演習問題

3.27 次の微分方程式の特殊解 $f_s(t)$ および一般解 $f(t)$ を求めよ．

(1) $f'' - 4f' + 3f = e^{2t}$ (2) $f'' + f = 2t^2 + 2$ (3) $f'' + 4f' + 3f = \sin t + 2\cos t$

(4) $f'' - 2f' = e^t \sin t$ (5) $f'' + 5f' + 4f = e^{-t}$

解答 C_1, C_2 を定数とする．(1) 右辺の e^{2t} は斉次方程式の一般解 $f = C_1 e^t + C_2 e^{3t}$ に含まれていない．したがって，特殊解の候補は $f_s = ae^{2t}$. 左辺に代入すると，$(4a - 8a + 3a)e^{2t} = e^{2t}$ より，$a = -1$ なので．特殊解は $f_s = -e^{2t}$ となる．

したがって，一般解は $f(t) = C_1 e^t + C_2 e^{3t} - e^{2t}$ となる．

(2)（略解） $f_s = 2t^2 - 2$, $f(t) = A\cos t + B\sin t + 2t^2 - 2$

(3)（略解） $f_s = \dfrac{1}{2}\sin t$, $f(t) = C_1 e^{-t} + C_2 e^{-3t} + \dfrac{1}{2}\sin t$

(4)（略解） $f_s = -\dfrac{1}{2}e^t \sin t$, $f(t) = C_1 + C_2 e^{2t} - \dfrac{1}{2}e^t \sin t$

(5)（略解） $f_s = \dfrac{1}{3}te^{-t}$, $f(t) = C_1 e^{-t} + C_2 e^{-4t} + \dfrac{1}{3}te^{-t}$

3.28 二階の非斉次形の微分方程式 $f'' + a_1 f' + a_0 f = r(t)$ において，外力項 $r(t)$ が以下に示す三角関数のとき，特殊解が発散する，つまり $f_s = t(A\cos \omega t + B\sin \omega t)$ の形になるような二階の微分方程式を求めよ．

(1) $r(t) = \sin t$ (2) $r(t) = \cos t$ (3) $r(t) = 2\cos 2t + \sin 2t$

(4) $r(t) = A\cos \omega t + B\sin \omega t$

解答 C_1, C_2 を定数とする．(1) 一般解が $C_1 \sin t + C_2 \cos t$ の形，つまり特性方程式の解が $\pm j$ の微分方程式が題意を満たす．したがって，$(\lambda + j)(\lambda - j) = 0 \Leftrightarrow \lambda^2 + 1 = 0$. 対応する微分方程式は $f'' + f = \sin t$ である．

(2) 一般解が $C_1 \sin t + C_2 \cos t$ の形，つまり特性方程式の解が $\pm j$ の微分方程式が題意を満たす．したがって，$(\lambda + j)(\lambda - j) = 0 \Leftrightarrow \lambda^2 + 1 = 0$. 対応する微分方程式は $f'' + f = \cos t$ である．

(3) 一般解が $C_1 \sin 2t + C_2 \cos 2t$ の形，つまり特性方程式の解が $\pm 2j$ の微分方程式が題意を満たす．したがって，$(\lambda + 2j)(\lambda - 2j) = 0 \Leftrightarrow \lambda^2 + 4 = 0$. 対応する微分方程式は $f'' + 4f = 2\cos 2t + \sin 2t$ である．

(4) 一般解が $C_1 \sin \omega t + C_2 \cos \omega t$ の形，つまり特性方程式の解が $\pm j\omega$ の微分方程式が題意を満たす．したがって，$(\lambda + j\omega)(\lambda - j\omega) = 0 \Leftrightarrow \lambda^2 + \omega^2 = 0$. 対応する微分方程式は $f'' + \omega^2 f = A\cos \omega t + B\sin \omega t$ である．

3.29 (1) $f' + f = \sin \omega t$ の一般解を求めよ．

(2) (1) で求めた f について十分時間が経ち $e^{-t} \simeq 0$ と近似できるときの f の振幅を求めよ．

(3) (2) で求めた振幅が $\sqrt{\dfrac{1}{2}}$ となる ω を求めよ．

(4) ω が 1 よりも十分に大きい場合，ω が 1 よりも十分小さい場合それぞれに対し，(2) で求めた振幅を近似せよ．ここで，1 より十分に小さい x に対し，$1 + x^2 \simeq 1$ の近似を利用せよ．

解答（略解） (1) $f = Ce^{-t} + \dfrac{-\omega}{\omega^2 + 1}\cos \omega t + \dfrac{1}{\omega^2 + 1}\sin \omega t$ （C は定数）

(2) $\dfrac{-\omega}{\omega^2 + 1}\cos \omega t + \dfrac{1}{\omega^2 + 1}\sin \omega t = \sqrt{\dfrac{\omega^2 + 1}{(\omega^2 + 1)^2}}\sin(\omega t + \theta) = \sqrt{\dfrac{1}{\omega^2 + 1}}\sin(\omega t + \theta)$

したがって，振幅は $\sqrt{\dfrac{1}{\omega^2 + 1}}$ となる．

(3) $\omega = 1$

(4) ω が 1 よりも十分小さい場合：$\sqrt{\dfrac{1}{\omega^2 + 1}} \simeq 1$ となる．

ω が 1 よりも十分に大きい場合：$\dfrac{1}{\omega}$ が 1 よりも十分小さいことを意味しているので，

$\sqrt{\dfrac{1}{\omega^2 + 1}} = \dfrac{1}{\omega}\sqrt{\dfrac{1}{\frac{1}{\omega^2} + 1}} \simeq \dfrac{1}{\omega}$ となる．

3.30 図 3.18 の RC 回路で $E(t) = E_0 \sin \omega t$, $I(0) = 0$ としたときの $I(t)$ を求めよ．また，十分に時間が経過したときの電流の振幅が小さくなるのは，電源電圧の周波数が高いとき，または低いときのどちらか，理由とともに示せ．

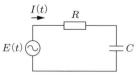

図 3.18 RC 回路

解答（略解）$I(t)$ が満たすべき方程式は $RI(t) + \dfrac{1}{C}\displaystyle\int_0^t I(\tau)d\tau = E_0 \sin\omega t$. 両辺を微分すると，$R\dot{I} + \dfrac{1}{C}I(t) = E_0\omega\cos\omega t$. 斉次方程式の一般解は $I(t) = ce^{-\frac{1}{RC}t}$.

特殊解を $I_s = A\cos\omega t + B\sin\omega t$ とおいて未定係数法で A, B を定めると，

$$I_s = \frac{\omega C E_0}{1+(\omega RC)^2}(\cos\omega t + \omega RC\sin\omega t)$$

となる．$I(t) = ce^{-\frac{1}{RC}t} + I_s(t)$ が $I(0) = 0$ を満たすので，次式を得る．

$$I(t) = \frac{\omega C E_0}{1+(\omega RC)^2}\left\{\cos\omega t + \omega RC\sin\omega t - \exp\left(-\frac{1}{RC}t\right)\right\}$$

十分に時間が経過し，$\exp(-\frac{1}{RC}t) \to 0$ となったときの電流の振幅は

$$\frac{\omega C E_0}{1+(\omega RC)^2}\cdot\sqrt{1^2+(\omega RC)^2} = \frac{\omega C E_0}{\sqrt{1+(\omega RC)^2}}$$

である．この値は $\omega \to 0$ で 0 に近づくので，電源電圧の周波数が低いときに電流の振幅は小さくなる．

3.31 抵抗 R の抵抗とインダクタンス L のコイルと容量 C のコンデンサが図 3.19 のように交流電源につながれている．この回路の電源電圧 $E(t)$ と電流 $I(t)$，コンデンサの初期電圧 $E_C(0)$ との間には，以下の関係が成り立つ．

$$E(t) = RI(t) + L\frac{dI}{dt} + \frac{1}{C}\int_0^t I(\tau)d\tau + E_C(0)$$

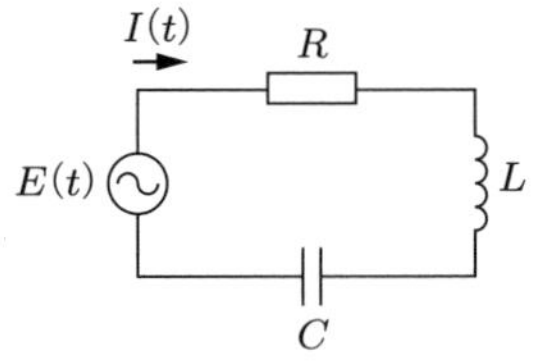

図 3.19 RLC 回路

交流電源の電圧は $E(t) = E_0\sin\omega t$ であるとしたとき，以下の設問に答えよ．
(1) $I(t)$ が満たすべき二階微分方程式を示せ．
(2) $E_0 = 1, \omega = 1, L = 1, R = 2, C = 0.1$ のときの $I(t)$ を求めよ．
(3) $E_0 = 1, L = 1, R = 2, C = 0.1$ とし，ω を変化させて特殊解 $I_s(t)$ の振幅を調べる．I_s の振幅がもっとも大きくなる ω およびそのときの振幅を求めよ．
(4) (3) で求めた ω が，この回路では $Z = R + j\omega L + \dfrac{1}{j\omega C}$ で定義されるインピーダンス（3.6.1 項参照）の絶対値をもっとも小さくする値であることを確認せよ．

解答 (1) 与式の両辺を t で微分して，$\dot{E} = R\dot{I} + L\ddot{I} + \dfrac{I}{C}$. $E(t) = E_0\sin\omega t$ を代入して，$E_0\omega\cos\omega t = L\ddot{I} + R\dot{I} + \dfrac{I}{C}$ が得られる．
(2) それぞれの値を代入すると，微分方程式は $\ddot{I} + 2\dot{I} + 10I = \cos t$. 斉次方程式 $\ddot{I} + 2\dot{I} +$

$10I = 0$ の特性方程式は $\lambda^2 + 2\lambda + 10 = 0$. これを解くと $\lambda = -1 \pm 3j$. したがって, 斉次方程式の一般解は $I(t) = e^{-t}(A\cos 3t + B\sin 3t)$ となる.

$\cos t$ は斉次方程式の一般解には含まれないので, 特殊解の候補は $C_1 \cos t + C_2 \sin t$ とおける. これを与式に代入すると, $(9C_1 + 2C_2)\cos t + (-2C_1 + 9C_2)\sin t = \cos t$ である. したがって, $9C_1 + 2C_2 = 1$, $-2C_1 + 9C_2 = 0$. これを解くと $C_1 = \dfrac{9}{85}$, $C_2 = \dfrac{2}{85}$. したがって, 次式が得られる.

$$I(t) = e^{-t}(A\cos 3t + B\sin 3t) + \frac{9}{85}\cos t + \frac{2}{85}\sin t \quad (A, B \text{ は定数})$$

(3) $\cos\omega t$ は斉次方程式の一般解に含まれないので, 特殊解の候補は $I_s(t) = A\cos\omega t + B\sin\omega t$ とおける. これを与式に代入すると,

$$(-A\omega^2 + 2B\omega + 10A)\cos\omega t + (-B\omega^2 - 2A\omega + 10B)\sin\omega t = \omega\cos\omega t$$

である. したがって, $(10 - \omega^2)A + 2\omega B = \omega$, $-2\omega A + (10 - \omega^2)B = 0$. これを解くと,

$$I_s(t) = \frac{\omega(10 - \omega^2)}{(10 - \omega^2)^2 + (2\omega)^2}\cos\omega t + \frac{\omega \cdot 2\omega}{(10 - \omega^2)^2 + (2\omega)^2}\sin\omega t$$

$$= \sqrt{\frac{\omega^2}{(10 - \omega^2)^2 + 4\omega^2}}\sin(\omega t + \alpha) = \sqrt{\frac{1}{\left(\dfrac{10}{\omega^2} - 1\right)^2 + 4}}\sin(\omega t + \alpha)$$

であり, 振幅は $\sqrt{\dfrac{1}{\left(\dfrac{10}{\omega^2} - 1\right)^2 + 4}}$. $\omega^2 > 0$ を利用すると, $\dfrac{10}{\omega^2} - 1 = 0$ のとき振幅は最大となり, その値は $\sqrt{\dfrac{1}{4}} = \dfrac{1}{2}$. したがって, $\omega = \sqrt{10}$ のとき振幅の最大値は $\dfrac{1}{2}$ となる.

(4) 与えられた回路のインピーダンスは $Z = R + j\omega L + \dfrac{1}{j\omega C} = R + j\left(\omega L - \dfrac{1}{\omega C}\right)$. これは, 虚部のみ ω に依存して変化し, $|Z| \geq R$ なのでインピーダンスの絶対値が最小となるのは $\omega L - \dfrac{1}{\omega C} = 0$ のときである. したがって, $\omega^2 = \dfrac{1}{LC}$. この設問での値を代入すると $\omega^2 = \dfrac{1}{1 \cdot 0.1} = 10$ となる. これは (3) で求めた値と一致する.

3.6.1 特殊解を得るための複素法と電気回路論

本項は電気・電子・情報系のやや専門的な話題を題材として, これまでに紹介した電気回路の微分方程式を簡便に解く方法を紹介します. この先, 信号処理, 制御などの分野に応用できる手法ですので, 余力があればぜひ読んでください.

参考： • RL 回路，RC 回路，LC 回路，RLC 回路→例 2.9〜2.12

再び RLC 回路（図 3.20）に登場してもらおう．演習問題 3.31 で解いたように，電源が交流電源 $E(t)$ が $E_0 \sin\omega t$ や $E_0 \cos\omega t$ であったとすると，特殊解 I_s は（基本的には）$I_s(t) = A\cos\omega t + B\sin\omega t$ の形で表される．

ここで，$\sin\omega t$ や $\cos\omega t$ が $e^{j\omega t}$ の虚部と実部であったことに着目して，$E(t) = E_0 e^{j\omega t}$，$I_s(t) = Ke^{j\omega t}$ として，後で実部や虚部をとる．この方法は**複素法**とよばれ，工学のさまざまな分野で利用されている．利点は何といっても計算の簡便さである．

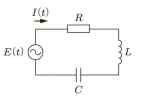

図 3.20 RLC 回路

例 3.12（複素法の例）
微分方程式 $\ddot{f} + \dot{f} + 2f = 6\cos t$ に対し，$f_s = A\cos t + B\sin t$ として未定係数法を用いると，$f_s = 3\cos t + 3\sin t$ が得られる．

ここで，$6\cos t = \Re(6e^{jt})$ であるので，特殊解をいったん $f_s(t) = Ke^{jt}$ とおく．すると，$\dot{f}_s = jKe^{jt}$，$\ddot{f}_s = -Ke^{jt}$ であり，これを与式に代入すると，$(-1 + j + 2)Ke^{jt} = 6e^{jt}$ が得られる．したがって，$K = \dfrac{6}{1+j} = 3 - 3j$ となり，特殊解は $(3 - 3j)e^{jt}$ となる．

実際はこれの実部をとらなくてはならないので，$(3 - 3j)e^{jt} = (3 - 3j)(\cos t + j\sin t) = (3\cos t + 3\sin t) + j(-3\cos t + 3\sin t)$ より，特殊解は $f_s(t) = 3\cos t + 3\sin t$ であることがわかる．

上記の例でもわかるように，三角関数では微分ごとに sin，cos が入れ替わり符号も変わるなど計算が煩雑であるが，三角関数を複素指数関数として表すと，そのような計算の煩雑さが軽減される．

また，複素法は電気回路の素子の性質を簡潔に記述するためにも利用される．もっとも単純な素子は**抵抗**だが，そこに流れる電流 I [A] と電圧 E_R [V] の間には**オームの法則** (Ohm's law)

$$E_R = -RI \tag{3.116}$$

が成り立つことがよく知られている．言い換えると，素子の抵抗は電圧と電流の比 $R \equiv -\dfrac{E_R}{I}$ として定義されることになる．

コイルに流れる電流 I [A] と電圧 E_L [V] の間には

$$E_L = -L\frac{dI}{dt} \tag{3.117}$$

が成り立つ．ここで，L は**インダクタンス (inductance)** とよばれる，コイルによって定まる定数である．このままでは L は電圧降下と電流の比として表すことができない．だが，もしここで電流 I が角周波数 ω の正弦波であり，かつそれが複素指数関数で表されると仮定できる，すなわち，

$$I(t) = I_0 e^{j\omega t} \tag{3.118}$$

と仮定できるのであれば，$\dot{I} = j\omega I_0 e^{j\omega} = j\omega I(t)$ の関係を利用して，

$$E_L = -j\omega L I \quad \Leftrightarrow \quad j\omega L \equiv -\frac{E_L}{I}$$

と表すことができる．$j\omega L$ は抵抗と同様，電圧と電流の比で定義される値で，コイルに関する「抵抗のようなもの」である．「抵抗のようなもの」ではおさまりが悪いので，これをコイルの**インピーダンス (impedance)**†とよぶ．

コンデンサでも同様で，

$$E_C = -\frac{1}{C} \int I(t) dt = \frac{1}{j\omega C} I \quad \Leftrightarrow \quad \frac{1}{j\omega C} = -\frac{E_C}{I} \tag{3.119}$$

となるので，$\dfrac{1}{j\omega C}$ がコイルのインピーダンスになる．

インピーダンスを利用すると，回路の微分方程式の特殊解を求める問題から微積分を取り除き，複素数の四則演算のみを利用するように変形できる．

例 3.13（RL 回路と複素法） RL 回路（図 3.21）の特殊解 I_s を複素法を用いて求めてみよう．

電源電圧の角周波数が ω とすると，微分方程式は $RI + L\dot{I} = E_0 e^{j\omega t}$ と表される．$I_s(t) = I_0 e^{j\omega t}$ とすると，

$$(R + j\omega L) I_s(t) = E_0 e^{j\omega t} \quad \Leftrightarrow \quad I_s(t) = \frac{E_0 e^{j\omega t}}{R + j\omega L}$$

$$\Leftrightarrow \quad \frac{E_0}{R^2 + \omega^2 L^2} (R - j\omega L) e^{j\omega t}$$

$$\Leftrightarrow \quad \frac{E_0}{R^2 + \omega^2 L^2} (R - j\omega L)(\cos\omega t + j\sin\omega t)$$

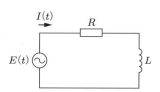

図 3.21　RL 回路

となる．電源電圧が $E_0 \cos\omega t$，つまり $\Re(E_0 e^{j\omega t})$ とすると，次式の特殊解を得る．

$$I_s(t) = \frac{E_0}{R^2 + \omega^2 L^2} (R\cos\omega t + \omega L \sin\omega t)$$

---

†　"impede" は「妨げる」「邪魔をする」という意味の英単語である．

RLC 回路に戻ろう．インピーダンスを使って微分方程式を簡略化すると，

$$\left(R + j\omega L + \frac{1}{j\omega C}\right)I = E \Leftrightarrow \left\{R + j\left(\omega L - \frac{1}{\omega C}\right)\right\}I = E \tag{3.120}$$

となる．左辺のインピーダンスは電源の角周波数 ω に応じて値が変わるが，とくに $\omega L - \frac{1}{\omega C} = 0 \Leftrightarrow \omega = \frac{1}{\sqrt{LC}}$ となる場合，インピーダンスの絶対値が最小で R となることが示せる．この周波数ではコイルとコンデンサはないものとして扱うことができ，電流の振幅が最大となる．この現象を**共鳴** (resonance) とよび，$\omega = \frac{1}{\sqrt{LC}}$ を**共鳴周波数** (resonant frequency) とよぶ．

さらに，$R = 0$ であればインピーダンスは 0 であり，抵抗のない回路に電圧をかけることになるので，原理的には電流は無限大となる．これが例 3.11 で扱った**強制発振**の別観点からの解釈である．

電源電圧がマイクで収集した音声信号に対応している場合，この回路は特定の周波数＝音の高さのみを通し，雑音を軽減するような回路として利用できる．

また，3.5.3 項でみたような，ばね・重り・ダンパで実現されていて，外から力が加わる問題を表す二階微分方程式も，数学的には RLC 回路と同じ形となる．よって，外から加わる振動のうち，特定の周波数のみ通してそれ以外は軽減させることは，乗り物のサスペンションなど，振動を軽減する仕組みを理解するのにインピーダンスの考え方が役立つ．

演習問題

3.32 複素法を利用して，以下の微分方程式の特殊解を求めよ．

(1) $f'' + 3f' + 16f = 12\cos 4t$ \qquad (2) $f'' + 2y' + 2y = \cos 2t$

(3) $f'' + 2f' + 4f = 6\cos 3t$

解答（略解）(1) $f_s(t) = \sin 4t$ \qquad (2) $f_s(t) = -0.1\cos 2t + 0.2\sin 2t$

(3) $f_s(t) = \frac{1}{61}(-30\cos 3t + 36\sin 3t)$

3.33 複素法を利用して，直列 RLC 回路のパラメータが以下のそれぞれの場合に対して $I_s(t)$ を求めよ．

(1) $R = 50$, $L = 30$, $C = 0.025$, $E_0 = 200$, $\omega = 4$

(2) $L = 2$, $R = 4$, $C = 0.125$, $E_0 = 10$, $\omega = 5$

解答（略解） (1) $I_s(t) = \dfrac{1}{73}(50\sin 4t - 100\cos 4t)$

(2) $I_s(t) = -0.9704\cos 5t + 0.4621\sin 5t$

3.6.2 高階微分方程式に対する定数変化法

ここまでは，未定係数法による解法を見てきた．ここでは，二階の非斉次系の微分方程式

$$f'' + a_1 f' + a_0 f = r(t) \tag{3.121}$$

の特殊解を求める一般的な方法として，一階非斉次系に対して利用した**定数変化法**を拡張してみよう．

斉次方程式

$$f'' + a_1 f' + a_0 f = 0 \tag{3.122}$$

の基底関数が $\{f_1, f_2\}$ であるとき，一般解は $f(t) = C_1 f_1(t) + C_2 f_2(t)$ である．一階の定数変化法と同様に，定数 C_1, C_2 を t の関数と見なして特殊解 f_s が得られると仮定する．すなわち，

$$f_s(t) = C_1(t) f_1(t) + C_2(t) f_2(t) \tag{3.123}$$

が式 (3.121) を満たすとする．f_s には未知の関数が $C_1(t), C_2(t)$ の二つあるので，同じ関数を表すとしても冗長性がある（異なる C_1, C_2 で同じ f_s を表すことができる）．これでは C_1, C_2 を一意に定めることができないため，もう一つの条件を C_1, C_2 に課すこととする．

f_s を微分すると，

$$f_s' = C_1' f_1 + C_2' f_2 + C_1 f_1' + C_2 f_2' \tag{3.124}$$

である．この式に対し，

$$C_1' f_1 + C_2' f_2 = 0 \tag{3.125}$$

の条件が成り立つと仮定する．すると，

$$f_s' = C_1 f_1' + C_2 f_2' \ \Rightarrow\ f_s'' = C_1' f_1' + C_2' f_2' + C_1 f_1'' + C_2 f_2'' \tag{3.126}$$

となり，これらを与式 (3.121) に代入する．

$$(C_1' f_1' + C_2' f_2' + C_1 f_1'' + C_2 f_2'') + a_1(C_1 f_1' + C_2 f_2') + a_0(C_1 f_1 + C_2 f_2) = r$$
$$\Leftrightarrow\ C_1(f_1'' + a_1 f_1' + a_0 f_1) + C_2(f_2'' + a_1 f_2' + a_0 f_2) + C_1' f_1' + C_2' f_2' = r$$

Chapter 3 微分方程式の解き方

$$\Leftrightarrow \quad C_1' f_1' + C_2' f_2' = r \tag{3.127}$$

したがって，C_1', C_2' は以下の連立方程式

$$\begin{cases} C_1' f_1' + C_2' f_2' = r \\ C_1' f_1 + C_2' f_2 = 0 \end{cases} \Leftrightarrow \begin{pmatrix} f_1' & f_2' \\ f_1 & f_2 \end{pmatrix} \begin{pmatrix} C_1' \\ C_2' \end{pmatrix} = \begin{pmatrix} r \\ 0 \end{pmatrix} \tag{3.128}$$

の解となる．係数行列の逆行列を左からかけて，

$$\begin{pmatrix} C_1' \\ C_2' \end{pmatrix} = \frac{1}{f_1' f_2 - f_1 f_2'} \begin{pmatrix} f_2 & -f_2' \\ -f_1 & f_1' \end{pmatrix} \begin{pmatrix} r \\ 0 \end{pmatrix} = \begin{pmatrix} \dfrac{f_2 r}{f_1' f_2 - f_1 f_2'} \\ \dfrac{-f_1 r}{f_1' f_2 - f_1 f_2'} \end{pmatrix} \tag{3.129}$$

となり，C_1', C_2' に関する一階の微分方程式が得られる．この両辺を積分して C_1, C_2 を得ると，非斉次方程式の解が得られる．

定数変化法は特殊解の形が予想できない場合には強力な手法であるが，この説明を見てもわかるように，一般に計算量が多い．特殊解の形が予想でき，未定係数法が使える場合は，そちらを利用したほうが計算が簡単である．

例 3.14 $f'' + f = \dfrac{1}{\cos t}$ を解く．

斉次方程式の基底関数は $\{\cos t, \sin t\}$ なので，式 (3.129) より，

$$C_1' = \frac{\sin t \dfrac{1}{\cos t}}{(\cos t)' \sin t - \cos t (\sin t)'} = -\frac{\sin t}{\cos t}, \quad C_2' = \frac{-\cos t \dfrac{1}{\cos t}}{(\cos t)' \sin t - \cos t (\sin t)'} = 1$$

$$C_1(t) = -\int \frac{\sin t}{\cos t} dt = \ln|\cos t| + C_1, \quad C_2(t) = \int dt = t + C_2 \quad (C_1, C_2 \text{ は定数})$$

となる．したがって，一般解は $f(t) = (\ln|\cos t| + C_1) \cos t + (t + C_2) \sin t$ となる．

演習問題

3.34 以下の微分方程式の一般解を求めよ．

(1) $f'' + 4f = \dfrac{4}{\cos 2t}$ (2) $f'' - 2y' + y = \dfrac{12e^t}{t^3}$ (3) $f'' - 4f' + 4f = 6 + \dfrac{e^{2t}}{t}$

(4) $f'' + 2f' + f = 4e^{-t} \ln t$ (5) $f'' + 2f' + 2f = \dfrac{2e^{-t}}{\cos^3 t}$

解答（略解） A, B, C_1, C_2 を定数とする．

(1) $f = (A + \ln|\cos 2t|)\cos 2t + (B + 2t)\sin 2t$
(2) $\left(C_1 + C_2 t + \dfrac{6}{t}\right)e^t$ 　(3) $f = (C_1 + C_2 t + t\ln t - t)e^{2t} + \dfrac{3}{2}$
(4) $\{C_1 + C_2 t + (2\ln t - 3)t^2\}e^{-t}$ 　(5) $e^{-t}\left(A\cos t + B\sin t - \dfrac{\cos 2t}{\cos t}\right)$

3.35 演習問題 3.27〜3.33 について，未定係数法で特殊解を求められる問題に対し，未定係数法と定数変化法でそれぞれ解を求め，計算量を確認せよ．

■**解答**　省略．

3.7　連立微分方程式

複数の変数が現れ，複数の微分方程式から構成される**連立微分方程式**も，さまざまな現象を表すのに利用される．

二つの抵抗と一つのコイルから構成される図 2.18 の電気回路を図 3.22 に再掲する．

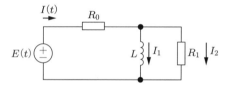

図 3.22　並列 RL 回路（図 2.18 再掲）

すでに確認したように，抵抗 R_0 に流れる電流を $I(t)$ とすると，その先でコイル L と抵抗 R_1 に流れる電流に分岐し，それらを I_1, I_2 とすると，$I_1 + I_2 = I$ であり，以下の関係が成り立つ．

$$E(t) - R_0(I_1 + I_2) - L\frac{dI_1}{dt} = 0, \quad E(t) - R_0(I_1 + I_2) - R_1 I_2 = 0 \quad (3.130)$$

これらは二つの関数 $I_1(t)$, $I_2(t)$ を含む複数の微分方程式からなる**連立微分方程式**となっている．

コイルに流れる電流 $I_1(t)$ を求めるために，二つの条件式を比較すると，

$$L\dot{I}_1 = R_1 I_2 \quad \text{よって，} \quad I_2 = \frac{L}{R_1}\dot{I}_1 \quad (3.131)$$

となり，これを一つ目の条件式に代入すると，

$$E(t) - R_0\left(I_1 + \frac{L}{R_1}\dot{I}_1\right) - L\dot{I}_1 = 0$$

よって、 $E(t) - L\left(\dfrac{R_0}{R_1} + 1\right)\dot{I}_1 - R_0 I_1 = 0$ \hfill (3.132)

となり、I_1 のみの微分方程式が導けた.

$E(t) = E_0$（直流電源）$I_1(0) = 0$ の場合に上式を解くと、次式となる.

$$I_1(t) = \frac{E_0}{R_0}\left\{1 - \exp\left(-\frac{1}{L}\cdot\frac{R_0 R_1}{R_0 + R_1}t\right)\right\} \tag{3.133}$$

例 3.15（連立微分方程式：計算例 (1)） 次の連立微分方程式を消去法で解く.

$$\begin{cases} \dot{x} = 4x - 2y & \cdots(*) \\ \dot{y} = x + y & \cdots(**) \end{cases}$$

$(**)$ より $x = \dot{y} - y$ なので、これを $(*)$ に代入して、

$$(**) \Leftrightarrow \ddot{y} - \dot{y} = 4(\dot{y} - y) - 2y \Leftrightarrow \ddot{y} - 5\dot{y} + 6y = 0$$

となる. 特性方程式 $\lambda^2 - 5\lambda + 6 = (\lambda - 3)(\lambda - 2) = 0$ より、$\lambda = 2, 3$ なので、$y(t) = C_1 e^{2t} + C_2 e^{3t}$（$C_1, C_2$ は定数）. これを $x = \dot{y} - y$ に代入すると、

$$x(t) = 2C_1 e^{2t} + 3C_2 e^{3t} - C_1 e^{2t} - C_2 e^{3t} = C_1 e^{2t} + 2C_2 e^{3t}$$

となる. したがって、$x(t) = C_1 e^{2t} + 2C_2 e^{3t}$, $y(t) = C_1 e^{2t} + C_2 e^{3t}$ となる.

非斉次項がある場合も、消去法とこれまでに学んできた方法を組み合わせることで解くことができる.

例 3.16（連立微分方程式：計算例 (2)） 次の連立微分方程式を消去法で解く.

$$\begin{cases} \dot{x} = -2x + y & \cdots(*) \\ \dot{y} = -4x + 3y + 10\cos t & \cdots(**) \end{cases}$$

$(*)$ から得られる $y = \dot{x} + 2x$ を $(**)$ に代入する.

$$(**) \Leftrightarrow \ddot{x} + 2\dot{x} = -4x + 3(\dot{x} + 2x) + 10\cos t$$
$$\Leftrightarrow \ddot{x} - \dot{x} - 2x = 10\cos t$$

斉次方程式 $\ddot{x} - \dot{x} - 2x = 0$ の一般解は、特性方程式を利用し、$x(t) = C_1 e^{-t} + C_2 e^{2t}$ と得られる.

非斉次方程式 $\ddot{x} - \dot{x} - 2x = 10\cos t$ の特殊解は、**未定係数法**（3.6 節）を利用し、$x_p = -3\cos t - \sin t$ と得られる.

したがって，$x(t) = C_1 e^{-t} + C_2 e^{2t} - 3\cos t - \sin t$ (C_1, C_2 は定数) であり，これを $y = \dot{x} + 2x$ に代入すると，$y(t) = C_1 e^{-t} + 4C_2 e^{2t} - 7\cos t + \sin t$ が得られる．

連立方程式をコンパクトに記述する方法として，行列とベクトルを利用したことを思い出そう．すると，連立微分方程式も行列とベクトルを利用して簡潔に記述することができる．

例 3.17（連立微分方程式：行列による表現 (1)） 連立微分方程式 $\begin{cases} \dot{x} = 4x - 2y & \cdots(*) \\ \dot{y} = x + y & \cdots(**) \end{cases}$ は，行列とベクトルを利用して $\begin{pmatrix} \dot{x} \\ \dot{y} \end{pmatrix} = \begin{pmatrix} 4 & -2 \\ 1 & 1 \end{pmatrix} \begin{pmatrix} x \\ y \end{pmatrix} \Leftrightarrow \dot{\boldsymbol{x}}(t) = \boldsymbol{A}\boldsymbol{x}(t)$ と書ける．

$\dot{\boldsymbol{x}} = \boldsymbol{A}\boldsymbol{x}$ の解はどのような形だろうか？ 一変数の同様の微分方程式 $\dot{f} = af$ の解が $f(t) = Ce^{at}$ の形であったことを思い出そう．連立微分方程式でも $\dot{x} = 4x - 2y$ のように，関数の微分が元の関数の線形和で表されているので，$\boldsymbol{x} = \boldsymbol{v}e^{\lambda t}$ のような指数関数であると仮定してみる．これを与式に代入すると，

$$\dot{\boldsymbol{x}}(t) = \boldsymbol{A}\boldsymbol{x}(t) \Leftrightarrow \lambda \boldsymbol{v} e^{\lambda t} = \boldsymbol{A}\boldsymbol{v}e^{\lambda t} \Leftrightarrow (\lambda \boldsymbol{I} - \boldsymbol{A})\boldsymbol{v} = 0 \quad (3.134)$$

が成り立つ．$|\lambda \boldsymbol{I} - \boldsymbol{A}| \neq 0$ であるとすると，$(\lambda \boldsymbol{I} - \boldsymbol{A})^{-1}$ が存在し，これを両辺からかけることで自明な解 $\boldsymbol{v} = 0$ が得られてしまう．

したがって，自明ではない，意味のある解をもつ条件は

$$|\lambda \boldsymbol{I} - \boldsymbol{A}| = 0 \quad (3.135)$$

であり，これを満たす λ を λ_1, λ_2, $\boldsymbol{C}_1$, $\boldsymbol{C}_2$ を定数ベクトルとすると，連立微分方程式の解は

$$\boldsymbol{x}(t) = \boldsymbol{C}_1 e^{\lambda_1 t} + \boldsymbol{C}_2 e^{\lambda_2 t} = \begin{pmatrix} C_{1,1} \\ C_{1,2} \end{pmatrix} e^{\lambda_1 t} + \begin{pmatrix} C_{2,1} \\ C_{2,2} \end{pmatrix} e^{\lambda_2 t}$$

$$= \begin{pmatrix} C_{1,1} e^{\lambda_1 t} + C_{1,2} e^{\lambda_2 t} \\ C_{2,1} e^{\lambda_1 t} + C_{2,2} e^{\lambda_2 t} \end{pmatrix} \quad (3.136)$$

と求められる．実は，$|\lambda \boldsymbol{I} - \boldsymbol{A}| = 0$ は，変数を消去して得られた一変数の微分方程式に対する特性方程式と同じものであり，こちらも**特性方程式**とよばれる．

また，行列 $\boldsymbol{A}$ に対し，

$$\boldsymbol{A}\boldsymbol{v} = \lambda \boldsymbol{v} \quad (3.137)$$

を満たすスカラ λ とベクトル v は**固有値** (eigenvalue) と**固有ベクトル** (eigenvector)[†]と定義されている．詳しくは線形代数の書籍を参考にしてほしい．

例 3.18（連立微分方程式：行列による表現(2)）　連立微分方程式 $\begin{pmatrix} \dot{x} \\ \dot{y} \end{pmatrix} = \begin{pmatrix} 4 & -2 \\ 1 & 1 \end{pmatrix} \begin{pmatrix} x \\ y \end{pmatrix}$
$\Leftrightarrow \dot{\boldsymbol{x}}(t) = \boldsymbol{A}\boldsymbol{x}(t)$ を解く．

$$|\lambda \boldsymbol{I} - \boldsymbol{A}| = \begin{vmatrix} \lambda - 4 & 2 \\ -1 & \lambda - 1 \end{vmatrix} = (\lambda - 4)(\lambda - 1) + 2 = \lambda^2 - 5\lambda + 6 = 0$$

よって，$\lambda = -2, -3$．したがって，$\boldsymbol{x}(t) = \boldsymbol{C}_1 e^{-2t} + \boldsymbol{C}_2 e^{-3t}$ となる．ここで，$\boldsymbol{C}_1$, $\boldsymbol{C}_2$ は定数ベクトルである．

☐ 演習問題

3.36 以下の連立微分方程式を消去法を使って解け．初期値が与えられている場合は定数の値も求めよ．

(1) $\dot{x} = y$, $\dot{y} = x$　　(2) $\dot{x} = x + y$, $\dot{y} = 4x + y$

(3) $\dot{x} + y = \cos t - \sin t$, $\dot{y} + x = \cos t - \sin t$

(4) $\begin{cases} \dot{x} = 3x + 4y \\ \dot{y} = 4x - 3y \end{cases}$, $x(0) = 1$, $y(0) = 3$

(5) $\begin{cases} \dot{x} - x - 2y = 0 \\ \dot{y} + 8x - 11y = 0 \end{cases}$, $x(0) = 1$, $y(0) = 1$

(6) $\dot{x} - 2x - 3y = 2e^{2t}$, $-x + \dot{y} - 4y = 3e^{2t}$, $x(0) = -\dfrac{2}{3}$, $y(0) = \dfrac{1}{3}$

解答（略解）　C_1, C_2 を定数とする．
(1) $x = C_1 e^t + C_2 e^{-t}$, $y(t) = C_1 e^t - C_2 e^{-t}$
(2) $x = C_1 e^{3t} + C_2 e^{-t}$, $y = 2C_1 e^{3t} - 2C_2 e^{-t}$
(3) $x = C_1 e^t + C_2 e^{-t} + \cos t + \sin t$, $y = -C_1 e^t + C_2 e^{-t}$
(4) $x = 2e^{5t} - e^{-5t}$, $y = e^{5t} + 2e^{-5t}$　　(5) $x = e^{3t}$, $y = e^{3t}$
(6) $x = e^{5t} - \dfrac{5}{3} e^{2t}$, $y = e^{5t} - \dfrac{2}{3} e^{2t}$

3.37 図 3.23 の電気回路について以下の設問に答えよ．いずれも電源は直流電源で，電圧は E_0 とする．

(1) コイルを流れる電流 $I(t)$ が満たす微分方程式を導き，解け．ただし，$I(0) = 0$ とする．

[†] "eigen" はドイツ語で「独特の」「固有の」という意味をもつ単語である．発音は「エイゲン」ではなく「アイゲン」に近い．

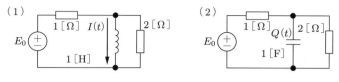

図 3.23 電気回路

(2) コンデンサに蓄えられる電荷 $Q(t)$ が満たす微分方程式を導き，解け．ただし，$Q(0) = 0$ とする．

解答 (1) $2\,[\Omega]$ の抵抗に流れる電流を $I_1(t)$ とすると，$E_0 - (I + I_1) - \dot{I} = 0$, $E_0 - (I + I_1) - 2I_1 = 0$ が成り立つ．これらから I_1 を消去すると，$E_0 - \left(I + \dfrac{E_0 - I}{3}\right) - \dot{I} = 0$ より，$\dfrac{2}{3}E_0 - \dfrac{2}{3}I - \dot{I} = 0$．これを解くと，$I(t) = Ce^{-\frac{2}{3}t} + E_0$（$C$ は定数）．$I(0) = 0$ より，$I(t) = E_0\left(1 - e^{-\frac{2}{3}t}\right)$．

(2) $2\,[\Omega]$ の抵抗に流れる電流を $I_1(t)$ とすると，$E_0 - (\dot{Q} + I_1) - Q = 0$, $E_0 - (\dot{Q} + I_1) - 2I_1 = 0$ が成り立つ．これらから I_1 を消去すると $E_0 - \left(\dot{Q} + \dfrac{E_0 - \dot{Q}}{3}\right) - Q = 0$ より，$\dfrac{2}{3}E_0 - \dfrac{2}{3}\dot{Q} - Q = 0$．これを解くと $Q(t) = Ce^{-\frac{3}{2}t} + \dfrac{2}{3}E_0$（$C$ は定数）．$Q(0) = 0$ より，$Q(t) = \dfrac{2}{3}E_0\left(1 - e^{-\frac{3}{2}t}\right)$．

3.38 以下の連立微分方程式を行列とベクトルを用いて表記せよ．また，固有値と固有ベクトルを求めることにより解を求めよ．初期値が与えられている場合は定数の値も求めよ．

(1) $\dot{x} = y, \quad \dot{y} = x$ (2) $\dot{x} = x + y, \quad \dot{y} = 4x + y$ (3) $\dot{x} + y = 0, \quad \dot{y} + x = 0$

(4) $\begin{cases} \dot{x} = 3x + 4y \\ \dot{y} = 4x - 3y \end{cases}$, $x(0) = 1, \quad y(0) = 3$

(5) $\begin{cases} \dot{x} - x - 2y = 0 \\ \dot{y} + 8x - 11y = 0 \end{cases}$, $x(0) = 1, \quad y(0) = 1$

(6) $\dot{x} - 2x - 3y = 0, \quad -x + \dot{y} - 4y = 0, \quad x(0) = -\dfrac{2}{3}, \quad y(0) = \dfrac{1}{3}$

解答（略解） 演習問題 3.36 の解答を参照．(3), (6) は斉次形の一般解に対応する．

3.8 本章のまとめ

本章では微分方程式の具体的な解法を解説した．一階微分方程式については変数分離法と定数変化法を，二階（定数係数）微分方程式については特性方程式と未定係数

法を中心として紹介した．

とくに，定数係数の微分方程式は幅広い物理現象を表現でき，かつ解法も明らかになっているため，実用上非常に価値が高い．

■ 章末問題

3.1 （お湯の冷め方）お湯を室内に放置すると，お湯は冷めて温度が下がる．このとき，お湯の温度 $T(t)$ の変化率はそれ自身の温度と外気温 T_a との差に比例することが知られている．T_a は常に一定と仮定する．以下の設問に答えよ．

(1) $T(t)$ が従う微分方程式を導出せよ．

(2) (1) の微分方程式を解き，一般解を求めよ．

(3) 20℃ の室内に 70℃ のお湯を放置したところ，10 分で 50℃ になった．あと何分で 30℃ になるか，小数第 1 位まで求めよ．

解答 (1)（略解） $\dfrac{dT}{dt} = k(T_a - T)$ （k は定数）

(2) $\dfrac{dT}{dt} = k(T_a - T)$ （k は定数）$\Leftrightarrow \displaystyle\int \dfrac{dT}{T - T_a} = -\int k dt$

$\Leftrightarrow \ \ln|T - T_a| = -kt + C$

$\Leftrightarrow \ T - T_a = Ce^{-kt}$ （C は定数）よって，$T(t) = T_a + Ce^{-kt}$

(3) $T(0) = T_a + C = 20 + C = 70$ より，$C = 50$

$$T(10) = 20 + 50e^{-10k} = 50 \ \Leftrightarrow \ k = -\dfrac{1}{10}\ln\dfrac{3}{5}$$

30℃ になる時刻を t' [分] とすると，

$$T(t') = 30 \ \Leftrightarrow \ 20 + 50e^{-kt'} = 30 \ \Leftrightarrow \ -kt' = \ln\dfrac{1}{5}$$

よって，$t' = \dfrac{\ln\dfrac{1}{5}}{\dfrac{1}{10}\ln\dfrac{3}{5}} \simeq 31.5$ [分] となる．

したがって，50℃ から 30℃ になるには，あと $31.5 - 10 = 21.5$ [分] かかる．

3.2 （貯蓄の効果）B さんは銀行に毎年一定金額の貯金を始めた．利息の金額は預金額 $f(t)$ と預金期間 Δt に比例する．貯金を始めた時刻を $t = 0$，金利を年 $100 \times a$ [%] 相当，B さんの貯金額を b [円/年] とするとき，以下の設問に答えよ．

(1) $f(t)$ が従う微分方程式を導き，解け．

(2) T [年] 貯金した後で，銀行へ貯金した場合とタンス貯金（利息が得られない）での金額の差を求めよ．

解答（略解） (1) $f' = af + b$, $f(0) = 0$. 解は $f(t) = \dfrac{b}{a}(e^{at} - 1)$ となる.

(2) $f(T) - bT = \dfrac{b}{a}(e^{aT} - 1) - bT$

[補足] e^{aT} をテイラー展開すると，(2) の解答の式は

$$\frac{b}{a}\left\{1 + aT + \frac{(aT)^2}{2!} + \cdots + \frac{(aT)^n}{n!} + \cdots - 1\right\} - bT$$

$$= \frac{b}{a}\left\{aT + \frac{(aT)^2}{2!} + \cdots + \frac{(aT)^n}{n!} + \cdots\right\} - bT$$

$$= \frac{b}{a}\left\{\frac{(aT)^2}{2!} + \cdots + \frac{(aT)^n}{n!} + \cdots\right\}$$

となる．預金額の差は T^2 以上の次数の項で表されるので，預金時間が長くなるにつれてその影響が大きくなることがわかる．

3.3 （解の物理的な妥当性を検証する (4)） 直流電源と抵抗・コイル・コンデンサにより構成される電気回路について，以下のように微分方程式を導いた．それぞれ解を求めて物理的に解釈することで，導出した微分方程式が正しいかどうか確認せよ．

(1) $E_0 = RI - L\dot{I}$ （直列 RL 回路） (2) $E_0 = R\dot{I} + LI$ （直列 RL 回路）

(3) $E_0 = R\dot{Q} - \dfrac{Q}{C}$ （直列 RC 回路） (4) $E_0 = RI + \dfrac{I}{C}$ （直列 RC 回路）

解答（略解） (1) $\lim_{t\to\infty} I(t) \to \infty$ であり，電流が発散する．しかし，直流電源で電流が発散することはありえない．したがって，微分方程式の導出が誤っている．

(2) $\displaystyle\lim_{t\to\infty} I(t) \to \dfrac{E_0}{L}$ となるが，両辺の単位が一致しない（A.5 節を参照）ので，微分方程式の導出が誤っている．

(3) $\lim_{t\to\infty} I(t) \to \infty$ であり，電流が発散する．しかし，直流電源で電流が発散することはありえない．したがって，微分方程式の導出が誤っている．

(4) $I = \dfrac{E_0}{R + \dfrac{1}{C}}$ となるが，両辺の単位が一致しない（A.5 節を参照）ので，微分方程式の導出が誤っている．

3.4 「微分方程式 $ydx + x(1+y)dy = 0$ を解け」という問題に対する以下の答案には，正しくない箇所がある．何行目から何行目の間の計算・式変形が正しくないのかを指摘せよ．

(1) 行番号

1: $ydx + x(1+y)dy = 0$

2: $ydx = -x(1+y)dy$

3: $\displaystyle\int y\,dx = -\int x(1+y)\,dy$

4: $xy = -x\left(y + \dfrac{1}{2}y^2\right) + C$ （C は定数）

5: したがって，$\dfrac{1}{2}xy(4+y) + C = 0$ が解である．

(2) 行番号

1: $y\,dx + x(1+y)\,dy = 0$

2: $\dfrac{dx}{x} = -\dfrac{1+y}{y}\,dy$

3: $\displaystyle\int \dfrac{dx}{x} = -\int \dfrac{1+y}{y}\,dy$

4: $\ln|x| = -\ln|y| - y + C$ （C は定数）

5: $x = -y + e^{-y} + e^C$

6: したがって，$y - e^{-y} = -x + C$

解答 (1) 3 行目から 4 行目への変形が正しくない．
1 行目の微分方程式は二つの変数 x, y とその変化量 dx, dy の間に依存関係があることを示しており，そのため 3 行目の積分で被積分変数以外の変数を定数と見なすことはできない．
(2) 4 行目から 5 行目の変形が正しくない．
4 行目右辺の $-\ln|y| - y + C$ を $\ln|y^{-1}e^{-y}e^C|$ とし，その後両辺の対数の真数が等しいことを利用する必要がある．

3.5 （ロケットの質量と速度） ロケットは燃料を後ろに放出することで加速する．初期の総重量が M，そのうち燃料の重量が $M - m_0$，燃料以外（ロケットにのせて打ち上げる人工衛星や燃料タンクなど）の重量が m_0 であるとする．

　空気抵抗・重力の影響のない宇宙空間を仮定し，燃料をすべて噴射した後のロケットの速度を求めたい．以下の手順で微分方程式を導出し，求めよ．

(1) ロケットが燃料を Δm だけ絶対速度†$-u$ で噴出し，質量が m から $m - \Delta m$ に，速度が v から $v + \Delta v$ に変化したとする．このとき，運動量 mv が燃料噴射の前後で保存される．この事実から導出できる方程式を示せ．

(2) (1) で導いた関係に対し，$v + u = -V$ で一定（つまり，ロケットから見た燃料の相対速度が一定である）と仮定し，$\Delta v, \Delta m \to 0$ としたときの極限をとることで v, m が満たすべき微分方程式を求めよ．

(3) (2) で導いた微分方程式を解き，一般解を求めよ．

(4) (3) で求めた $m(v)$ について，$m(0) = M$ として定数を定めよ．また，その式を $v(m) =$

---

† 宇宙空間のどこかに固定した点から見た速度という意味．

の形に変形せよ．
(4) ロケットが燃料を使い切ったときの速度を求めよ．
(5) 燃料の噴射速度は $V = 3\,[\text{km/s}]$，人工衛星を軌道に乗せるために必要な速度は $7.8\,[\text{km/s}]$ であるとする．このとき，ロケットに積み込む燃料は燃料以外の部分の何倍程度必要か求めよ．

解答 (1) 噴射前の運動量は mv である．噴射後の運動量は，ロケットが $(m-\Delta m)(v+\Delta v)$，燃料が $-u\Delta m$ なので，運動量保存則は

$$mv = (m-\Delta m)(v+\Delta v) - u\Delta m \quad \Leftrightarrow \quad m\Delta v = (v+u)\Delta m$$

となる．ここで，変化量の二次以上の項（たとえば $\Delta v \Delta m$）は非常に小さいため無視できるとした．

(2)
$$m\Delta v = (v+u)\Delta m \quad \Leftrightarrow \quad \frac{\Delta m}{\Delta v} = -\frac{m}{V}$$

であり，極限をとると，微分方程式 $\dfrac{dm}{dv} = -\dfrac{m}{V}$ が得られる．

(3) $\dfrac{dm}{dv} = -\dfrac{m}{V} \Leftrightarrow \displaystyle\int \dfrac{dm}{m} = -\int \dfrac{dv}{V} \Leftrightarrow \ln|m(v)| = -\dfrac{v}{V} + C$ （C は定数）
$\Leftrightarrow m(v) = Ce^{-\frac{v}{V}}$

(4) $m(0) = C = M$ より，$m(v) = Me^{-\frac{v}{V}}$ となるから，$-\dfrac{v}{V} = \ln\left(\dfrac{m}{M}\right)$ よって，$v = V\ln\left(\dfrac{M}{m}\right)$ となる．

(5) ロケットが燃料を使い切ったときは $m = m_0$ なので，$v = V\ln\left(\dfrac{M}{m_0}\right)$ となる．

(6) $v = V\ln\left(\dfrac{M}{m_0}\right)$ に与えられた条件を代入すると，$7.8 = 3\ln\left(\dfrac{M}{m_0}\right)$．これを解くと $\dfrac{M}{m_0} \simeq 13.5$．したがって，燃料はそれ以外の部分のおよそ 12.5 倍搭載する必要がある．

3.6　**（水時計）** 底面からの高さ h での断面積が $S_T(h)$ であるタンクの底に小さな穴があいており，タンク内の水が外に流れ出す装置があるとする．タンクの水面の高さで時間を計る装置（水時計）を設計したい．以下の設問に答えよ．

(1) 時間間隔 Δt でタンク内の水の高さが $h(t)$ から $h(t) - \Delta h$ に変化したとする．穴の断面積を S_H，流出する水の流速を v としたときにこれらが満たす関係を示せ．
(2) トリチェリの法則によれば，穴から流出する水の流速 v はタンク内の水の高さ h を使って $v = 0.6\sqrt{2gh}$ と書ける．このとき，h, t が従う微分方程式を求めよ．
(3) タンク内の水の高さで時間を計るために，高さ h の変化量が時間 t に比例するように $S_T(h)$ を定めたい．$S_T(h) = S_0 h^n$ とおいたときに，目的を満たすような n，$S_T(h)$

を求めよ.

(4) 高さ h での断面が半径 $r(h)$ の円であるとする. このときの $r(h)$ を求め, 図示せよ.

解答 (1) タンク内の水の変化量は $-S_T(h)\Delta h$, タンクから流出した水の総量は $S_H v \Delta t$ なので, $-S_T(h)\Delta h = S_H v \Delta t$ が成り立つ.

(2) $-S_T(h)\Delta h = S_H v \Delta t \Leftrightarrow -S_T(h)\Delta h = 0.6 S_H \sqrt{2gh}\,\Delta t$

$$\Leftrightarrow \frac{\Delta h}{\Delta t} = -\frac{0.6 S_H \sqrt{2g}}{S_T(h)} h^{1/2}$$

$\Delta t \to 0$ の極限を求めると, $\dfrac{dh}{dt} = -\dfrac{0.6 S_H \sqrt{2g}}{S_T(h)} h^{1/2}$ が得られる.

(3) $\dfrac{dh}{dt} = -\dfrac{0.6 S_H \sqrt{2g}}{S_0 h^n} h^{1/2} \Leftrightarrow \displaystyle\int h^{n-\frac{1}{2}} dh = -\int \dfrac{0.6 S_H \sqrt{2g}}{S_0} dt$

$$\Leftrightarrow -kt + C = h^{n+\frac{1}{2}} \quad (C \text{ は定数})$$

題意を満たすのは h が t の一次関数である場合なので, $n + \dfrac{1}{2} = 1$ より, $n = \dfrac{1}{2}$. したがって, $S_T(h) = S_0 h^{\frac{1}{2}}$ となる.

(4) $S_T(h) = S_0 h^{\frac{1}{2}} = \pi r(h)^2$ より, $r(h) = C h^{\frac{1}{4}}$ (C は定数).

$C = 1$ としたときの h と $r(h)$ の関係を図 3.24 (a) に, タンクの形状を図 (b) にそれぞれ示す.

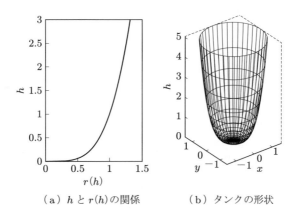

(a) h と $r(h)$ の関係　　(b) タンクの形状

図 3.24

3.7（**地球上からの物体の発射**）物体を地表から真上に発射する. 空気抵抗を無視し, 初速を v_0 とする. 以下の設問に答えよ.

(1) 地球から物体への引力は, 地球の中心から物体までの距離 r の 2 乗に反比例する. このときの鉛直方向の運動方程式を求めよ. 定数として $k > 0$ を利用してよい.

(2) 地球の半径を R, 地表での重力加速度を g としたとき, 速度 v と物体の位置 r が満

たす微分方程式を求めよ.
(3) (2) で導いた微分方程式を解き, $v(r)$ を求めよ.
(4) 物体が地球から脱出する（再び地球に戻ってこない）ことは, 十分に遠い ($r \to \infty$) 場所で速度が 0 に近くなる ($v(r) \to 0$) ことと言い換えられる. 地球の半径を 6400 [km], 重力加速度を 9.8 [m/s^2] としたとき, 物体が地球から脱出できる初速を求めよ.
(5) 初速が (4) で求めた速度の半分であったとき, 物体が地表からどれくらいの高さまで到達するか求めよ.
(6) (4), (5) それぞれの場合に対し, r と v の関係を図示せよ.

解答 (1) 引力 $F \propto -\dfrac{1}{r^2}$ なので, 加速度を a とすると $a = -\dfrac{k}{r^2}$ となる.

(2) $a = -\dfrac{k}{r^2} \Leftrightarrow \dfrac{dv}{dt} = -\dfrac{k}{r^2} \Leftrightarrow \dfrac{dv}{dr} \cdot \dfrac{dr}{dt} = -\dfrac{k}{r^2}$ よって, $v\dfrac{dv}{dr} = -\dfrac{k}{r^2}$

また,
$$-g = -\dfrac{k}{R^2} \Leftrightarrow k = gR^2 \quad \text{よって, } v\dfrac{dv}{dr} = -\dfrac{gR^2}{r^2}$$

(3) $v\dfrac{dv}{dr} = -\dfrac{gR^2}{r^2} \Leftrightarrow \int v\,dv = -\int \dfrac{gR^2 dr}{r^2} \Leftrightarrow \dfrac{v^2}{2} = \dfrac{gR^2}{r} + C$ （C は定数）

$v(R) = v_0$ を代入すると, $\dfrac{v_0^2}{2} = gR + C$ より, $C = \dfrac{v_0^2}{2} - gR$. したがって, $v(r)^2 = \dfrac{2gR^2}{r} + v_0^2 - 2gR$ となる.

(4) $r \to \infty$, $v \to 0$ の極限をとると, $0 = v_0^2 - 2gR \Leftrightarrow v_0 = \sqrt{2gR}$ となる. 値を代入すると, $v_0 \simeq 11200$ [m/s] $= 11.2$ [km/s] となる.

(5) 地球の中心から高さ R' まで到達するとおくと, $v(R')^2 = \dfrac{2gR^2}{R'} + \left(\dfrac{v_0}{2}\right)^2 - 2gR = 0$ が成り立つ. これを解くと, 次式が得られる.

$$R' = \dfrac{2gR^2}{-\left(\dfrac{v_0}{2}\right)^2 + 2gR} = \dfrac{2gR^2}{-\dfrac{gR}{2} + 2gR} = \dfrac{4R}{3}$$

地上からの高さは, $R' - R = \dfrac{R}{3} \simeq 2133$ [km] である.

(6) (4) の場合は $v_0^2 = 2gR$ なので, $v(r)^2 = \dfrac{2gR^2}{r}$ となり, (5) の場合は $v_0^2 = \dfrac{gR}{2}$ なので, $v(r)^2 = \dfrac{2gR^2}{r} - \dfrac{3gR}{2}$ となる. それぞれ図示すると, 図 3.25 となる.

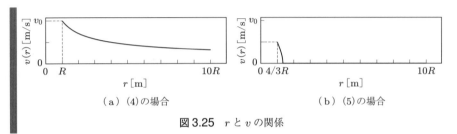

(a)（4）の場合　　　　　　　　（b）（5）の場合

図 3.25　r と v の関係

3.8 （**細胞の成長**）　時刻 $t=0$ で，ある細胞は質量 m_0，半径 r_0 で密度が一定の球体であるとする．細胞は栄養分を含む液体の中にあり，細胞の表面から栄養を吸収して成長する．
　細胞の質量の増加率が表面積に比例する場合，質量が従う微分方程式を導き，解け．また，質量が 2 倍になるまでにかかる時間を求めよ．

解答　比例定数を k とすると，$\dot{m}=kr^2$．質量は r^3 に比例するので，$\dot{m}=km^{\frac{2}{3}}$．変数分離法で解くと，$\int m^{-\frac{2}{3}}dm = \int kdt \Leftrightarrow m^{\frac{1}{3}} = kt + C$ （C は定数）より，$m=(kt+C)^3$ である．

$$m(0)=m_0 \Rightarrow m(0)=C^3=m_0 \quad \text{よって，} \quad m(t)=\left(kt+m_0^{\frac{1}{3}}\right)^3$$

質量が 2 倍になる時刻を T とおくと，$m(T)=\left(kT+m_0^{\frac{1}{3}}\right)^3=2m_0$．したがって，$T=\dfrac{1}{k}\left\{(2m_0)^{\frac{1}{3}}-m_0^{\frac{1}{3}}\right\}$ となる．

3.9 （**お湯の温度変化**）　お湯を室内に放置すると，お湯は冷めて温度が下がる．このとき，お湯の温度 $T(t)$ の変化率はそれ自身の温度と外気温 T_a との差に比例することが知られている．この比例定数を k で表すこととする．
　いま，室温 T_a が時間とともに図 3.26 のように変化するとする．
　$T(0)=80\,[℃]$，$k=1.8\,[\text{h}^{-1}]$ のとき，$T(1)$，$T(3)$，$T(5)$ を求めよ．それぞれ小数第 2 位まで示すこと．

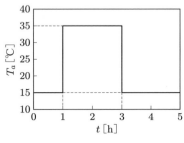

図 3.26　室温の変化

解答　T_a が一定の場合，章末問題 3.1 より $T(t)$ は $\dot{T}(t)=k\{T_a-T(t)\}$ に従い，これを解くと $T(t)=T_a+(T_0-T_a)e^{-kt}$ が成り立つ（$T(0)=T_0$ とした）．
- $0<t\leq 1$ の場合
$T(t)=15+(80-15)e^{-1.8t}$ なので，$T(1)=80+(80-15)e^{-1.8}\simeq 25.74\,[℃]$.

- $1 < t \leq 3$ の場合

  $T(t) = 35 + \{T(1) - 35\}e^{-1.8(t-1)}$ なので，$T(3) = 35 + \{T(1) - 35\}e^{-3.6} \simeq 34.75\,[℃]$．

- $3 < t \leq 5$ の場合

  $T(t) = 15 + \{T(3) - 15\}^{-1.8(t-3)}$ なので，$T(5) = 15 + \{T(3) - 15\}e^{-3.6} \simeq 15.54\,[℃]$．

[補足 1] お湯（水）の温度は外気温に向かって指数的に収束していくことがわかる．このことは，熱いお湯は急激に冷め，室温に近くなるとゆっくり冷めるという日常の感覚とも一致している．

$T(t)$, $T_a(t)$ を図示すると図 3.27 となる．

[補足 2] 微分方程式を立てる際，符号を誤ると $T(t) = T_a + Ce^{kt}$（C は定数）となる．定数 k は正としているので，この解では時間とともに温度が際限なく上昇する．これは明らかに物理法則に反しているので，そのような解が得られた場合は，元の微分方程式が誤っていないか検算する必要がある．

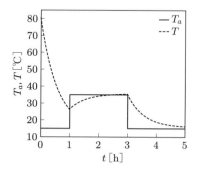

図 3.27　$T(t)$ と $T_a(t)$ の関係

3.10（**お湯の温度変化 (2)**）　外気温が周期的に変化する場合のお湯の温度変化について考える．前問同様，お湯の温度 $T(t)$ の変化率はそれ自身の温度と外気温 $T_a(t)$ との差に比例することが知られており，この比例定数を k で表すこととする．

外気温 $T_a(t)$ が，平均気温 T_e，最高気温と最低気温の差 $2T_{diff}$，周期 τ の正弦波に従って変化するとき，お湯の温度 $T(t)$ が従う微分方程式を導き，解け．

また，「保温機能が高い容器」とはどの値がどのようになっている（例：大きい，小さい，0 に近い，…など）ものと説明できるか．

解答　$T_a(t) = T_e + T_{diff} \sin \dfrac{2\pi}{\tau} t$．よって，

$$\dot{T} = k\{T(t) - T_a(t)\} \Leftrightarrow \dot{T} = k\left(T(t) - T_e - T_{diff} \sin \dfrac{2\pi}{\tau} t\right)$$

を解く（各自の演習とする）．

k の値が 0 に近くなればなるほど $\dot{T}$ も小さくなる．つまり温度変化が小さくなるので保温機能が高いことになる．

3.11（**浮力**）　円柱状の浮きが軸を鉛直方向にして水中に浮かんでいる（一部は水中に，一部は水面から上に出ている）．これを少し（一部が水面から上に残っているように）鉛直

下向きに押し沈めてから離す．このとき，水の密度は一定，かつ浮きと水との摩擦を無視できると仮定する．

　この運動が従う微分方程式を導き，どのような運動をするか述べよ．微分方程式を導く際には，適切な定数・変数を自分自身で定義し，根拠となる物理法則を明記した導出を示せ．

解答　アルキメデスの原理より，押し沈めた長さと浮力の大きさの関係より，x を浮きが水面から出ている高さとすると，$\ddot{x} = -ax$（$a > 0$ は定数）の形式の微分方程式となる．したがって，この運動は振動である．

3.12　室温 $T_a(t)$ が時間とともに図 3.28 のように変化する．$t \geq 24\,[\mathrm{h}]$ 以降では $24\,[\mathrm{h}]$ 周期で同じ室温が繰り返されるものとする．

(1) 室温 $T_a(t)\,[℃]$ の室内に温度 $T(t)\,[℃]$ のお湯をおいたとき，お湯の温度の変化率は室温とその時点でのお湯の温度の差に比例する．お湯の量は少なく，室温への影響は無視できると仮定し，比例定数を $k > 0$ としたとき，$T(t)$ が満たすべき微分方程式を求めよ．

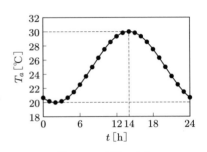

図 3.28　室温の変化

(2) $T_a(t)$ を式で表せ．
(3) $T(t)$ の特殊解 $T_s(t)$ を求めよ．
(4) $T(t)$ の特殊解 $T_s(t)$ の最大値と最小値の差を求めよ．また，k の大小によりこの差がどう変化するかを k の定性的な意味と関連させて説明せよ．

解答　(1) $\dfrac{dT}{dt} = k\{T_a(t) - T(t)\}$

(2)（略解）図 3.28 より，$T_a = 25 + 5\cos\left(\dfrac{2\pi}{24}(t-14)\right) = 25 + 5\cos\left(\dfrac{\pi}{12}(t-14)\right)$

(3) T は $\dot{T} + kT = kT_a$ に従うので，

$$\dot{T} + kT = 25k + 5k\cos\left(\dfrac{\pi}{12}(t-14)\right) \quad \cdots (*)$$

非斉次方程式の特殊解を $T_s = C + A\cos\left(\dfrac{\pi}{12}(t-14)\right) + B\sin\left(\dfrac{\pi}{12}(t-14)\right)$ とし，$(*)$ に代入すると，

$$\dot{T} + kT = \left(kA + \dfrac{\pi}{12}B\right)\cos\left(\dfrac{\pi}{12}(t-14)\right) + \left(-\dfrac{\pi}{12}A + kB\right)\sin\left(\dfrac{\pi}{12}(t-14)\right) + kC$$

となる．したがって，

$$\begin{cases} C = 25 \\ kA + \dfrac{\pi}{12}B = 5k \\ -\dfrac{\pi}{12}A + kB = 0 \end{cases}$$

でなくてはならない．これを解くと，$A = 5k\dfrac{k}{\omega^2 + k^2}$，$B = 5k\dfrac{\omega}{\omega^2 + k^2}$．$\omega = \dfrac{\pi}{12}$．したがって，以下のように特殊解が得られる．

$$T_s = 25 + 5k\dfrac{k}{\omega^2 + k^2}\cos\left(\dfrac{\pi}{12}(t-14)\right) + 5k\dfrac{\omega}{\omega^2 + k^2}\sin\left(\dfrac{\pi}{12}(t-14)\right),$$

$$\omega = \dfrac{\pi}{12}$$

(4) 三角関数の合成 $a\cos\omega t + b\sin\omega t = \sqrt{a^2+b^2}\cos(\omega t + \gamma)$ の関係を用いると，T_s の振幅は

$$\sqrt{A^2 + B^2} = 5\sqrt{\dfrac{k^2}{k^2 + \omega^2}} = 5\sqrt{\dfrac{1}{1 + \left(\dfrac{\omega}{k}\right)^2}}$$

となる．したがって，最大値と最小値の差は，$2 \times 5\sqrt{\dfrac{1}{1 + \left(\dfrac{\omega}{k}\right)^2}}$ である．

- k が大きい場合

  $\omega/k \to 0$ となるため，温度差は $10\,[℃]$ に近づく．これは T_a の最大の温度差と同じである．

  k が大きいことは T の変化率が大きい，つまり温まりやすい（冷めやすい）ことを示しており，そのため物体の温度差は室温の温度差と等しくなる．

- k が小さい場合

  $k \to 0$ とすると温度差は $0\,[℃]$ に近づく．

  k が小さいことは T の変化率が小さい，つまり温まりにくい（冷めにくい）ことを示しており，そのため室温が変化しても物体の温度は変化しにくくなる．

3.13（**放射性元素の多重崩壊**）　放射性元素の中には，崩壊した後もさらに放射性元素であるようなものが存在する．

元の放射性元素を A とする．一つの A はある確率で崩壊して一つの B となるとする．さらに，一つの B も崩壊して一つの C となる．C は安定した崩壊しない元素とする．

時刻 $t=0$ で空間中に元素 A のみが濃度 $f_A(0)$ だけ存在し，A から B，B から C への崩壊の定数をそれぞれ k_{AB}，k_{BC}（いずれも 0 でないとする）としたとき，それぞれの元

素の濃度 $f_A(t)$, $f_B(t)$ が満たすべき連立微分方程式を示し，解け．

解答
- 元素 A の濃度変化
  元素 A は崩壊するのみであるので，$\dot{f}_A = -k_{AB} f_A$ $\cdots (*)$
- 元素 B の濃度変化
  元素 B は元素 A からの崩壊により増加し，それ自身の崩壊により減少するので，
  $\dot{f}_B = k_{AB} f_A - k_{BC} f_B$ $\cdots (**)$

$(**)$ より，$f_A = \dfrac{1}{k_{AB}}(\dot{f}_B + k_{BC} f_B)$．これを $(*)$ に代入して，

$$(*) \Leftrightarrow \frac{1}{k_{AB}}(\ddot{f}_B + k_{BC} \dot{f}_B) = -\dot{f}_B - k_{BC} f_B$$

$$\Leftrightarrow \ddot{f}_B + (k_{AB} + k_{BC})\dot{f}_B + k_{AB} k_{BC} f_B = 0$$

が成り立つ．特性方程式を立てて解くと $\lambda = -k_{AB}, -k_{BC}$ となる．これらの値が等しいかどうかで，解の形が異なるので，場合分けする．

- $k_{AB} \neq k_{BC}$ の場合
  $f_B(t) = C_1 e^{-k_{AB} t} + C_2 e^{-k_{BC} t}$, $f_B(0) = 0 \Leftrightarrow C_1 + C_2 = 0$

  $(**) \Leftrightarrow -k_{AB} C_1 e^{-k_{AB} t} - k_{BC} C_2 e^{-k_{BC} t}$
  $= k_{AB} f_A - k_{BC}(C_1 e^{-k_{AB} t} + C_2 e^{-k_{BC} t})$

  $t = 0$ を代入すると，$-k_{AB} C_1 - k_{BC} C_2 = k_{AB} f_A(0) - k_{BC}(C_1 + C_2)$

  よって，$C_1 = \dfrac{k_{AB} f_A(0)}{-k_{AB} + k_{BC}}$, $C_2 = -\dfrac{k_{AB} f_A(0)}{-k_{AB} + k_{BC}}$

  したがって，$f_B(t) = \dfrac{k_{AB} f_A(0)}{-k_{AB} + k_{BC}}(e^{-k_{AB} t} - e^{-k_{BC} t})$.

- $k_{AB} = k_{BC}$ の場合
  $f_B(t) = (C_1 + C_2 t) e^{-k_{AB} t}$, $f_B(0) = 0 \Leftrightarrow C_1 = 0$

  $(**) \Leftrightarrow (1 - k_{AB} t) C_2 e^{-k_{AB} t} = k_{AB} f_A - k_{BC} C_2 t e^{-k_{AB} t}$

  $t = 0$ を代入すると，$C_2 = k_{AB} f_A(0)$.

  したがって，$f_B(t) = k_{AB} f_A(0) t e^{-k_{AB} t}$.

Chapter 4

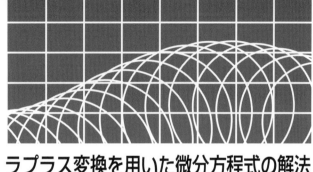

ラプラス変換を用いた微分方程式の解法

　前章で，微分方程式の解法として，変数分離法，特性方程式，未定係数法などを学んだ．本章では，ある特定の形の微分方程式を，ラプラス変換という変換方法と四則演算のみに帰着して簡単に解くことができる解法を紹介する．

4.1　ラプラス変換

4.1.1　ラプラス変換の定義

定義 4.1（ラプラス変換）　時間 t の関数 $f(t)$ に対する**ラプラス変換(Laplace transform)** を次式で定義する．$f(t)$ は $t<0$ で $f(t)=0$ であると仮定する．

$$F(s) = \int_0^\infty f(t)e^{-st}dt \tag{4.1}$$

ここで，$s = \sigma + j\omega\ (\sigma > 0)$ は複素数である．

　ラプラス変換により，時間 t の関数 $f(t)$ が複素数 s の関数 $F(s)$ に変換される．ラプラス変換の記号として $\mathcal{L}$ を利用し，次式で表す．

$$F(s) = \mathcal{L}(f(t)) \tag{4.2}$$

　ラプラス変換した後の関数は大文字で書くのが慣習である．また，s の関数であることを明示するために，$F(s)$ のように変数を明示する．

定理 4.1（ラプラス変換の性質：線形性）　$\mathcal{L}(f_1(t)) = F_1(s)$, $\mathcal{L}(f_2(t)) = F_2(s)$, a_1, a_2 を定数とすると，次式が成り立つ．

$$\mathcal{L}(a_1 f_1(t) + a_2 f_2(t)) = \mathcal{L}(a_1 f_1(t)) + \mathcal{L}(a_2 f_2(t)) = a_1 \mathcal{L}(f_1(t)) + a_2 \mathcal{L}(f_2(t))$$
$$= a_1 F_1(s) + a_2 F_2(s) \tag{4.3}$$

4.1.2 ラプラス変換と微積分

ラプラス変換では，これから示すように，t での微積分が s での四則演算になるという性質がある．

定理 4.2（ラプラス変換の性質：微積分） $F(s) = \mathcal{L}(f(t))$ とする．このとき，

$$\mathcal{L}(\dot{f}(t)) = \int_0^\infty \frac{df(t)}{dt} e^{-st} dt = [f(t)e^{-st}]_0^\infty + s\int_0^\infty f(t)e^{-st}dt = sF(s) - f(0)$$

である．同様に，$\mathcal{L}(\ddot{f}(t)) = s^2 F(s) - sf(0) - \dot{f}(0)$ が成り立つ．

一般化すると，

$$\mathcal{L}\left(\frac{d^n f(t)}{dt^n}\right) = s^n F(s) - \sum_{k=0}^{n-1} s^{n-k-1} \frac{d^k f(t)}{dt^k}\bigg|_{t=0}$$

が成り立つ．

また，積分に関するラプラス変換は，

$$\mathcal{L}\left(\int f(t)dt\right) = \int_0^\infty \left(\int f(t)dt\right) e^{-st} dt = \int_0^\infty \left(\int f(t)dt\right) \left(-\frac{1}{s}e^{-st}\right)' dt$$

$$= \left[\left(-\frac{1}{s}e^{-st}\right)\left(\int f(t)dt\right)\right]_0^\infty + \frac{1}{s}\int_0^\infty f(t)e^{-st}dt$$

$$= \frac{F(s)}{s} + \frac{1}{s}\int f(t)dt\bigg|_{t=0}$$

となる．

とくに，定積分のラプラス変換は，$\mathcal{L}\left(\int_0^t f(\tau)d\tau\right) = \dfrac{F(s)}{s}$ となる．

この性質を利用すると，微分方程式はラプラス変換することにより，s に関する式に変形できる．

例 4.1 微分方程式 $\dot{f} + 2f = 0$ $(f(0) = 3)$ の両辺をラプラス変換すると，

$$\mathcal{L}(\dot{f} + 2f) = 0 \iff sF(s) - f(0) + 2F(s) = 0$$

$$\iff (s+2)F(s) = f(0) \quad \text{よって，} \quad F(s) = \frac{3}{s+2}$$

となる．したがって，$f(t)$ はラプラス変換することで $\dfrac{3}{s+2}$ になる関数であることがわかる．

例 4.1 では，あとは「ラプラス変換することで $\dfrac{3}{s+2}$ になる関数」を見つけることができれば，微分方程式が解けたことになる．$F(s)$ に対して対応する $f(t)$ を見つけることを**ラプラス逆変換(inverse Laplace transform)** とよび，$\mathcal{L}^{-1}$ で表す．ラプラス逆変換も（ラプラス変換と同様に）積分で定義されるが，こちらの積分は複素関数に関する知識が必要となるので，定義から真正面に取り組むのはやや難しい．そこで，微分方程式でよく現れる関数とそのラプラス変換を以下で求める．また，表をまとめておき，その表を参照することで逆変換を行うこととしよう．

これまでの微分方程式の解法で頻繁に出現した関数は何だっただろうか？ そう，指数関数である．まずは指数関数のラプラス変換を求めてみよう．

例 4.2（指数関数のラプラス変換）

$$\mathcal{L}\left(e^{at}\right) = \int_0^\infty e^{at} e^{-st} dt = \int_0^\infty e^{(a-s)t} dt = \left[\frac{1}{a-s} e^{(a-s)t}\right]_0^\infty$$

$$= \lim_{t \to \infty} \frac{1}{a-s} e^{(a-s)t} - \frac{1}{a-s},$$

ここで，$\displaystyle\lim_{t \to \infty} \frac{1}{a-s} e^{(a-s)t} = \lim_{t \to \infty} \frac{1}{a-(\sigma+j\omega)} e^{(a-\sigma-j\omega)t} = \lim_{t \to \infty} \frac{1}{a-(\sigma+j\omega)} e^{(a-\sigma)t} e^{-j\omega t}$ において，$a - \sigma < 0$ が成り立つように σ を選ぶと，$\displaystyle\lim_{t \to \infty} \frac{1}{a-s} e^{(a-s)t} = 0$.

したがって，$\mathcal{L}(e^{at}) = \dfrac{1}{s-a}$ であり，$\mathcal{L}^{-1}\left(\dfrac{1}{s-a}\right) = e^{at}$ となる．

これを利用すると，例 4.1 の続きは以下となる．

例 4.3（例 4.1 の続き） $\quad \mathcal{L}(f(t)) = \dfrac{3}{s+2} \;\Leftrightarrow\; f(t) = \mathcal{L}^{-1}\left(\dfrac{3}{s+2}\right) = 3e^{-2t}$

よって，$f(t) = 3e^{-2t}$ となる．

この結果は変数分離法などで解いた結果と一致している．もちろん，解法によって答えが変わることがあってはいけないので，これは当然の結論である．

これまでの微分方程式の中でよく現れていた関数は，
- 多項式（定数，一次関数など）
- 指数関数
- 三角関数

などである．これらに加え，今後利用するいくつかの関数に対するラプラス変換を示そう．

例 4.4（指数関数のラプラス変換 (2)）

$$\mathcal{L}(te^{at}) = \int_0^\infty te^{at}e^{-st}dt = \int_0^\infty t\left(-\frac{1}{s-a}e^{-(s-a)t}\right)'dt$$

$$= \left[t\left(-\frac{1}{s-a}e^{-(s-a)t}\right)\right]_0^\infty + \frac{1}{s-a}\int_0^\infty e^{-(s-a)t}dt = \frac{1}{(s-a)^2}$$

よって，$\mathcal{L}(te^{at}) = \dfrac{1}{(s-a)^2}$ となる．

［補足］ 後述する**推移定理**を利用して導くこともできる．

例 4.5（多項式のラプラス変換）

$$\mathcal{L}(1) = \int_0^\infty 1 \cdot e^{-st}dt = \left[-\frac{1}{s}e^{-st}\right]_0^\infty = \frac{1}{s}$$

$$\mathcal{L}(t) = \int_0^\infty t \cdot e^{-st}dt = \left[-\frac{1}{s}te^{-st}\right]_0^\infty + \frac{1}{s}\int_0^\infty e^{-st}dt = \frac{1}{s^2}$$

$$\mathcal{L}(t^n) = \frac{n!}{s^{n+1}} \quad \text{（導出は演習問題 4.3 とする）}$$

ここで，よく利用される以下の二つの関数を定義する．

定義 4.2（単位ステップ関数）

$$u(t) = \begin{cases} 0 & (t < 0) \\ 1 & (t \geq 0) \end{cases}$$

を**単位ステップ関数**(unit step function) とよぶ．

定義 4.3（単位インパルス関数）

$$\delta(t) = \begin{cases} 0 & (t \neq 0) \\ \infty & (t = 0) \end{cases}, \quad \int_{-\infty}^\infty \delta(t)dt = 1$$

を**単位インパルス関数**(unit impulse function) とよぶ．

「ステップ」は「段」という意味（階段の 1 段を英語では "step" とよぶ）であり[†]，「単位」は大きさが 1 であることを示している．ステップ関数は，ある時刻で瞬時に信

[†] 古い書籍では，この関数を「単位階段関数」と訳しているものもある．

号が切り替わる様子を表しており，後で示すように回路のスイッチを開閉する動作を数学的に表す場合などに用いられる．

"impulse" は「衝撃」という意味があり[†]，ある非常に短い時間に外から力や信号が加わる様子を表している．具体的には，ハンマーで物体を叩くとき，当たっている時間は非常に短いのでインパルス関数で近似される．また，雷による電磁波も非常に短い時間で発生しているので，これもインパルス関数で近似される．

それぞれの概形を図 4.1 に示す．

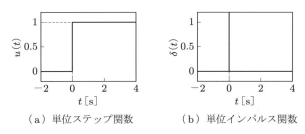

(a) 単位ステップ関数　　(b) 単位インパルス関数

図 4.1　単位ステップ関数と単位インパルス関数

単位ステップ関数 $u(t)$ を利用すると，「一定時間のみ電圧がかかる」ような状況を簡潔に記述できる．たとえば，$0 \leq t \leq 1$ のみ 1 であるような関数は $u(t) - u(t-1)$ で表される（図 4.2）．

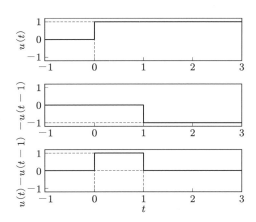

図 4.2　ステップ関数の利用法

[†] ほかにも「力積」という訳語もある．

例 4.6（単位ステップ関数，単位インパルス関数のラプラス変換）

$$\mathcal{L}(u(t)) = \int_0^\infty u(t)e^{-st}dt = \int_0^\infty e^{-st}dt = \frac{1}{s}$$

単位インパルス関数は，$\delta(t) = \begin{cases} 0 & (t < 0, \ \Delta \leq t) \\ \dfrac{1}{\Delta} & (0 \leq t < \Delta) \end{cases}$ に対し，$\Delta \to 0$ とした極限と

定義することができる．この形式でラプラス変換を計算すると，

$$\mathcal{L}(\delta(t)) = \int_0^\infty \delta(t)e^{-st}dt = \lim_{\Delta \to 0} \int_0^\Delta \frac{1}{\Delta}e^{-st}dt = \lim_{\Delta \to 0} \frac{1}{\Delta}\left[-\frac{1}{s}e^{-st}\right]_0^\Delta = \lim_{\Delta \to 0} \frac{1 - e^{-\Delta s}}{\Delta s}$$

となる．$e^{-\Delta s}$ をテイラー展開すると，$e^{-\Delta s} = 1 + (-\Delta s) + \dfrac{1}{2}(-\Delta s)^2 + \cdots$ であり，これを代入すると，次式が得られる．

$$\mathcal{L}(\delta(t)) = \lim_{\Delta \to 0} \frac{1 - e^{-\Delta s}}{\Delta s} = \lim_{\Delta \to 0} \frac{1 - \left\{1 + (-\Delta s) + \dfrac{1}{2}(-\Delta s)^2 + \cdots\right\}}{\Delta s}$$

$$= \lim_{\Delta \to 0}\left(1 - \frac{1}{2}(\Delta s) + (\Delta s \text{ の二次以上の項})\right) = 1$$

例 4.7（三角関数のラプラス変換）

$$\mathcal{L}(\sin \omega t) = \mathcal{L}\left(\frac{e^{j\omega t} - e^{-j\omega t}}{2j}\right) = \frac{1}{2j}\{\mathcal{L}(e^{j\omega t} - e^{-j\omega t})\} = \frac{1}{2j}\left(\frac{1}{s - j\omega} - \frac{1}{s + j\omega}\right)$$

$$= \frac{\omega}{s^2 + \omega^2} \quad \text{よって，} \quad \mathcal{L}(\sin \omega t) = \frac{\omega}{s^2 + \omega^2}$$

$$\mathcal{L}(\cos \omega t) = \frac{s}{s^2 + \omega^2} \quad \text{（導出は演習問題 4.4 とする）}$$

$$\mathcal{L}(t \sin \omega t) = \mathcal{L}\left(\frac{te^{j\omega t} - te^{-j\omega t}}{2j}\right) = \frac{1}{2j}\left\{\frac{1}{(s - j\omega)^2} - \frac{1}{(s + j\omega)^2}\right\}$$

$$= \frac{1}{2j}\left\{\frac{1}{(s^2 - \omega^2) - 2j\omega s} - \frac{1}{(s^2 - \omega^2) + 2j\omega s}\right\}$$

$$= \frac{2\omega s}{\{(s^2 - \omega^2) - 2j\omega s\}\{(s^2 - \omega^2) + 2j\omega s\}} = \frac{2\omega s}{(s^2 + \omega^2)^2}$$

$$\mathcal{L}(t \cos \omega t) = \frac{s^2 - \omega^2}{(s^2 + \omega^2)^2} \quad \text{（導出は演習問題 4.4 とする）}$$

例 4.8（推移定理）

- **時間に関する推移定理**

$\tau > 0$ とする．$\mathcal{L}(f(t-\tau)) = \int_0^\infty f(t-\tau)e^{-st}dt$

$t - \tau = \tilde{t}$ とおくと，$t = \tilde{t} + \tau$,

t	0	$\to$	∞
$\tilde{t}$	$-\tau$	$\to$	∞

, $\dfrac{d\tilde{t}}{dt} = 1$ より，

$$\mathcal{L}(f(t-\tau)) = \int_{-\tau}^\infty f(\tilde{t})e^{-s(\tilde{t}+\tau)}d\tilde{t} = e^{-s\tau}\int_{-\tau}^\infty f(\tilde{t})e^{-s\tilde{t}}d\tilde{t}$$

$$= e^{-s\tau}\int_0^\infty f(\tilde{t})e^{-s\tilde{t}}d\tilde{t} \quad (t < 0 \Rightarrow f(t) = 0 \text{ より})$$

$$= e^{-s\tau}F(s) \quad \text{よって，} \quad \mathcal{L}(f(t-\tau)) = e^{-s\tau}F(s)$$

- **周波数に関する推移定理**

$\mathcal{L}(e^{-at}f(t)) = F(s+a)$ （証明は演習問題 4.5 とする）

例 4.9（相似定理）

a は実数の定数とすると，$\mathcal{L}(f(at)) = \dfrac{1}{a}F\left(\dfrac{s}{a}\right)$ （証明は演習問題 4.6 とする）．

例 4.10（畳み込み）

$f(t) = \int_0^t f_1(\tau)f_2(t-\tau)d\tau$ とすると，$\mathcal{L}(f(t)) = F_1(s)F_2(s)$ （証明は演習問題 4.7 とする）．

これらの性質をまとめると，表 4.1 となる．

例 4.11（ラプラス変換の例）

1. $\mathcal{L}(u(t-2)) = e^{-2s}\mathcal{L}(u(t)) = \dfrac{e^{-2s}}{s}$

2. $\mathcal{L}(e^{-2t}\cos 4t)$ は，推移定理より $\mathcal{L}(\cos 4t) = \dfrac{s}{s^2 + 16}$ の s を $s+2$ に置き換えて得られる．したがって，次式が得られる．

$$\mathcal{L}(e^{-2t}\cos 4) = \dfrac{s+2}{(s+2)^2 + 16}$$

3. $\mathcal{L}(te^{-3t})$ は，推移定理より $\mathcal{L}(t) = \dfrac{1}{s^2}$ の s を $s+3$ に置き換えて得られる．したがって，次式が得られる．

$$\mathcal{L}(te^{-3t}) = \dfrac{1}{(s+3)^2}$$

表 4.1　ラプラス変換の性質

	$f(t) = \mathcal{L}^{-1}(F(s))$	$F(s) = \mathcal{L}(f(t))$
線形性	$a_1 f_1(t) + a_2 f_2(t)$	$a_1 F_1(s) + a_2 F_2(s)$
微分	$\dfrac{df(t)}{dt}$	$sF(s) - f(0)$
	$\dfrac{d^2 f(t)}{dt^2}$	$s^2 F(s) - sf(0) - \dot{f}(0)$
	$\dfrac{d^n f(t)}{dt^n}$	$s^n F(s) - \displaystyle\sum_{k=0}^{n-1} s^{n-k-1} \left.\dfrac{d^k f(t)}{dt^k}\right|_{t=0}$
積分	$\displaystyle\int f(t)dt$	$\dfrac{F(s)}{s} + \dfrac{1}{s} \left.\displaystyle\int f(t)dt\right|_{t=0}$
	$\displaystyle\int_0^t f(\tau)d\tau$	$\dfrac{F(s)}{s}$
推移定理	$f(t-\tau)$	$e^{-s\tau} F(s)$
	$e^{-at} f(t)$	$F(s+a)$
相似定理	$f(at)$	$\dfrac{1}{a} F\left(\dfrac{s}{a}\right)$
畳み込み	$\displaystyle\int_0^t f_1(\tau) f_2(t-\tau) d\tau$	$F_1(s) F_2(s)$
指数関数	e^{at}	$\dfrac{1}{s-a}$
	te^{at}	$\dfrac{1}{(s-a)^2}$
三角関数	$\sin \omega t$	$\dfrac{\omega}{s^2 + \omega^2}$
	$\cos \omega t$	$\dfrac{s}{s^2 + \omega^2}$
	$t \sin \omega t$	$\dfrac{2\omega s}{(s^2 + \omega^2)^2}$
	$t \cos \omega t$	$\dfrac{s^2 - \omega^2}{(s^2 + \omega^2)^2}$
多項式	1	$\dfrac{1}{s}$
	t	$\dfrac{1}{s^2}$
	t^n	$\dfrac{n!}{s^{n+1}}$
単位インパルス	$\delta(t)$	1
単位ステップ	$u(t)$	$\dfrac{1}{s}$

$F(s)$ の逆変換は，表 4.1 を参照して対応する $f(t)$ を探すことで行う．複雑な形の場合は単純な形に分解してから行う．

例 4.12（ラプラス逆変換の例）

(1) $\mathcal{L}^{-1}\left(\dfrac{1}{s+1}\right) = e^{-t}$

(2) $\mathcal{L}^{-1}\left(\dfrac{1}{(s+1)(s+2)}\right)$

$\dfrac{1}{(s+1)(s+2)} = \dfrac{1}{s+1} - \dfrac{1}{s+2}$ と分解して，次式が得られる．

$$\mathcal{L}^{-1}\left(\dfrac{1}{(s+1)(s+2)}\right) = \mathcal{L}^{-1}\left(\dfrac{1}{s+1}\right) - \mathcal{L}^{-1}\left(\dfrac{1}{s+2}\right) = e^{-t} - e^{-2t}$$

(3) $\mathcal{L}^{-1}\left(\dfrac{s}{(s+1)^2}\right)$

$\dfrac{s}{(s+1)^2} = \dfrac{s+1}{(s+1)^2} - \dfrac{1}{(s+1)^2} = \dfrac{1}{s+1} - \dfrac{1}{(s+1)^2}$ と変形する．$F(s) = \dfrac{1}{s^2}$ に対して $\dfrac{1}{(s+1)^2} = F(s+1)$ であることを利用すると，次式が得られる．

$$(与式) = e^{-t} - e^{-t} \cdot t = (1-t)e^{-t}$$

(4) $\mathcal{L}^{-1}\left(\dfrac{s}{(s+1)^2 + 1}\right)$

$\dfrac{s}{(s+1)^2 + 1} = \dfrac{s+1}{(s+1)^2 + 1} - \dfrac{1}{(s+1)^2 + 1}$ と変形する．それぞれ $\dfrac{s}{s^2 + 1^2}$，$\dfrac{1}{s^2 + 1}$ に対して $s \to s+1$ と置き換えたものなので，推移定理が利用でき，次式が得られる．

$$(与式) = e^{-t} \cos t - e^{-t} \sin t$$

演習問題

4.1 $\mathcal{L}\left(\dfrac{d^n f(t)}{dt^n}\right) = s^n F(s) - \displaystyle\sum_{k=0}^{n-1} s^{n-k-1} \left.\dfrac{d^k f(t)}{dt^k}\right|_{t=0}$ を証明せよ．

解答 （略解） $\mathcal{L}\left(\dfrac{d^n f(t)}{dt^n}\right) = F_n(s)$ とする．

$$\frac{d^n f(t)}{dt^n} = \frac{d}{dt}\frac{d^{n-1} f(t)}{dt^{n-1}} \quad \text{と} \quad \mathcal{L}(\dot{f}(t)) = sF(s) - f(0) \text{ を利用すると,}$$

$$\mathcal{L}\left(\frac{d^n f(t)}{dt^n}\right) = F_n(s) = sF_{n-1}(s) - f^{n-1}(0) = s(sF_{n-2}(s) - f^{n-2}(0)) - f^{n-1}(0) = \cdots$$

となる．繰り返し適用すると，与式を得る．

4.2 $\mathcal{L}\left(\int_0^t f(\tau) d\tau\right) = \dfrac{F(s)}{s}$ を証明せよ．

解答（略解） $\displaystyle\int_0^t f(\tau) d\tau = \int f(t) dt - \int f(\tau) d\tau\bigg|_{\tau=0}$ を利用する．

4.3 $\mathcal{L}(t^n)$ を求めよ．

解答（略解） $\mathcal{L}(t^n) = F(s)$ とすると，$\dfrac{d^n}{dt^n} t^n = n!$ なので，

$$\mathcal{L}\left(\frac{d^n}{dt^n} t^n\right) = s^n F(s) = \mathcal{L}(n!) = \frac{n!}{s} \quad \text{よって,} \quad F(s) = \frac{n!}{s^{n+1}}$$

4.4 (1) $\mathcal{L}(\cos\omega t)$ を求めよ． (2) $\mathcal{L}(t\cos\omega t)$ を求めよ．

解答（略解） (1) $\cos\omega t = \dfrac{e^{j\omega t} + e^{-j\omega t}}{2}$ を利用すると，$F(s) = \dfrac{s}{s^2 + \omega^2}$.

(2) $t\cos\omega t = \dfrac{te^{j\omega t} + te^{-j\omega t}}{2}$ を利用すると，$F(s) = \dfrac{s^2 - \omega^2}{(s^2 + \omega^2)^2}$.

4.5 $\mathcal{L}(e^{-at} f(t)) = F(s+a)$ （a は定数）を証明せよ．

解答 $\mathcal{L}(e^{-at} f(t)) = \displaystyle\int_0^\infty e^{-at} f(t) e^{-st} dt = \int_0^\infty f(t) e^{-(s+a)t} dt = F(s+a)$

4.6 $\mathcal{L}(f(at)) = \dfrac{1}{a} F\left(\dfrac{s}{a}\right)$ （a は定数）を証明せよ．

解答（略解） $\mathcal{L}(f(at)) = \displaystyle\int_0^\infty f(at) e^{-st} dt$ に対し，$\tilde{t} = at$ と置換する．

4.7 $f(t) = \displaystyle\int_0^t f_1(\tau) f_2(t-\tau) d\tau$ とすると，$\mathcal{L}(f(t)) = F_1(s) F_2(s)$ となることを証明せよ．

解答
$$\mathcal{L}(f(t)) = \int_0^\infty \left(\int_0^t f_1(\tau) f_2(t-\tau) d\tau\right) e^{-st} dt$$

$$= \int_0^\infty \left(\int_0^\infty f_1(\tau) f_2(t-\tau) d\tau\right) e^{-st} dt \quad (\because t-\tau < 0 \ \Rightarrow \ f_2(t-\tau) = 0)$$

$$= \int_0^\infty \left(\int_0^\infty f_2(t-\tau)e^{-st}dt \right) f_1(\tau)d\tau = \int_0^\infty F_2(s)e^{-s\tau}f_1(\tau)d\tau$$

$$= F_2(s) \int_0^\infty f_1(\tau)e^{-s\tau}d\tau = F_1(s)F_2(s)$$

4.8 以下の関数 $f(t)$ のラプラス変換 $F(s) = \mathcal{L}(f(t))$ を求めよ．適宜表 4.1 を利用してよい†．

(1) e^{2t} (2) $\sin 3t$ (3) $4\cos 0.5t$ (4) $e^{-2t}(2\cos 3t + 3\sin 3t)$ (5) $u(t-5)$

解答 (1) $F(s) = \dfrac{1}{s-2}$ (2) $F(s) = \dfrac{3}{s^2+3^2} = \dfrac{3}{s^2+9}$

(3) $F(s) = 4\dfrac{s}{s^2+0.5^2} = \dfrac{4s}{s^2+0.25}$

(4) $\mathcal{L}(2\cos 3t + 3\sin 3t) = 2\dfrac{s}{s^2+3^2} + 3\dfrac{3}{s^2+3^2} = \dfrac{2s+9}{s^2+9}$ に推移定理を適用する．

$$F(s) = \frac{2(s+2)+9}{(s+2)^2+9} = \frac{2s+13}{s^2+4s+9}$$

(5) $\mathcal{L}(u(t)) = \dfrac{1}{s}$ に推移定理を適用して，$F(s) = \dfrac{e^{-5s}}{s}$ となる．

4.9 以下の関数 $F(s)$ のラプラス逆変換 $f(t) = \mathcal{L}^{-1}(F(s))$ を求めよ．

(1) $\dfrac{2}{s+4}$ (2) $\dfrac{1}{s^2+2}$ (3) $\dfrac{s+1}{(s+1)^2+1}$ (4) $(1+e^{-s}-e^{-2s})\cdot\dfrac{1}{s}$

(5) $\dfrac{e^{-s}s}{s^2+4s+5}$

解答 (1) $f(t) = 2e^{-4t}$

(2) $\dfrac{1}{s^2+2} = \dfrac{1}{\sqrt{2}} \cdot \dfrac{\sqrt{2}}{s^2+\sqrt{2}^2}$ なので，$f(t) = \dfrac{1}{\sqrt{2}}\sin\sqrt{2}\,t$ となる．

(3) $\tilde{F}(s) = \dfrac{s}{s^2+1}$ に対して $F(s) = \tilde{F}(s+1)$ である．$\tilde{f}(t) = \cos t$ に推移定理を適用して，$f(t) = e^{-t}\cos t$ となる．

(4) $\mathcal{L}^{-1}\left(\dfrac{1}{s}\right)$ に推移定理を適用して，$f(t) = u(t) + u(t-1) - u(t-2)$ となる．

(5) $F(s) = \dfrac{e^{-s}s}{s^2+4s+5} = e^{-s}\dfrac{s}{(s+2)^2+1} = e^{-s}\left\{\dfrac{s+2}{(s+2)^2+1} - 2\cdot\dfrac{1}{(s+2)^2+1}\right\}$

推移定理を適用する．

$$\mathcal{L}^{-1}\left\{\dfrac{s+2}{(s+2)^2+1} - 2\cdot\dfrac{1}{(s+2)^2+1}\right\} = e^{-2t}(\cos t - 2\sin t),$$

---

† もちろん，定義に基づいて計算してもよい．

$$f(t) = e^{-2(t-1)}\{\cos(t-1) - 2\sin(t-1)\}u(t-1)$$

[注] 最後に推移定理を適用した後で $u(t-1)$ が付いているが，これは元々ラプラス変換では $t < 0$ で $f(t) = 0$ を仮定していることが理由である．
正確に書くと，

$$\mathcal{L}^{-1}\left\{\frac{s+2}{(s+2)^2+1} - 2 \cdot \frac{1}{(s+2)^2+1}\right\} = e^{-2t}(\cos t - 2\sin t)u(t)$$

のように $u(t)$ をつけて $t < 0$ で $f(t) = 0$ であることを明示しなくてはならないが，簡略化のために書かないことが多い．この問題のように，明示する必要がある場合のみステップ関数を書く．

4.10 図 4.3 のグラフで表される関数 $f(t)$ とそのラプラス変換 $F(s)$ を求めよ．

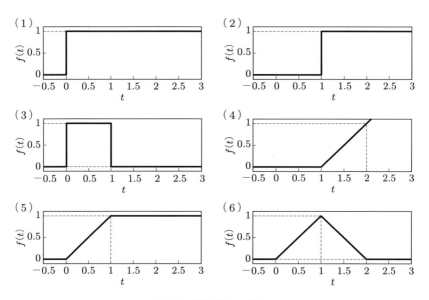

図 4.3 関数 $f(t)$ のグラフ

解答 (1) $f(t) = u(t)$（単位ステップ関数）なので，$F(s) = \dfrac{1}{s}$ となる．

(2) $f(t) = u(t-1)$ なので，推移定理を利用して，$F(s) = \dfrac{e^{-s}}{s}$ となる．

(3) $f(t) = u(t) - u(t-1)$ なので，$F(s) = \dfrac{1}{s} - \dfrac{e^{-s}}{s}$ となる．

(4) $f(t) = t - 1 \ (t \geq 1) \Leftrightarrow (t-1)u(t-1)$ であり，これは $g(t) = t \ (t \geq 0) \Leftrightarrow tu(t)$ を右

に 1 平行移動したものである．したがって，推移定理を利用して，$F(s) = \dfrac{e^{-s}}{s^2}$ となる．

(5) $f(t) = tu(t) - (t-1)u(t-1)$ なので，$F(s) = \dfrac{1}{s^2} - \dfrac{e^{-s}}{s^2}$ となる．

(6) $f(t) = tu(t) - (t-1)u(t-1) - (t-1)u(t-1) + (t-2)u(t-2)$ なので，$F(s) = \dfrac{1}{s^2} - \dfrac{2e^{-s}}{s^2} + \dfrac{e^{-2s}}{s^2}$ となる．

4.2 ラプラス変換を用いた微分方程式の解法

ラプラス変換を用いて微分方程式を解いてみよう．方針は以下のとおりである．

1. 微分方程式をラプラス変換し，$F(s)$，s など，s からなる式に変換する．
   初期条件 $f(0)$，$\dot{f}(0)$ などはこの段階で式に組み込まれる．
2. $F(s) = (s\,の式)$ の形に変形する．
3. 得られた式の両辺をラプラス逆変換し，$f(t) = (t\,の式)$ を求める．

例 4.13（ラプラス変換を利用した解法 (1)）

(1) $f' + f = 0$，$f(0) = 1$

両辺をラプラス変換すると，次式が得られる．

$$sF(s) - f(0) = F(s) = 0 \;\Leftrightarrow\; (s+1)F(s) = 1 \;\Leftrightarrow\; F(s) = \dfrac{1}{s+1}$$

両辺をラプラス逆変換すると，$f(t) = e^{-t}$ となる．

(2) $f' + 2f = u(t)$，$f(0) = 0$

両辺をラプラス変換すると，次式が得られる．

$$sF(s) + 2f(s) = \dfrac{1}{s} \;\Leftrightarrow\; F(s) = \dfrac{1}{s} \cdot \dfrac{1}{s+2}$$

ここで，$\dfrac{1}{s} \cdot \dfrac{1}{s+2}$ はそのままの形では逆変換がわからない（表に載っていない）ので，この式が $\dfrac{a}{s} + \dfrac{b}{s+2}$ の形に変形できるとし，定数 a，b を定める．

$$\dfrac{a}{s} + \dfrac{b}{s+2} = \dfrac{a(s+2) + bs}{s(s+2)} = \dfrac{(a+b)s + 2a}{s(s+2)}$$

これが $\dfrac{1}{s(s+2)}$ と等しいので，$a+b=1$，$2a=1$ の条件が得られる．これを解くと，$a = \dfrac{1}{2}$，$b = -\dfrac{1}{2}$ となるので，$F(s) = \dfrac{1}{2}\left(\dfrac{1}{s} - \dfrac{1}{s+2}\right)$ が得られる．このよ

うに，分数関数の積からなる式を和に分解することを，**部分分数分解**とよぶ．
両辺をラプラス逆変換すると，$f(t) = \dfrac{1}{2}(1 - e^{-2t})$ となる．

(3) $f'' + 3f' + 2f = 0, \ f(0) = 1, \ f'(0) = 0$

両辺をラプラス変換すると，次式が得られる．

$$s^2 F(s) - sf(0) - f'(0) + 3\{sF(s) - f(0)\} + 2F(s) = 0$$

$$\Leftrightarrow \ (s^2 + 3s + 2)F(s) = s + 3 \ \Leftrightarrow \ F(s) = \frac{s+3}{s^2 + 3s + 2} = \frac{2}{s+1} + \frac{-1}{s+2}$$

両辺をラプラス逆変換すると，$f(t) = 2e^{-t} - e^{-2t}$ となる．

(4) $f'' + 4f = \sin 3t, \ f(0) = f'(0) = 0$

両辺をラプラス変換すると，次式が得られる．

$$s^2 F(s) + 4F(s) = \frac{3}{s^2 + 3^2} \ \Leftrightarrow \ F(s) = \frac{1}{s^2 + 4} \cdot \frac{3}{s^2 + 3^2}$$

$$\Leftrightarrow \ F(s) = \frac{3}{5}\left(\frac{1}{s^2 + 4} - \frac{1}{s^2 + 3^2}\right) = \frac{3}{5}\left(\frac{1}{2} \cdot \frac{2}{s^2 + 2^2} - \frac{1}{3} \cdot \frac{3}{s^2 + 3^2}\right)$$

両辺をラプラス逆変換すると，$f(t) = \dfrac{3}{5}\left(\dfrac{1}{2}\sin 2t - \dfrac{1}{3}\sin 3t\right)$ となる．

例 4.13 をよく見てみると，$F(s)$ の分母が 0 となる s の値が，$f(t)$ の中に現れていることがわかる．それぞれを詳しく見てみよう．

(1) $F(s) = \dfrac{1}{s+1}$ なので，(分母) $= 0 \Leftrightarrow s + 1 = 0 \Leftrightarrow s = -1$ となる．

この "-1" は，$f(t) = e^{"-1"t}$ のように，指数関数の指数に現れる．

(2) $F(s) = \dfrac{1}{s} \cdot \dfrac{1}{s+2}$ なので，(分母) $= 0 \Leftrightarrow s(s+2) = 0 \Leftrightarrow s = 0, -2$ となる．

これらも，$f(t) = \dfrac{1}{2}(e^{0t} - e^{-2t})$ の指数に現れている．

(3) $F(s) = \dfrac{s+3}{s^2 + 3s + 2}$ なので，(分母) $= 0 \Leftrightarrow (s+1)(s+2) = 0 \Leftrightarrow s = -1, -2$ となる．

これらも，$f(t) = 2e^{-t} - e^{-2t}$ の指数に現れている．

(4) $F(s) = \dfrac{1}{s^2 + 4} \cdot \dfrac{3}{s^2 + 3^2}$ なので，(分母) $= 0 \ \Leftrightarrow \ s^2 = -4, \ s^2 = -9 \ \Leftrightarrow \ s = \pm 2j, \pm 3j$ となる．

$e^{j\omega t} = \cos \omega t + j \sin \omega t$（オイラーの公式）なので，解に現れている $\sin 2t, \sin 3t$ は $e^{\pm j2t}, e^{\pm j3t}$ に対応している．

このように，$F(s)$ の (分母) $= 0$ を満たす s は，解の特徴を表す重要な性質をもっていることがわかる．これを $F(s)$ の**極 (pole)**[†]とよぶ．

定義 4.4 $f(t)$ に関する線形微分方程式をラプラス変換して得られる $F(s)$ に対し，その分母を 0 とするような s の値を $F(s)$ の**極 (pole)** とよぶ．

例 4.14（ラプラス変換を利用した解法 (2)） $f' + f = u(t) - u(t-1)$，$f(0) = 0$ をラプラス変換を利用して解く．

両辺をラプラス変換すると，$sF(s) + F(s) = \dfrac{1}{s} - \dfrac{e^{-s}}{s}$ より，次式が成り立つ．

$$F(s) = \frac{1}{s+1} \cdot \frac{1-e^{-s}}{s} = (1-e^{-s})\left(\frac{1}{s} - \frac{1}{s+1}\right) = \left(\frac{1}{s} - \frac{1}{s+1}\right) - e^{-s}\left(\frac{1}{s} - \frac{1}{s+1}\right)$$

両辺をラプラス逆変換すると，

$$f(t) = u(t) - e^{-t} - \{u(t-1) - e^{-(t-1)}u(t-1)\}$$
$$= (1-e^{-t})u(t) - (1-e^{-(t-1)})u(t-1)$$

となる．$f(t)$ を図 4.4 に示す．

一番目と二番目のグラフはそれぞれ $u(t)$，$-u(t-1)$ に対する解であり，三番目の

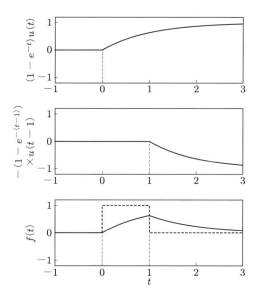

図 4.4 $f' + f = u(t) - u(t-1)$，$f(0) = 0$ の解

[†]「きょく」と読む．

グラフがその和 $u(t) - u(t-1)$ に対する解である．$u(t) - u(t-1)$（三番目のグラフの破線）が 1 のときに $f(t)$ が増加し，0 となった後に緩やかに 0 に収束していることがわかる．

ラプラス変換を利用すれば，もちろん，さまざまな物理現象を表す微分方程式も解くことができる．

例 4.15（ラプラス変換を利用した解法：自由落下） 自由落下（例 2.1 参照）の微分方程式は $\dfrac{d^2 x}{dt^2} = -g$ であり，初期条件を組み込んで両辺をラプラス変換すると，次のようになる．

$$s^2 X(s) - sx(0) - v(0) = -\frac{g}{s} \Leftrightarrow X(s) = -\frac{g}{s^3} + \frac{v(0)}{s^2} + \frac{x(0)}{s}$$

両辺をラプラス逆変換すると，$x(t) = -\dfrac{1}{2}gt^2 + v(0)t + x(0)$ となる．

例 4.16（ラプラス変換を利用した解法：自由落下（空気抵抗のある場合）） 空気抵抗のある場合の自由落下（例 2.4 参照）の微分方程式は，

$$\frac{dv}{dt} = -g - \frac{D}{m}v \tag{4.4}$$

である．$v(0) = 0$ として両辺をラプラス変換すると，次のようになる．

$$sV(s) = -\frac{g}{s} - \frac{D}{m}V(s) \Leftrightarrow \left(s + \frac{D}{m}\right)V(s) = -\frac{g}{s} \Leftrightarrow V(s) = -\frac{g}{s} \cdot \frac{1}{s + \dfrac{D}{m}}$$

$$\Leftrightarrow V(s) = -\frac{mg}{D}\left(\frac{1}{s} - \frac{1}{s + \dfrac{D}{m}}\right)$$

両辺をラプラス逆変換して，$v(t) = -\dfrac{mg}{D}\left(1 - e^{-\frac{D}{m}t}\right)$ となる．

例 4.17（ラプラス変換を利用した解法：RL 回路） 図 4.5 の回路（RL 回路）の電圧 $E(t)$ をいろいろな関数としたときの電流 $I(t)$ をラプラス変換を利用して求めよう．いずれの場合でも $I(0) = 0$ とする．

まず準備として，この回路の微分方程式 $RI(t) + L\dot{I}(t) = E(t)$ の両辺をラプラス変換して，$RI(s) +$

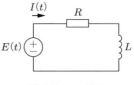

図 4.5　RL 回路

$$sLI(s) = E(s) \Leftrightarrow I(s) = \frac{E(s)}{R+Ls}$$ を得ておく.

- $E(t) = E_0 u(t)$（ステップ関数）の場合

  電池のような直流電源が $t=0$ でつながれた状況である. $E(s) = \dfrac{E_0}{s}$ なので,

  $$I(s) = \frac{E(s)}{R+Ls} = \frac{E_0}{s(R+Ls)} = \frac{E_0}{L} \cdot \frac{1}{s} \cdot \frac{1}{s+\dfrac{R}{L}}$$

  $$\Leftrightarrow \quad I(s) = \frac{E_0}{R}\left(\frac{1}{s} - \frac{1}{s+\dfrac{R}{L}}\right)$$

  となる. 両辺をラプラス変換すると, $I(t) = \dfrac{E_0}{R}\left(1 - e^{-\frac{R}{L}t}\right)$ となる.

- $E(t) = E_0\{u(t) - u(t-1)\}$ の場合

  例 4.14 でこの形の関数に対する解を求めたが, この関数は $0 \leq t < 1$ の間のみ電圧がかかっている状況を示している. $E(s) = E_0 \cdot \dfrac{1-e^{-s}}{s}$ なので,

  $$I(s) = \frac{E(s)}{R+Ls} = \frac{E_0(1-e^{-s})}{s(R+Ls)} \Leftrightarrow I(s) = \frac{E_0}{R}\left(\frac{1}{s} - \frac{1}{s+\dfrac{R}{L}}\right) \cdot (1-e^{-s})$$

  となる. 両辺をラプラス逆変換すると, 次式が得られる.

  $$I(t) = \frac{E_0}{R}\left\{\left(1 - e^{-\frac{R}{L}t}\right)u(t) - \left(1 - e^{-\frac{R}{L}(t-1)}\right)u(t-1)\right\}$$

- $E(t) = E_0 \sin\omega t$ の場合

  交流電源がつながれた状況である. $E(s) = \dfrac{E_0\omega}{s^2+\omega^2}$ なので,

  $$I(s) = \frac{E(s)}{R+Ls} = \frac{E_0\omega}{(s^2+\omega^2)(R+Ls)}$$

  $$= E_0\omega\left\{-\frac{R+sL}{R^2+(\omega L)^2} \cdot \frac{1}{s^2+\omega^2} + \frac{L^2}{R^2+(\omega L)^2} \cdot \frac{1}{R+Ls}\right\}$$

  $$= \frac{E_0\omega L}{R^2+(\omega L)^2}\left(-\frac{s+\dfrac{R}{L}}{s^2+\omega^2} + \frac{1}{s+\dfrac{R}{L}}\right)$$

$$= \frac{E_0\omega L}{R^2+(\omega L)^2}\left(-\frac{s}{s^2+\omega^2}-\frac{R}{\omega L}\frac{\omega}{s^2+\omega^2}+\frac{1}{s+\dfrac{R}{L}}\right)$$

となる．両辺をラプラス逆変換すると，次式が得られる．

$$I(t)=\frac{E_0\omega L}{R^2+(\omega L)^2}\left(-\cos\omega t-\frac{R}{\omega L}\sin\omega t+e^{-\frac{R}{L}t}\right)$$

例 4.18 （ラプラス変換を利用した解法：ばね・重り系）
ばね定数 k のばねに質量 m の重りをつり下げ，つりあった位置からの伸びを $x(t)$ とすると，$x(t)$ と外力 $F(t)$ は微分方程式

$$m\ddot{x}+kx=F(t) \tag{4.5}$$

を満たす．$x(0)=0$，$v(0)=0$ としたとき，さまざまな外力 $F(t)$ に対するばねの伸び $x(t)$ をラプラス変換を利用して求めよう．

まず準備として，この微分方程式の両辺をラプラス変換して，次式を得る．

$$(ms^2+k)X(s)=F(s) \quad\Leftrightarrow\quad X(s)=\frac{F(s)}{ms^2+k}$$

- $F(t)=F_0 u(t)$ （ステップ関数）の場合

ある瞬間から一定の力が外からかかる状況を示している．$F(s)=\dfrac{F_0}{s}$ なので，

$$X(s)=\frac{F(s)}{ms^2+k}=\frac{F_0}{s(ms^2+k)}=\frac{F_0}{m}\left(-\frac{m}{k}\cdot\frac{s}{s^2+\dfrac{k}{m}}+\frac{m}{k}\cdot\frac{1}{s}\right)$$

$$=\frac{F_0}{k}\left(\frac{1}{s}-\frac{s}{s^2+\sqrt{\dfrac{k}{m}}^2}\right)$$

となる．両辺をラプラス逆変換すると，次式が得られる．

$$x(t)=\frac{F_0}{k}\left(1-\cos\sqrt{\frac{k}{m}}t\right)$$

4.2 ラプラス変換を用いた微分方程式の解法

- $F(t) = F_0 \sin \omega t$ の場合

周期的な力が加わる状況を表している．$F(s) = \dfrac{F_0 \omega}{s^2 + \omega^2}$ なので，次式が成り立つ．

$$X(s) = \frac{F(s)}{ms^2 + k} = \frac{F_0 \omega}{(s^2 + \omega^2)(ms^2 + k)} = \frac{F_0 \omega}{m} \cdot \frac{1}{(s^2 + \omega^2)\left(s^2 + \dfrac{m}{k}\right)}$$

— $\omega^2 \neq \dfrac{m}{k}$ の場合：

$$X(s) = \frac{F_0 \omega}{m} \cdot \frac{1}{\dfrac{m}{k} - \omega^2} \cdot \left(\frac{1}{s^2 + \omega^2} - \frac{1}{s^2 + \dfrac{m}{k}}\right)$$

$$= \frac{F_0 \omega}{m} \cdot \frac{1}{\dfrac{m}{k} - \omega^2} \cdot \left(\frac{1}{\omega} \cdot \frac{\omega}{s^2 + \omega^2} - \frac{1}{\sqrt{\dfrac{m}{k}}} \cdot \frac{\sqrt{\dfrac{m}{k}}}{s^2 + \sqrt{\dfrac{m}{k}}^2}\right)$$

となり，両辺をラプラス逆変換すると，次式が得られる．

$$x(t) = \frac{F_0 \omega}{m} \cdot \frac{1}{\dfrac{m}{k} - \omega^2} \left(\frac{1}{\omega} \sin \omega t - \sqrt{\frac{k}{m}} \sin \sqrt{\frac{m}{k}} t\right)$$

— $\omega^2 = \dfrac{m}{k}$ の場合：$\omega = \sqrt{\dfrac{m}{k}}$ なので，

$$X(s) = \frac{F_0}{m} \frac{\omega}{(s^2 + \omega^2)^2}, \quad \frac{\omega}{(s^2 + \omega^2)^2} = \frac{A(s^2 - \omega^2) + B \cdot 2\omega s}{(s^2 + \omega^2)^2} + \frac{as + b\omega}{s^2 + \omega^2}$$

と分解できるとすると，$A = -\dfrac{1}{2\omega}$，$B = 0$，$a = 0$，$b = \dfrac{1}{2\omega^2}$ が得られる．したがって，$X(s) = -\dfrac{1}{2\omega} \dfrac{s^2 - \omega^2}{(s^2 + \omega^2)^2} + \dfrac{1}{2\omega^2} \dfrac{\omega}{s^2 + \omega^2}$ となり，これを逆変換すると，次式が得られる．

$$x(t) = \frac{F_0}{m} \left(-\frac{1}{2\omega} t \cos \omega t + \frac{1}{2\omega^2} \sin \omega t\right)$$

演習問題

4.11 以下の $F(s)$ の極を求めよ．また，それぞれの極に対応する逆変換された関数を示せ．

(1) $F(s) = \dfrac{1}{s+1}$　　(2) $F(s) = \dfrac{2}{s^2+1}$　　(3) $F(s) = \dfrac{s}{s^2+2}$

(4) $F(s) = \dfrac{3}{s^2+2s+3}$　　(5) $F(s) = \dfrac{2s+3}{s^2+3s+2}$　　(6) $F(s) = \dfrac{1}{s^2+3s+2}$

(7) $F(s) = \dfrac{s^2+2s+3}{s^3+s^2+s+1}$　　(8) $F(s) = \dfrac{s^2+5s+6}{s^3+3s^2+5s+3}$

解答（略解）　いずれも（分母）$= 0$ の方程式の解が極である．極 λ に対応する逆変換は $e^{\lambda t}$ である．複素解は $\lambda = \alpha \pm j\beta$ の形で現れ，対応する逆変換は $e^{\alpha t}(A\cos \beta t + B\sin \beta t)$ である．

(1) 極：$s = -1$　対応する関数：e^{-t}
(2) 極：$s = \pm j$　対応する関数：$\sin t,\ \cos t$
(3) 極：$s = \pm j\sqrt{2}$　対応する関数：$\cos \sqrt{2}\,t,\ \sin \sqrt{2}\,t$
(4) 極：$s = -1 \pm j\sqrt{2}$　対応する関数：$e^{-t}\cos \sqrt{2}\,t,\ e^{-t}\sin \sqrt{2}\,t$
(5) 極：$s = -1, -2$　対応する関数：$e^{-t},\ e^{-2t}$
(6) 極：$s = -1, -2$　対応する関数：$e^{-t},\ e^{-2t}$
(7) 極：$s = -1, \pm j$　対応する関数：$e^{-t},\ \cos t,\ \sin t$
(8) 極：$s = -1, -1 \pm j\sqrt{2}$　対応する関数：$e^{-t},\ e^{-t}\cos \sqrt{2}\,t,\ e^{-t}\sin \sqrt{2}\,t$

4.12 以下の関数の線形和をラプラス変換したときの分母の多項式を求めよ．

(1) e^{-t}　　(2) $e^{-t},\ e^{-2t}$　　(3) $\sin t,\ \cos t$　　(4) $e^{-t}\sin 2t,\ e^{-t}\cos 2t$
(5) $e^{-0.5t}\sin t,\ e^{-0.5t}\cos t$　　(6) $e^{-t},\ e^{-2t},\ e^{-3t}$　　(7) $e^{-t},\ e^{-2t}\cos 3t,\ e^{-2t}\sin 3t$
(8) $e^{-t},\ e^{-2t},\ e^{-3t},\ e^{-4t}$　　(9) $\cos t,\ \sin t,\ \cos 2t,\ \sin 2t$

解答（略解）　$e^{\lambda_1 t}, \ldots, e^{\lambda_n t}$ の線形和 $f(t) = C_1 e^{\lambda_1 t} + \cdots + C_n e^{\lambda_n t}$ をラプラス変換すると

$$F(s) = \frac{C_1}{s-\lambda_1} + \cdots + \frac{C_n}{s-\lambda_n} = \frac{(s\text{ の多項式})}{(s-\lambda_1) \times \cdots \times (s-\lambda_n)}$$

となるので，分母の多項式は $(s-\lambda_1) \times \cdots \times (s-\lambda_n)$ である．

(1) $s+1$　　(2) $(s+1)(s+2) = s^2+3s+2$　　(3) s^2+1
(4) s^2+2s+5　　(5) $s^2+s+1.25$　　(6) $s^3+6s^2+11s+6$
(7) $s^3+5s^2+17s+13$　　(8) $s^4+10s^3+35s^2+50s+24$
(9) s^4+5s^2+4

4.13 図 4.6 の RC 回路の電圧 $E(t)$ をいろいろな関数としたときの電流 $I(t)$ をラプラス変換を利用して求めよ．いずれの場合でも $Q(0) = 0$ とする．

(1) $E(t) = E_0 u(t)$ (2) $E(t) = E_0\{u(t) - u(t-1)\}$ (3) $E(t) = E_0 \sin \omega t$

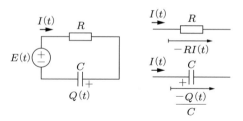

図 4.6 RC 回路と各素子での電圧降下

[準備] 回路の方程式は $E(t) = RI(t) + \dfrac{1}{C} \int I(t) dt$ であり，両辺をラプラス変換すると以下のようになる．

$$E(s) = RI(s) + \frac{I(s)}{Cs} \Leftrightarrow I(s) = \frac{E(s)Cs}{1+RCs} = \frac{sE(s)}{R} \cdot \frac{1}{s + \dfrac{1}{RC}}$$

解答（略解） (1) $E(s) = \dfrac{E_0}{s}$ より，$I(s) = \dfrac{E_0}{R} \cdot \dfrac{1}{s + \dfrac{1}{RC}}$. ラプラス逆変換すると，次式となる．

$$I(t) = \frac{E_0}{R} e^{-\frac{t}{RC}}$$

(2) $E(s) = E_0 \cdot \dfrac{1-e^{-s}}{s}$ なので，$I(s) = \dfrac{E_0}{R} \cdot \dfrac{1-e^{-s}}{s + \dfrac{1}{RC}}$. ラプラス逆変換すると，次式となる．

$$I(t) = \frac{E_0}{R} \left\{ e^{-\frac{t}{RC}} u(t) - e^{-\frac{t-1}{RC}} u(t-1) \right\}$$

(3) $E(s) = \dfrac{E_0 \omega}{s^2 + \omega^2}$ なので，

$$I(s) = \frac{E_0}{R} \cdot \frac{\omega}{s^2 + \omega^2} \cdot \frac{s}{s + \dfrac{1}{RC}}$$

$$\Leftrightarrow I(s) = \frac{E_0}{R} \cdot \frac{RC\omega}{1+(RC\omega)^2} \cdot \left(\frac{s + RC\omega \cdot \omega}{s^2 + \omega^2} - \frac{1}{s + \dfrac{1}{RC}} \right)$$

ラプラス逆変換すると，次式となる．

$$I(t) = \frac{E_0}{R} \cdot \frac{RC\omega}{1+(RC\omega)^2} \cdot \left(\cos\omega t + RC\omega\sin\omega t - e^{-\frac{t}{RC}}\right)$$

4.14 質量 m の重りが長さ l の細い棒の一端に取り付けられている振り子を考える．棒のもう一端は自由に回転できるものとする．θ を棒の角度とし，鉛直下向きのとき $\theta = 0$，反時計回りを正とする．以下の設問に答えよ．

(1) 回転方向にかかる外力が $F(t)$ であり，θ が十分に小さいと仮定できるとき，$\theta(t)$ が従う微分方程式を導け．

(2) (1) で得られた微分方程式のラプラス変換 $\Theta(s)$ を求めよ．ただし，初期条件 $\theta(0)$，$\dot\theta(0)$ を含むようにせよ．

(3) $t = 0$ で振り子が真下から $\dot\theta(0) = \dot\theta_0$ で動き始めたときの $\Theta(s)$ を求めよ．外力は加えられていないものとする．また，これを逆変換して $\theta(t)$ を求めよ．

(4) $\dfrac{g}{l} = k^2$ とおき，$t = 0$ で振り子が静止していて $F(t)$ が角周波数 ω の正弦波であったときの $\Theta(s)$ を求めよ．また，これを逆変換して $\theta(t)$ を求めよ．

解答 (1)（略解） $\ddot\theta = -\dfrac{g}{l}\theta + \dfrac{F(t)}{ml}$

(2)（略解） $s^2\Theta(s) - s\theta(0) - \dot\theta(0) = -\dfrac{g}{l}\Theta(s) + \dfrac{F(s)}{ml}$

よって，$\Theta(s) = \dfrac{1}{s^2 + \dfrac{g}{l}}\left(\dfrac{F(s)}{ml} + s\theta(0) + \dot\theta(0)\right)$

(3)（略解） 与えられた条件は $\theta(0) = 0$，$\dot\theta(0) = \dot\theta_0$，$F(t) = 0 \Rightarrow F(s) = 0$ なので，

$$\Theta(s) = \frac{\dot\theta_0}{s^2 + \dfrac{g}{l}} = \dot\theta_0 \cdot \frac{1}{\sqrt{\dfrac{g}{l}}} \cdot \frac{\sqrt{\dfrac{g}{l}}}{s^2 + \sqrt{\dfrac{g}{l}}^2}$$

これを逆変換して，$\theta(t) = \dfrac{\dot\theta_0}{\sqrt{\dfrac{g}{l}}} \sin\sqrt{\dfrac{g}{l}}\, t$ となる．

(4) 与えられた条件を代入すると，$\Theta(s) = \dfrac{1}{s^2 + k^2} \cdot \dfrac{F_0}{s^2 + \omega^2}$ となる．

- $k \neq \omega$ のとき

$$\Theta(s) = \frac{F_0}{\omega^2 - k^2}\left(\frac{1}{s^2 + k^2} - \frac{1}{s^2 + \omega^2}\right) = \frac{F_0}{\omega^2 - k^2}\left(\frac{1}{k} \cdot \frac{k}{s^2 + k^2} - \frac{1}{\omega} \cdot \frac{\omega}{s^2 + \omega^2}\right)$$

これを逆変換すると，$\Theta(t) = \dfrac{F_0}{\omega^2 - k^2}\left(\dfrac{1}{k}\sin kt - \dfrac{1}{\omega}\sin\omega t\right)$ を得る．

- $k = \omega$ のとき

$$\Theta(s) = \frac{F_0}{(s^2+\omega^2)^2} = \frac{F_0}{\omega} \cdot \frac{\omega}{(s^2+\omega^2)^2} = \frac{F_0}{\omega} \cdot \left\{-\frac{1}{2\omega} \cdot \frac{s^2-\omega^2}{(s^2+\omega^2)^2} + \frac{1}{2\omega^2} \cdot \frac{\omega}{s^2+\omega^2}\right\}$$

これを逆変換すると，$\theta(t) = \dfrac{F_0}{\omega}\cdot\left(-\dfrac{1}{2\omega}t\cos\omega t + \dfrac{1}{2\omega^2}\sin\omega t\right)$ を得る．

4.15 直列 RLC 回路の微分方程式

$$RI(t) + L\dot{I}(t) + \frac{1}{C}\int_0^t I(\tau)d\tau + \frac{Q_0}{C} = E(t)$$

に対し，各種パラメータが次のように与えられている場合の $I(t)$ をラプラス変換を利用して求めよ．

(1) $R = 2$, $L = 1$, $C = 0.1$, $E(t) = 0$, $Q_0 > 0$, $I(0) = 0$
(2) $R = 4$, $L = 1$, $C = 1/3$, $E(t) = u(t)$, $Q_0 = 0$, $I(0) = 0$
(3) $R = 20$, $L = 2$, $C = 0.02$, $E(t) = \sin 10t$, $Q_0 = 0$, $I(0) = 0$

解答 (1) 与えられたパラメータを代入すると，$2I(t) + \dot{I}(t) + 10\displaystyle\int_0^t I(\tau)d\tau + 10Q_0 = 0$ である．両辺をラプラス変換すると，

$$\left(2 + s + \frac{10}{s}\right)I(s) = -10Q_0 \cdot \frac{1}{s} \iff I(s) = -10Q_0 \cdot \frac{1}{s^2 + 2s + 10}$$

$$I(s) = -10Q_0 \cdot \frac{1}{(s+1)^2 + 3^2} = -\frac{10}{3}Q_0 \cdot \frac{3}{(s+1)^2 + 3^2}$$

これを逆変換すると，$I(t) = -\dfrac{10}{3}Q_0 e^{-t}\sin 3t$ となる．

(2) 与えられたパラメータを代入すると，$4I(t) + \dot{I}(t) + 3\displaystyle\int_0^t I(\tau)d\tau = u(t)$ である．両辺をラプラス変換すると，$\left(4 + s + \dfrac{3}{s}\right)I(s) = \dfrac{1}{s} \iff I(s) = \dfrac{1}{s^2 + 4s + 3}$.

$I(s) = \dfrac{1}{2}\cdot\dfrac{1}{s+1} - \dfrac{1}{2}\cdot\dfrac{1}{s+3}$ と分解できるので，これを逆変換すると，次式となる．

$$I(t) = \frac{1}{2}e^{-t} + \frac{1}{2}e^{-3t}$$

(3) 与えられたパラメータを代入すると，$20I(t) + 2\dot{I}(t) + 50\int_0^t I(\tau)d\tau = \sin 10t$ である．両辺をラプラス変換すると，

$$\left(20 + 2s + \frac{50}{s}\right)I(s) = \frac{10}{s^2 + 10^2} \Leftrightarrow I(s) = \frac{10s}{(s^2 + 10^2)(2s^2 + 20s + 50)}$$

$$I(s) = \frac{1}{125}\left\{-3\frac{s}{s^2 + 10^2} + 4\frac{10}{s^2 + 10} + 3\frac{1}{s + 5} - 25\frac{1}{(s + 5)^2}\right\}$$

と分解できるので，これを逆変換すると，次式となる．

$$I(t) = \frac{1}{125}\left(-3\cos 10t + 4\sin 10t + 3e^{-5t} - 25te^{-5t}\right)$$

4.2.1　展開定理

ラプラス変換を利用した解法では，s に関する複雑な式（おもに分数関数となる）を，逆変換がわかっている簡単な形 $\left(\text{たとえば，}\dfrac{1}{s+a}\text{など}\right)$ に変形する必要がある．

これまでの解法例ではすべて**部分分数分解**を直接行っていたが，それぞれの部分分数の係数を簡便に求められれば便利である．ここではその方法である**展開定理**[†]を紹介する．

例 4.19（展開定理の例）

- $F(s)$ の**極**がすべて異なる実数である場合

$$F(s) = \frac{s+2}{s^2 + 4s + 3} = \frac{s+2}{(s+1)(s+3)} = \frac{k_1}{s+1} + \frac{k_2}{s+3}$$

と変形される．ここで，

$$(s+1)F(s) = \frac{s+2}{s+3} = k_1 + k_2\frac{s+1}{s+3}$$

となり，両辺に $s = -1$ を代入すると，

$$\frac{-1+2}{-1+3} = k_1 + k_2\frac{-1+1}{-1+3} \Leftrightarrow \frac{1}{2} = k_1 + k_2 \cdot 0$$

となる．よって，$k_1 = 0$ が得られる．同様に，

[†] 発見者であるイギリスの技術者の名前にちなんで，**ヘビサイドの展開定理**ともよばれる．ヘビサイドは 19 世紀後半に電気・制御技術に関して，ヘビサイドの階段関数（ステップ関数とほぼ同じもの），ヘビサイド演算子法（ラプラス変換とほぼ同じもの），ベクトル解析など，電気・通信に関する功績を数多く残している．

となり，両辺に $s = -3$ を代入すると，

$$(s+3)F(s) = \frac{s+2}{s+1} = k_1 \frac{s+3}{s+1} + k_2$$

$$\frac{-3+2}{-3+1} = k_1 \frac{-3+3}{-3+1} + k_2 \Leftrightarrow \frac{1}{2} = k_1 \cdot 0 + k_2 \quad \text{よって，} \quad k_2 = \frac{1}{2}$$

が得られる．したがって，逆変換すると $f(t) = \frac{1}{2}(e^{-t} + e^{-3t})$ である．

- $F(s)$ の**極**がすべて異なる複素数である場合

$F(s) = \dfrac{s^2 + 6s + 5}{s(s^2 + 4s + 5)}$ の分母多項式は $s(s^2 + 4s + 5)$ なので，これを 0 とする s は，$s = 0, s = -2 \pm j$ の三つが存在する．

したがって，$F(s) = \dfrac{k_1}{s} + \dfrac{k_2}{s - (-2 + j)} + \dfrac{k_3}{s - (-2 - j)}$ と分解できるので，$F(s)$ の極がすべて異なる実数である場合と同じ方法を利用すると，

$$k_1 = sF(s)|_{s=0} = 1,$$
$$k_2 = \{s - (-2+j)\}F(s)|_{s=-2+j} = -j,$$
$$k_3 = \{s - (-2-j)\}F(s)|_{s=-2-j} = j$$

とわかる．したがって，

$$F(s) = \frac{1}{s} + \frac{-j}{s - (-2+j)} + \frac{j}{s - (-2-j)} = \frac{1}{s} + \frac{2}{(s+2)^2 + 1}$$

であり，逆変換すると $f(t) = 1 + 2e^{-2t}\sin t$ である．

- $F(s)$ に重複する実数の**極**がある場合

$F(s) = \dfrac{s^2 + s + 4}{(s+1)^3}$ の極は $s = -1$ であるが，三重解となっている．

このような場合は，$F(s) = \dfrac{k_1}{s+1} + \dfrac{k_2}{(s+1)^2} + \dfrac{k_3}{(s+1)^3}$ と変形できる．

両辺に $(s+1)^3$ をかけると，$(s+1)^3 F(s) = s^2 + s + 4 = k_1(s+1)^2 + k_2(s+1) + k_3$ となる．ここで，$s = -1$ を代入すると，以下が得られる．

$$(-1)^2 + (-1) + 4 = k_1(-1+1)^2 + k_2(-1+1) + k_3$$
$$\Leftrightarrow 4 = k_1 \cdot 0 + k_2 \cdot 0 + k_3 \quad \text{よって，} \quad k_3 = 4$$

k_2 を求めるためには，両辺を s で微分する．

$$\frac{d}{ds}\{(s+1)^3 F(s)\} = \frac{d}{ds}(s^2+s+4) = \frac{d}{ds}\{k_1(s+1)^2 + k_2(s+1) + k_3\}$$

$$\Leftrightarrow \quad 2s+1 = 2k_1(s+1) + k_2$$

$s=-1$ を代入すると，$k_2 = -1$ が得られる．さらにもう一度 s で微分して $s=-1$ を代入すると，$k_1 = 1$ が得られる．

したがって，$F(s) = \dfrac{1}{s+1} + \dfrac{-1}{(s+1)^2} + \dfrac{4}{(s+1)^3}$ となり，逆変換すると，$f(t) = e^{-t} - te^{-t} + 2t^2 e^{-t}$ が得られる．

なお，重複する複素数の極がある場合も，(煩雑になるが) 基本的に同じ手順で係数を求めることができるので，例は割愛する．

この手順を一般化すると，以下となる．

定理 4.3（展開定理） $F(s)$ は分子分母ともに s の多項式からなる分数関数とする[†]．$F(s)$ の極が重複なく $s_1, s_2, \ldots, s_n$ であるとすると，

$$F(s) = \frac{k_1}{s-s_1} + \frac{k_2}{s-s_2} + \cdots + \frac{k_n}{s-s_n} = \sum_{i=1}^{n} \frac{k_i}{s-s_i} \tag{4.6}$$

と部分分数分解でき，それらの係数 k_i $(i=1, 2, \ldots, n)$ は次式で求められる．

$$k_i = (s-s_i)F(s)|_{s=s_i} \tag{4.7}$$

$F(s)$ に重複する極 s_j があり，それが m 重極であったとすると，s_j と対応する部分は

$$F(s) = \cdots + \frac{k_{j,1}}{s-s_j} + \frac{k_{j,2}}{(s-s_j)^2} + \cdots + \frac{k_{j,m}}{(s-s_j)^m} + \cdots \tag{4.8}$$

と展開でき，それらの係数 $k_{j,r}$ $(r=1, 2, \ldots, m)$ は次式で求められる．

$$k_{j,r} = \frac{1}{(m-r)!} \left[\frac{d^{m-r}}{ds^{m-r}} \{(s-s_j)^m F(s)\} \right]\bigg|_{s=s_j} \tag{4.9}$$

演習問題

4.16 展開定理を利用して以下の分数関数を部分分数分解せよ．

(1) $F(s) = \dfrac{1}{(s+1)(s+2)}$ (2) $F(s) = \dfrac{1}{s^2+6s+8}$

[†] 厳密には「分子の次数が分母よりも小さい」という条件が必要であるが，ここでは深く立ち入らないことにする．この条件は，制御工学の分野ではとくに重要になる．

(3) $F(s) = \dfrac{1}{s^3 + 6s + 11s + 6}$ (4) $F(s) = \dfrac{1}{s^3 + 2.5s + 2s + 0.5}$

解答（略解）(1) $F(s) = -\dfrac{1}{s+2} + \dfrac{1}{s+1}$

(2) $F(s) = -\dfrac{1}{2} \cdot \dfrac{1}{s+4} + \dfrac{1}{2} \cdot \dfrac{1}{s+2}$

(3) $F(s) = \dfrac{1}{2} \cdot \dfrac{1}{s+3} - \dfrac{1}{s+2} + \dfrac{1}{2} \cdot \dfrac{1}{s+1}$

(4) $F(s) = -4 \cdot \dfrac{1}{s+1} - 2 \cdot \dfrac{1}{(s+1)^2} + 4 \cdot \dfrac{1}{s+0.5}$

4.17 展開定理を利用して以下の $F(s)$ をラプラス逆変換し $f(t)$ を求めよ．$f(t)$ には複素数を含まない形に変形すること．

(1) $F(s) = \dfrac{1}{(2s+1)(s+2)}$ (2) $F(s) = \dfrac{1}{s(s^2+1)}$

解答（略解）(1) $F(s) = -\dfrac{1}{3} \cdot \dfrac{1}{s+2} + \dfrac{1}{3} \dfrac{1}{s+0.5}$ よって，$f(t) = -\dfrac{1}{3}(e^{-2t} + e^{-0.5t})$

(2) $F(s) = -\dfrac{1}{2} \cdot \dfrac{1}{s-j} - \dfrac{1}{2} \cdot \dfrac{1}{s+j} + \dfrac{1}{s} = -\dfrac{1}{2} \dfrac{s+j+s-j}{(s-j)(s+j)} + \dfrac{1}{s}$

$= -\dfrac{s}{s^2+1} + \dfrac{1}{s}$ よって，$f(t) = -\cos t + u(t)$

4.2.2 ラプラス変換を利用した電気回路の解法

本項は電気・電子・情報系のやや専門的な話題を題材として，これまでに紹介した電気回路の微分方程式を簡便に解く方法を紹介します．この先，信号処理，制御などの分野に応用できる手法ですので，余力があればぜひ読んでください．

参考：・RL回路，RC回路，LC回路，RLC回路→例 2.9〜2.12

3.6.1項では，交流の電気回路の応答を調べるために**複素法**を紹介した．抵抗を拡張した**インピーダンス**を利用することで，複素数の四則演算により特殊解の様子がわかるというものである．

さて，ここでRLC各素子での電流と電圧の関係を再度確認しておこう．電流を I [A]，それによる電圧を V [V] とすると，以下の関係が成り立つ．

$$V = RI \text{ (抵抗)}, \quad V = L\dfrac{dI}{dt} \text{ (コイル)}, \quad V = \dfrac{1}{C} \int I dt \text{ (コンデンサ)} \quad (4.10)$$

これらの両辺をラプラス変換してみよう．簡単のために，I の初期値などはすべて

0 と仮定する．

$$V(s) = RI(s) \text{ (抵抗)}, \quad V(s) = LsI(s) \text{ (コイル)},$$
$$V(s) = \frac{1}{Cs}I(s) \text{ (コンデンサ)} \quad (4.11)$$

どの式も，$V(s) = Z(s)I(s)$ の形で書けていることがわかる．電圧と電流の比 $Z = V/I$ は**インピーダンス**と定義したことを思い出そう．

$Z(s)$ には s が含まれているが，普通の抵抗 R と同じように扱っても構わない．つまり，コイル L とコンデンサ C を機械的にインピーダンス Ls と $1/Cs$ に置き換え，キルヒホッフの法則の法則を使って回路の関係を記述できるのである．

<u>例 4.20（RL 回路）</u> RL 回路の電流と電圧をラプラス変換する場合，コイル L も機械的に Ls を置き換えて普通の抵抗と同じように考えればよい（図 4.7）．

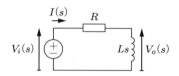

図 4.7 RL 回路（ラプラス変換を利用した表現）

左下から右回りに電位降下の関係を式で表すと（例 2.9 参照），

$$V_i(s) - RI(s) - LsI(s) = 0 \quad (4.12)$$

となる．電源電圧 V_i に対する出力電圧 V_o を求めること[†]を目的とするのであれば，

$$V_i(s) - RI(s) - LsI(s) = 0, \quad V_o = LsI(s) \quad (4.13)$$

から $I(s)$ を消去し，

$$V_o(s) = \frac{Ls}{R + Ls} V_i(s) = \frac{s}{s + \dfrac{R}{L}} V_i(s) \quad (4.14)$$

が得られる．もし電源電圧がステップ関数 $V_i(s) = \dfrac{E_0}{s}$ であれば，

$$V_o(s) = \frac{s}{s + \dfrac{R}{L}} \cdot \frac{E_0}{s} = \frac{E_0}{s + \dfrac{R}{L}} \quad (4.15)$$

となる．逆変換すると，次式が得られる．

$$V_o(t) = E_0 e^{-\frac{R}{L}t} \quad (4.16)$$

[†] 添字の i と o は "input" と "output" の頭文字である．

4.2 ラプラス変換を用いた微分方程式の解法　219

演習問題

4.18 図 4.8 の電気回路に対し，入力 $V_i(s)$ が単位ステップ関数であったときの出力 $V_o(s)$ を求めよ．

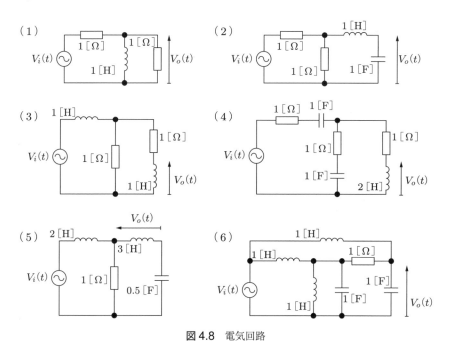

図 4.8　電気回路

解答（略解）　(1) $\begin{cases} V_i - (I_2 + I_1) - I_1 s = 0 \\ V_i - 2I_2 - I_1 = 0 \\ V_o - I_2 = 0 \end{cases} \Rightarrow \begin{cases} V_i - I_1 - V_o - I_1 s = 0 \\ V_i - I_1 - 2V_o \end{cases}$

よって，$\dfrac{V_o}{V_i} = \dfrac{s}{2s+1},\quad V_o = \dfrac{1}{2s+1}$

(2) $\begin{cases} V_i - I_2 - 2I_1 = 0 \\ V_i - I_2 - I_1 - I_2 s - \dfrac{I_2}{s} = 0 \\ V_o - \dfrac{I_2}{s} = 0 \end{cases} \Rightarrow \begin{cases} V_i - 2I_1 - V_o s = 0 \\ V_o s^2 - V_o s - I_1 + V_i - V_o = 0 \end{cases}$

よって，$\dfrac{V_o}{V_i} = \dfrac{1}{2s^2 + s + 2},\quad V_o = \dfrac{1}{s(2s^2 + s + 2)}$

(3) $\begin{cases} V_i - I_1 - s(I_1 + I_2) = 0 \\ V_i - I_2 - I_2 s - s(I_1 + I_2) = 0 \\ V_o - I_2 = 0 \end{cases} \Rightarrow \begin{cases} V_i - I_1 - s(I_1 + V_o) = 0 \\ V_i - V_o - V_o s - s(I_1 + V_o) = 0 \end{cases}$

よって，$\dfrac{V_o}{V_i} = \dfrac{1}{s^2 + 3s + 1}, \quad V_o = \dfrac{1}{s(s^2 + 3s + 1)}$

(4) $\begin{cases} V_i - \left(\dfrac{1}{s} + 1\right)(I_1 + I_2) - I_1\left(\dfrac{1}{s} + 1\right) = 0 \\ V_i - \left(\dfrac{1}{s} + 1\right)(I_1 + I_2) - I_2(2s + 1) = 0 \\ V_o - 2I_2 s = 0 \end{cases}$

$\Rightarrow \begin{cases} V_i - \left(I_1 + \dfrac{V_o}{2s}\right)\left(\dfrac{1}{s} + 1\right) - I_1\left(\dfrac{1}{s} + 1\right) = 0 \\ V_i - \left(I_1 + \dfrac{V_o}{2s}\right)\left(\dfrac{1}{s} + 1\right) - \dfrac{V_o(2s + 1)}{2s} = 0 \end{cases}$

よって，$\dfrac{V_o}{V_i} = \dfrac{2s^2}{4s^2 + 3s + 1}, \quad V_o = \dfrac{2s}{4s^2 + 3s + 1}$

(5) $\begin{cases} V_i - I_1 - 2s(I_1 + I_2) = 0 \\ V_i - 2s(I_1 + I_2) - 3s I_2 - \dfrac{2I_2}{s} = 0 \\ V_o - 3s I_2 = 0 \end{cases} \Rightarrow \begin{cases} V_i - \dfrac{2V_o}{3} - I_1 - 2s I_1 = 0 \\ -\dfrac{2V_o - 3V_i s^2 + 5V_o s^2 + 6s^3 I_1}{3s^2} = 0 \end{cases}$

よって，$\dfrac{V_o}{V_i} = \dfrac{3s^2}{6s^3 + 5s^2 + 4s + 2}, \quad V_o = \dfrac{3s}{6s^3 + 5s^2 + 4s + 2}$

(6) $\begin{cases} V_i - s I_1 - \dfrac{I_1 + I_2}{s} = 0 \\ V_i - s I_3 - s(I_2 + I_3 + I_4) = 0 \\ V_i - s(I_2 + I_3 + I_4) - \dfrac{I_4}{s} = 0 \\ V_i - I_2 - \dfrac{I_1 + I_2}{s} - s(I_2 + I_3 + I_4) = 0 \\ V_o - \dfrac{I_1 + I_2}{s} = 0 \end{cases}$

$\Rightarrow \begin{cases} V_i - V_o - s I_1 = 0 \\ V_i + s I_1 - 2s I_3 - s I_4 - V_o s^2 = 0 \\ V_i - s(I_3 - I_1 + I_4 + V_o s) - \dfrac{I_4}{s} = 0 \\ V_i - V_o + I_1 - s(I_3 - I_1 + I_4 + V_o s) - V_o s = 0 \end{cases}$

$$\Rightarrow \begin{cases} V_i - V_o - s\,I_1 = 0 \\ V_o - I_1 + V_o\,s - s\,I_3 = 0 \\ \dfrac{V_o - V_i - I_1 + V_o\,s - s\,I_1 + s\,I_3 + 2V_o\,s^2 + V_o\,s^3 - s^2\,I_1}{s^2} = 0 \end{cases}$$

$$\Rightarrow \begin{cases} V_i - V_o - s\,I_1 = 0 \\ 2V_o - V_i - 2I_1 + 2V_o\,s - s\,I_1 + 2V_o\,s^2 + V_o\,s^3 - s^2\,I_1 \end{cases}$$

よって，$\dfrac{V_o}{V_i} = \dfrac{s^2 + 2s + 2}{s^4 + 2s^3 + 3s^2 + 3s + 2}, \quad V_o = \dfrac{s^2 + 2s + 2}{s(s^4 + 2s^3 + 3s^2 + 3s + 2)}$

4.3　本章のまとめ

　本章では微分方程式の解法の一つとして，ラプラス変換を用いた解法を解説した．ラプラス変換は微積分を四則演算に変換し，簡単に解けるようにするものである．

　単位ステップ関数，単位インパルス関数を用いると「一定時間電気回路に電圧がかかっている」といった状況を表すことができる．さらに，これらの関数を含む微分方程式を解くときは，ラプラス変換を利用するのが便利である．

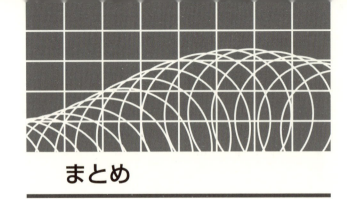

Chapter 5

まとめ

さて，この本もそろそろ最終盤に差しかかってきました．

これまでたくさんのことを学んできましたが，定着を図るために全体を通した演習問題で閉じることとしましょう．これまでの記述を丁寧に読み解けば解答できるもの，皆さん自身の意見を述べてほしいもの，本書の範囲を超えるものなど，多彩な問題を用意しました．その性質上，模範解答は用意していません．皆さん自身が解答を考え続けることをお勧めし，本書を閉じることとします．

演習問題

5.1 速度がどのように微分と結びつくのか，速度と微分の定義をそれぞれ示すことで説明せよ．

5.2 ニュートンの運動方程式 $ma = F$ のそれぞれの文字 m, a, F が何を意味しているのかを述べよ．また，この運動方程式がなぜ微分方程式として表されるのか述べよ．

5.3 物体の運動を客観的に表すことが力学の目的であった．力学がなぜ微分方程式との結びつきが深いのか述べよ．

5.4 電気回路はどのような素子がある場合に微分方程式として表されるのか，それらの素子の特性と関連付けて述べよ．
[注]「コイルがあると微分方程式になる」ではダメ，ということ．この場合ではコイルにどのような特性があるから微分方程式となるのかを明示しなくてはならない．

5.5 どのような仮定を設けると，金融の現象が微分方程式として定式化できるのだろうか．

5.6 どのような仮定を設けると，生物の増減などの生態系の現象が微分方程式として定式化できるのだろうか．

5.7 「現象を微分方程式で表す」とは，その現象のどのような側面を数式として抽出することだろうか．それに対し「微分方程式を解く」とは，その現象のどのような側面を数式と

して抽出することだろうか．

5.8 高校の数学では定義や導出を重視せず計算方法の訓練を重点的に行う．このことに関して**あなた自身の意見**を述べよ．長所・短所ともに述べること．

5.9 高校の物理では定義や導出過程を重視せず多くの性質が「公式」として天下り的に与えられる．
- これら「公式」のうち，定義と微積分を利用して導出できないものはあるだろうか？
- すべて導出できるのだとしたら，なぜ微積分を利用しないのだろうか？

このことに関して，現在の数学・物理教育の方針に関して**あなた自身の意見**を述べよ．長所・短所ともに述べること．

5.10 高校の物理ではなぜ空気抵抗を教えないのだろうか？

5.11 高校の物理ではなぜコンデンサは「十分に時間が経過した後」の状況しか問われないのだろうか？

5.12 ラプラス変換により何が簡単になるのだろうか？

5.13 高校までの物理・数学で「不要な」ものはあるだろうか？このことに関して**あなた自身の意見**を述べよ．

5.14 微分方程式を理解できることで，現実のどのような問題に対する解決法（もしくはその手がかり）を得ることができるのだろうか？

補遺

本文中で省略したいくつかの定義，定理，証明などを補遺として示す．

A.1 三角関数，指数関数，対数関数

xy 平面に原点を中心とした半径 1 の円を描く．これは**単位円 (unit circle)** とよばれる．角度 θ は x 軸方向を 0 度とし，左回りを正とする．本書では，単位は [°] ではなく，対応する円弧の長さで定義される**ラジアン** [rad] を用いる．

半径 1 の円の円周の長さは 2π なので，

$$360° = 2\pi \,[\mathrm{rad}] \tag{A.1}$$

の関係が成り立つ．

図 A.1 のように，角度 θ での単位円上の点の座標を (x, y) とする．このとき，以下の三つの**三角関数(trigonometric function)** を定義する†．

$$\sin\theta = y, \quad \cos\theta = x, \quad \tan\theta = \frac{y}{x} \tag{A.2}$$

定義より，以下の性質が成り立つことが確認できる．

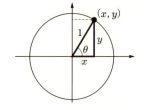

図 A.1 単位円と三角関数の定義

$$\sin^2\theta + \cos^2\theta = x^2 + y^2 = 1 \tag{A.3}$$

$$\frac{\sin\theta}{\cos\theta} = \frac{y}{x} = \tan\theta \tag{A.4}$$

また，以下に示す**加法定理**は，三角関数を利用するうえで非常に重要である．

---

† これらの三角関数は，直角三角形の二つの辺の比として定義されている．その組み合わせは六つあることから，三角関数は実は六つあり，残りの三つは $\cot\theta = \dfrac{x}{y} = \dfrac{1}{\tan\theta}$, $\sec\theta = \dfrac{1}{x} = \dfrac{1}{\cos\theta}$, $\csc\theta = \dfrac{1}{y} = \dfrac{1}{\sin\theta}$ である．読み方は順にコタンジェント，セカント，コセカントである．しかし，いずれも $\sin\theta$, $\cos\theta$, $\tan\theta$ により簡単に表現できるため，ほとんど用いられない．

定理 A.1（加法定理）

$$\sin(\alpha+\beta) = \sin\alpha\cos\beta + \cos\alpha\sin\beta$$
$$\cos(\alpha+\beta) = \cos\alpha\cos\beta - \sin\alpha\sin\beta \tag{A.5}$$

証明 ベクトルを左回りに θ だけ回転させる行列を $\boldsymbol{R}(\theta)$ とおく．

$$\boldsymbol{R}(\theta)\cdot\begin{pmatrix}1\\0\end{pmatrix} = \begin{pmatrix}\cos\theta\\\sin\theta\end{pmatrix}, \quad \boldsymbol{R}(\theta)\cdot\begin{pmatrix}0\\1\end{pmatrix} = \begin{pmatrix}-\sin\theta\\\cos\theta\end{pmatrix} \tag{A.6}$$

が成り立つので，$\boldsymbol{R}(\theta) = \begin{pmatrix}\cos\theta & -\sin\theta\\\sin\theta & \cos\theta\end{pmatrix}$ である．

$\alpha+\beta$ だけ回転させることと，β 回転させた後 α 回転させることは等しいので，

$$\boldsymbol{R}(\alpha+\beta) = \boldsymbol{R}(\alpha)\cdot\boldsymbol{R}(\beta) \tag{A.7}$$

$$\Leftrightarrow \begin{pmatrix}\cos(\alpha+\beta) & -\sin(\alpha+\beta)\\\sin(\alpha+\beta) & \cos(\alpha+\beta)\end{pmatrix} = \begin{pmatrix}\cos\alpha & -\sin\alpha\\\sin\alpha & \cos\alpha\end{pmatrix}\cdot\begin{pmatrix}\cos\beta & -\sin\beta\\\sin\beta & \cos\beta\end{pmatrix}$$

$$= \begin{pmatrix}\cos\alpha\cos\beta - \sin\alpha\sin\beta & -\sin\alpha\cos\beta - \cos\alpha\sin\beta\\\sin\alpha\cos\beta + \cos\alpha\sin\beta & \cos\alpha\cos\beta - \sin\alpha\sin\beta\end{pmatrix} \tag{A.8}$$

が成り立つ．両辺の各要素を比較し，加法定理を得る． ∎

加法定理を利用すると，以下の等式（三角関数の合成）が成り立つこともわかる．

$$A\cos\omega t + B\sin\omega t = \sqrt{A^2+B^2}\sin(\omega t + \theta),$$
$$\sin\theta = \frac{A}{\sqrt{A^2+B^2}}, \quad \cos\theta = \frac{B}{\sqrt{A^2+B^2}} \tag{A.9}$$

導出は，次のように示される．

$$(左辺) = \sqrt{A^2+B^2}\left(\frac{A}{\sqrt{A^2+B^2}}\cos\omega t + \frac{B}{\sqrt{A^2+B^2}}\sin\omega t\right)$$
$$= \sqrt{A^2+B^2}(\sin\theta\cos\omega t + \cos\theta\sin\omega t)$$
$$= \sqrt{A^2+B^2}\sin(\omega t + \theta) = (右辺) \tag{A.10}$$

指数関数 (exponential function) は，累乗

$$a^n = \underbrace{a\cdot a\cdots\cdots a}_{n\,個の積} \tag{A.11}$$

の指数 n を自然数から実数または複素数に拡張した関数 a^x である．もともとは累乗である

ので，
$$a^x a^y = a^{x+y} \tag{A.12}$$
の関係が成り立つ．

微積分に関して「綺麗な」性質をもつ指数関数として頻繁に現れるのは，**自然対数の底** e を底としてもつ e^{ax} である．表 1.2 や表 1.4 で確認したとおり，
$$\frac{d}{dx}e^{ax} = ae^{ax}, \quad \int e^{ax} dx = \frac{1}{a}e^{ax} + C \quad (C \text{ は積分定数}) \tag{A.13}$$
が成り立つので，e を底としてもつ指数関数に対しては，微積分が（積分定数を除いて）定数倍になる．

対数関数 (logarithmic function) は指数関数の逆関数として定義される．すなわち，
$$y = e^{ax} \quad \Leftrightarrow \quad \ln y = ax \tag{A.14}$$
が成り立つ．その定義から，
$$e^x e^y = e^{x+y} \quad \Leftrightarrow \quad \ln(e^x e^y) = \ln e^{x+y} \tag{A.15}$$
が成り立つので，
$$\ln e^{x+y} = x + y = \ln e^x + \ln e^y \tag{A.16}$$
と変形でき，したがって
$$\ln(e^x e^y) = \ln e^x + \ln e^y \tag{A.17}$$
が成り立つ．これを $e^x = M$，$e^y = N$ と置き換えて一般化すると，
$$\ln MN = \ln M + \ln N \tag{A.18}$$
が成り立つ．このように，対数関数は積を和に変えるはたらきをもっている．

A.2 さまざまな関数の微分

この節ではさまざまな関数を定義に基づいて微分する方法を紹介する．なお，$f(x)$，$g(x)$ を微分可能†な関数，a を定数とする．

A.2.1 多項式，分数関数

例 A.1 $f(x) = x^n$（n は正の整数）
$$\frac{df}{dx} = \lim_{\Delta x \to 0} \frac{f(x + \Delta x) - f(x)}{\Delta x} = \lim_{\Delta x \to 0} \frac{(x + \Delta x)^n - x^n}{\Delta x}$$

---
† 定義 A.4 を参照．

ここで，二項定理より $(x+\Delta x)^n = x^n + n\Delta x \cdot x^{n-1} + (\Delta x)^2(x と \Delta x の多項式)$ なので，

$$\frac{df}{dx} = \lim_{\Delta x \to 0} \frac{(x+\Delta x)^n - x^n}{\Delta x}$$

$$= \lim_{\Delta x \to 0} \frac{x^n + n\Delta x \cdot x^{n-1} + (\Delta x)^2(x と \Delta x の多項式) - x^n}{\Delta x}$$

$$= \lim_{\Delta x \to 0} \frac{n\Delta x \cdot x^{n-1} + (\Delta x)^2(x と \Delta x の多項式)}{\Delta x}$$

$$= \lim_{\Delta x \to 0} \{nx^{n-1} + \Delta x(x と \Delta x の多項式)\} = nx^{n-1}$$

したがって，$\dfrac{d}{dx}x^n = nx^{n-1}$ となる．

例 A.2 $f(x) = \dfrac{1}{x^n}$ （n は正の整数）

$$\frac{df}{dx} = \lim_{\Delta x \to 0} \frac{f(x+\Delta x) - f(x)}{\Delta x} = \lim_{\Delta x \to 0} \frac{\dfrac{1}{(x+\Delta x)^n} - \dfrac{1}{x^n}}{\Delta x} = \lim_{\Delta x \to 0} \frac{x^n - (x+\Delta x)^n}{(x+\Delta x)^n \cdot x^n \cdot \Delta x}$$

ここで，二項定理より $(x+\Delta x)^n = x^n + n\Delta x \cdot x^{n-1} + (\Delta x)^2(x と \Delta x の多項式)$ なので，

$$\frac{df}{dx} = \lim_{\Delta x \to 0} \frac{x^n - (x+\Delta x)^n}{(x+\Delta x)^n \cdot x^n \cdot \Delta x}$$

$$= \lim_{\Delta x \to 0} \frac{x^n - \{x^n + n\Delta x \cdot x^{n-1} + (\Delta x)^2(x と \Delta x の多項式)\}}{(x+\Delta x)^n \cdot x^n \cdot \Delta x}$$

$$= \lim_{\Delta x \to 0} \frac{-n\Delta x \cdot x^{n-1} - (\Delta x)^2(x と \Delta x の多項式)}{(x+\Delta x)^n \cdot x^n \cdot \Delta x}$$

$$= \lim_{\Delta x \to 0} \frac{-nx^{n-1} - \Delta x(x と \Delta x の多項式)}{(x+\Delta x)^n \cdot x^n}$$

$$= \frac{-nx^{n-1}}{x^n \cdot x^n} = -nx^{n-1-2n} = -nx^{-n-1}$$

したがって，$\dfrac{d}{dx}\dfrac{1}{x^n} = -nx^{-n-1}$ となる．

例 A.3（x^n の微分） $f(x) = x^n$ （n は整数）

- $n=0$ の場合：$x^0 = c$（定数）で，$\dfrac{d}{dx}c = 0$

- $n>0$ の場合：例 A.1 より，$\dfrac{df}{dx} = nx^{n-1}$．

- $n<0$ の場合：$m=-n$ とおくと，$x^n = x^{-m} = \dfrac{1}{x^m}$．例 A.2 より，

$$\frac{df}{dx} = \frac{d}{dx}\frac{1}{x^m} = -mx^{-m-1}$$

$m=-n$ を代入して元に戻すと，$\dfrac{df}{dx} = nx^{n-1}$．

したがって，整数 n に対し $\dfrac{d}{dx}x^n = nx^{n-1}$ となる．

A.2.2 和，差，積，商の微分

例 A.4（定数倍の微分）

$$\frac{d}{dx}\{af(x)\} = \lim_{\Delta x \to 0}\frac{af(x+\Delta x) - af(x)}{\Delta x} = a\lim_{\Delta x \to 0}\frac{f(x+\Delta x) - f(x)}{\Delta x} = a\frac{df}{dx}$$

したがって，$\dfrac{d}{dx}\{af(x)\} = a\dfrac{df}{dx}$ となる．

例 A.5（和の微分）

$$\frac{d}{dx}\{f(x)+g(x)\} = \lim_{\Delta x \to 0}\frac{\{f(x+\Delta x) + g(x+\Delta x)\} - \{f(x)+g(x)\}}{\Delta x}$$

$$= \lim_{\Delta x \to 0}\frac{\{f(x+\Delta x) - f(x)\} + \{g(x+\Delta x) - g(x)\}}{\Delta x}$$

$$= \lim_{\Delta x \to 0}\left[\frac{\{f(x+\Delta x) - f(x)\}}{\Delta x} + \frac{\{g(x+\Delta x) - g(x)\}}{\Delta x}\right]$$

$$= \lim_{\Delta x \to 0}\frac{\{f(x+\Delta x) - f(x)\}}{\Delta x} + \lim_{\Delta x \to 0}\frac{\{g(x+\Delta x) - g(x)\}}{\Delta x} = \frac{df}{dx} + \frac{dg}{dx}$$

例 A.6（差の微分） $\dfrac{d}{dx}\{f(x) - g(x)\} = \dfrac{d}{dx}[f(x) + \{-g(x)\}]$．例 A.5 より，$\dfrac{d}{dx}[f(x) + \{-g(x)\}] = \dfrac{d}{dx}f(x) + \dfrac{d}{dx}\{-g(x)\}$．例 A.4 より，$\dfrac{d}{dx}\{-g(x)\} = -\dfrac{d}{dx}g(x)$．したがって，$\dfrac{d}{dx}\{f(x) - g(x)\} = \dfrac{df}{dx} - \dfrac{dg}{dx}$ となる．

例 A.7（積の微分）

$$\frac{d}{dx}\{f(x)g(x)\} = \lim_{\Delta x \to 0}\frac{f(x+\Delta x)g(x+\Delta x) - f(x)g(x)}{\Delta x}$$

$$= \lim_{\Delta x \to 0}\frac{f(x+\Delta x)g(x+\Delta x) - f(x)g(x+\Delta x) + f(x)g(x+\Delta x) - f(x)g(x)}{\Delta x}$$

$$= \lim_{\Delta x \to 0}\frac{\{f(x+\Delta x) - f(x)\}g(x+\Delta x) + f(x)\{g(x+\Delta x) - g(x)\}}{\Delta x}$$

$$= \lim_{\Delta x \to 0} \frac{f(x+\Delta x) - f(x)}{\Delta x} g(x+\Delta x) + \lim_{\Delta x \to 0} f(x) \frac{g(x+\Delta x) - g(x)}{\Delta x}$$

ここで，$g(x)$ は微分可能なので連続†，すなわち $\lim_{\Delta x \to 0} g(x+\Delta x) = g(x)$ である．したがって，次式が成り立つ．

$$\frac{d}{dx}\{f(x)g(x)\} = \left(\frac{df}{dx}\right)g + f\left(\frac{dg}{dx}\right)$$

例 A.8（逆数の微分）

$$\frac{d}{dx} \cdot \frac{1}{f(x)} = \lim_{\Delta x \to 0}\left[\frac{1}{\Delta x} \cdot \left\{\frac{1}{f(x+\Delta x)} - \frac{1}{f(x)}\right\}\right] = \lim_{\Delta x \to 0}\left\{\frac{f(x) - f(x+\Delta x)}{f(x+\Delta x)f(x)\Delta x}\right\}$$

$$= -\lim_{\Delta x \to 0}\left\{\frac{f(x+\Delta x) - f(x)}{\Delta x} \cdot \frac{1}{f(x+\Delta x)}\right\}\frac{1}{f(x)} = -\left(\frac{df}{dx}\right) \cdot \frac{1}{f(x)} \cdot \frac{1}{f(x)}$$

したがって，$\dfrac{d}{dx} \cdot \dfrac{1}{f(x)} = -\dfrac{df}{dx} \cdot \dfrac{1}{f^2(x)}$ となる．

例 A.9（商の微分）

$$\frac{d}{dx}\frac{f(x)}{g(x)} = \frac{d}{dx} \cdot f(x) \cdot \frac{1}{g(x)} \quad \cdots (*)$$

例 A.7 を用いると，

$$(*) = \left(\frac{d}{dx}f\right) \cdot \frac{1}{g} + f\left(\frac{d}{dx} \cdot \frac{1}{g}\right) \quad \cdots (**)$$

例 A.8 を用いると，

$$(**) = \left(\frac{d}{dx}f\right) \cdot \frac{1}{g} + f\left(-\frac{dg}{dx}\right) \cdot \frac{1}{g^2} = \frac{1}{g^2} \cdot \left\{\left(\frac{df}{dx}\right)g - f\left(\frac{dg}{dx}\right)\right\}$$

したがって，$\dfrac{d}{dx}\dfrac{f(x)}{g(x)} = \dfrac{1}{g^2} \cdot \left\{\left(\dfrac{df}{dg}\right)g - f\left(\dfrac{dg}{dx}\right)\right\}$ となる．

A.2.3 合成関数の微分

例 A.10（合成関数の微分：線形変換）

$$\frac{d}{dx}f(ax) = \lim_{\Delta x \to 0}\frac{f(a(x+\Delta x)) - f(ax)}{\Delta x} = \lim_{\Delta x \to 0}\frac{f(ax+a\Delta x) - f(ax)}{a\Delta x} \cdot a$$

$ax = u$, $a\Delta x = \Delta u$ と置き換えると，$\Delta x \to 0$ のとき $\Delta u \to 0$ なので，次式が成り立つ．

---

† 定理 A.4 を参照．

$$\frac{d}{dx}f(ax) = \lim_{\Delta u \to 0}\frac{f(u+\Delta u)-f(u)}{\Delta u}\cdot a = a\cdot \left.\frac{df(u)}{du}\right|_{u=ax}$$

例 A.11（合成関数の微分：一般の場合）

$$\frac{d}{dx}f(g(x)) = \lim_{\Delta x \to 0}\frac{f(g(x+\Delta x))-f(g(x))}{\Delta x}$$

$$= \lim_{\Delta x \to 0}\frac{f(g(x+\Delta x))-f(g(x))}{g(x+\Delta x)-g(x)}\cdot \frac{g(x+\Delta x)-g(x)}{\Delta x}$$

ここで，$\Delta g = g(x+\Delta x)-g(x)$ とおく．$g(x)$ は連続関数なので，$\lim_{\Delta x \to 0}g(x+\Delta x) = g(x)$ が成り立ち，$\Delta x \to 0$ のとき $\Delta g \to 0$ である[†]．したがって，次式が成り立つ．

$$\frac{d}{dx}f(g(x)) = \lim_{\Delta g \to 0}\frac{f(g(x)+\Delta g)-f(g(x))}{\Delta g}\cdot \lim_{\Delta x \to 0}\frac{g(x+\Delta x)-g(x)}{\Delta x} = \frac{df}{dg}\cdot \frac{dg}{dx}$$

A.2.4 三角関数，対数関数，指数関数の微分

例 A.12（三角関数の微分 (1)）

$$\frac{d}{dx}\sin x = \lim_{\Delta x \to 0}\frac{\sin(x+\Delta x)-\sin x}{\Delta x}$$

$$= \lim_{\Delta x \to 0}\frac{\sin x\cos \Delta x+\cos x\sin \Delta x-\sin x}{\Delta x}$$

$$= \lim_{\Delta x \to 0}\frac{\sin x(\cos \Delta x-1)+\cos x\sin \Delta x}{\Delta x}$$

$$= \sin x\cdot \lim_{\Delta x \to 0}\frac{\cos \Delta x-1}{\Delta x}+\cos x\cdot \lim_{\Delta x \to 0}\frac{\sin \Delta x}{\Delta x}\quad \cdots (*)$$

ここで，

$$\lim_{\Delta x \to 0}\frac{\cos \Delta x-1}{\Delta x} = \lim_{\Delta x \to 0}\frac{(\cos \Delta x-1)(\cos \Delta x+1)}{\Delta x(\cos \Delta x+1)} = \lim_{\Delta x \to 0}\frac{\sin^2 \Delta x}{\Delta x(\cos \Delta x+1)}$$

$$= \lim_{\Delta x \to 0}\frac{\sin \Delta x}{\Delta x}\cdot \frac{\sin \Delta x}{\cos \Delta x+1} = \lim_{\Delta x \to 0}\frac{\sin \Delta x}{\Delta x}\cdot \lim_{\Delta x \to 0}\frac{\sin \Delta x}{\cos \Delta x+1}$$

したがって，次式が成り立つ．

$$(*) = \sin x\cdot \lim_{\Delta x \to 0}\frac{\sin \Delta x}{\Delta x}\cdot \lim_{\Delta x \to 0}\frac{\sin x}{\cos \Delta x+1}+\cos x\cdot \lim_{\Delta x \to 0}\frac{\sin \Delta x}{\Delta x}\quad \cdots (**)$$

ここで，$\lim_{\Delta x \to 0}\frac{\sin \Delta x}{\cos \Delta x+1} = \frac{0}{1+1} = 0$，$\lim_{\Delta x \to 0}\frac{\sin \Delta x}{\Delta x} = 1$（補題 A.1 より）であることを

[†] 後述の定義 A.3 参照．

利用すると，$(**) = \sin x \cdot 1 \cdot 0 + \cos x \cdot 1 = \cos x$．したがって，$\dfrac{d}{dx} \sin x = \cos x$ となる．

例 A.13（三角関数の微分 (2)）　$\dfrac{d}{dx} \cos x = \dfrac{d}{dx} \sin\left(x + \dfrac{\pi}{2}\right)$

$u = x + \dfrac{\pi}{2}$ とおくと，次式が成り立つ．

$$\frac{df}{dx} = \frac{df}{du} \cdot \frac{du}{dx} = \frac{d}{du} \sin u \cdot \frac{d}{dx}\left(x + \frac{\pi}{2}\right) = \cos u \cdot 1 = \cos\left(x + \frac{\pi}{2}\right) = -\sin x$$

［補足］　この例ではすでに導いた $\sin x$ の微分と合成関数の微分を利用しているが，もちろん定義に基づいて微分しても構わない．

例 A.14（対数関数の微分 (1)）

$$\frac{d}{dx} \log_a x = \lim_{\Delta x \to 0} \frac{\log_a(x + \Delta x) - \log_a x}{\Delta x} = \lim_{\Delta x \to 0} \frac{\log_a\left(\dfrac{x + \Delta x}{x}\right)}{\Delta x} \cdots (*)$$

ここで，$\dfrac{\Delta x}{x} = h$ とおくと，

$$(*) = \lim_{h \to 0} \frac{\log_a(1+h)}{h} \cdot \frac{1}{x} = \frac{1}{x} \lim_{h \to 0} \frac{\log_a(1+h)}{h} = \frac{1}{x} \lim_{h \to 0} \log_a(1+h)^{\frac{1}{h}}$$

ここで，$\lim_{h \to 0}(1+h)^{\frac{1}{h}}$ は収束することが知られており，その値を e とする．

したがって，$\dfrac{d}{dx} \log_a x = \dfrac{1}{x \log_a e}$ が成り立つ．

定義 A.1（ネイピア数（自然対数の底））

$$\lim_{h \to 0}(1+h)^{\frac{1}{h}} = \lim_{n \to \infty}\left(1 + \frac{1}{n}\right)^n = e \tag{A.19}$$

で定義される e を**ネイピア数**[†1]または**自然対数の底 (base of natural logarithm)** とよぶ．

定義 A.2（自然対数）　底を e とする対数 $\log_e x$ を**自然対数 (natural logarithm)** とよび，

$$\ln x \tag{A.20}$$

で表す[†2]．

例 A.15（対数関数の微分 (2)）　$\dfrac{d}{dx} \ln x = \dfrac{1}{x \ln e} = \dfrac{1}{x}$

[†1] 対数に関する研究を行った 17 世紀の数学者ジョン・ネイピアにちなむ．
[†2] ln は自然対数 logarithm natural の頭文字をとった記号である．したがって，1 文字目は l（エル）であり，I（アイ）ではない．

例 A.16（x^a の微分） $f(x) = x^a$ （a は実数）となる.

補題 A.2 より, $\dfrac{d}{dx} \ln |f(x)| = \dfrac{1}{f(x)} \cdot \dfrac{df(x)}{dx}$ が成り立つ. よって,

$$\frac{df}{dx} = \frac{d}{dx} \ln |x^a| = \frac{1}{x^a} \cdot \frac{d}{dx} x^a \Leftrightarrow \frac{d}{dx} x^a = x^a \frac{d}{dx} a \ln |x| = x^a \cdot \frac{a}{x} = a x^{a-1}$$

したがって, $\dfrac{d}{dx} x^a = a x^{a-1}$ （a は実数）となる.

例 A.17（指数関数の微分） $f(x) = e^x$

補題 A.2 より, $\dfrac{d}{dx} \ln |f(x)| = \dfrac{1}{f(x)} \cdot \dfrac{df(x)}{dx}$ が成り立つ. よって,

$$\frac{d}{dx} \ln |e^x| = \frac{1}{e^x} \cdot \frac{d}{dx} e^x \Leftrightarrow \frac{d}{dx} x = \frac{1}{e^x} \cdot \frac{d}{dx} e^x \Leftrightarrow 1 = \frac{1}{e^x} \cdot \frac{d}{dx} e^x$$

したがって, $\dfrac{d}{dx} e^x = e^x$ となる.

$f(x) = e^{ax}$ に対して合成関数の微分 $\dfrac{df(ax)}{dx} = a \cdot \left.\dfrac{df(u)}{du}\right|_{u=ax}$ を利用すると, 次式が成り立つ.

$$\frac{d}{dx} e^{ax} = a \cdot \left.\frac{de^u}{du}\right|_{u=ax} = a e^{ax}$$

A.3 さまざまな関数の積分

この節では, さまざまな関数の積分導出, および諸法則の証明を示す. なお, この節では $f(x)$, $g(x)$ の原始関数をそれぞれ $F(x)$, $G(x)$, a を定数とする.

例 A.18（定数倍の積分） $\displaystyle\int a f(x) dx$

$\dfrac{d}{dx} \{a F(x)\} = a \dfrac{d}{dx} F = a f(x)$. したがって, 次式が成り立つ.

$$\int a f(x) dx = a F(x) + C = a \int f(x) dx$$

例 A.19（和・差の積分） $\displaystyle\int \{f(x) \pm g(x)\} dx$

$\dfrac{d}{dx} \{F(x) \pm G(x)\} = f(x) \pm g(x)$. したがって, 次式が成り立つ.

$$\int \{f(x) \pm g(x)\} dx = F(x) \pm G(x) = \int f(x) dx \pm \int g(x) dx$$

例 A.20（部分積分） 積の微分（例 A.7）より，$\frac{d}{dx}\{f(x)g(x)\} = \left(\frac{df}{dx}\right)g + f\left(\frac{dg}{dx}\right)$. 両辺を積分して，以下の関係が得られる．

$$\int \frac{d}{dx}\{f(x)g(x)\}dx = \int \left(\frac{df}{dx}\right)g dx + \int f\left(\frac{dg}{dx}\right)dx$$

$$\Leftrightarrow f(x)g(x) = \int \left(\frac{df}{dx}\right)g dx + \int f\left(\frac{dg}{dx}\right)dx$$

$$\Leftrightarrow \int \left(\frac{df}{dx}\right)g dx = f(x)g(x) - \int f\left(\frac{dg}{dx}\right)dx$$

例 A.21（合成関数の積分（置換積分）） $\int f(x)dx = F(x)$ に対し，$x = g(t)$ の置換を行う．$\frac{d}{dt}\{F(g(t))\} = f(g(t)) \cdot \frac{dg(t)}{dt}$ が成り立つので，両辺の不定積分を求めると，$F(g(t)) = \int f(g(t)) \cdot \frac{dg(t)}{dt}dt$ となる．左辺は置換の定義より $F(g(t)) = F(x) = \int f(x)dx$ なので，$\int f(x)dx = \int f(x)\frac{dx}{dt}dt = \int f(g(t))\frac{dg(t)}{dt}dt$ が成り立つ．

A.4　定義，定理，法則など

定理 A.2（二項定理） 正の整数 n に対し，

$$(a+b)^n = \sum_{k=0}^{n} {}_n\mathrm{C}_k a^k b^{n-k} \tag{A.21}$$

が成り立つ．ここで，${}_n\mathrm{C}_k$ は二項係数とよばれ，${}_n\mathrm{C}_k = \frac{n!}{k!(n-k)!}$ である．

証明 数学的帰納法を用いる．

1. $n = 1$ の場合

$$(左辺) = (a+b)^1 = a+b,$$

$$(右辺) = \sum_{k=0}^{1} {}_1\mathrm{C}_k a^k b^{1-k} = {}_1\mathrm{C}_0 a^0 b^1 + {}_1\mathrm{C}_1 a^1 b^{1-1} = \frac{1!}{0!(1-0)!}b + \frac{1!}{1!(1-1)!}a$$

$$= a+b$$

したがって，$n = 1$ のとき (左辺) = (右辺) が成り立つ．

2. $n \geq 1$ の場合

$$(a+b)^n = \sum_{k=0}^{n} {}_n\mathrm{C}_k a^k b^{n-k} \cdots (*)$$

が成り立つと仮定したとき，

$$(a+b)^{n+1} = \sum_{k=0}^{n+1} {}_{n+1}\mathrm{C}_k a^k b^{n+1-k} \cdots (**)$$

が成り立つことを示す．$(*)$ の両辺に $(a+b)$ をかけると，

$(左辺) = (a+b)^n \cdot (a+b) = (a+b)^{n+1}$,

$(右辺) = \left(\sum_{k=0}^{n} {}_n\mathrm{C}_k a^k b^{n-k} \right) \cdot (a+b) = a \cdot \left(\sum_{k=0}^{n} {}_n\mathrm{C}_k a^k b^{n-k} \right) + b \cdot \left(\sum_{k=0}^{n} {}_n\mathrm{C}_k a^k b^{n-k} \right)$

$= \sum_{k=0}^{n} {}_n\mathrm{C}_k a^{k+1} b^{n-k} + \sum_{k=0}^{n} {}_n\mathrm{C}_k a^k b^{n+1-k}$

となる．この式から，$a^k b^{n+1-k}$ の係数は ${}_n\mathrm{C}_{k-1} + {}_n\mathrm{C}_k$ であることがわかる．

$${}_n\mathrm{C}_{k-1} + {}_n\mathrm{C}_k = \frac{n!}{(k-1)!\{n-(k-1)\}!} + \frac{n!}{k!(n-k)!}$$

$$= \frac{k \cdot n!}{k!(n+1-k)!} + \frac{(n+1-k) \cdot n!}{k!(n+1-k)!} = \frac{k \cdot n! + (n+1-k) \cdot n!}{k!(n+1-k)!}$$

$$= \frac{(n+1) \cdot n!}{k!(n+1-k)!} = \frac{(n+1)!}{k!(n+1-k)!} = {}_{n+1}\mathrm{C}_k$$

したがって，$(右辺) = \sum_{k=0}^{n+1} {}_{n+1}\mathrm{C}_k a^k b^{n+1-k}$ となり，$(**)$ が成り立つことが示された．

1，2 より，任意の $n \geq 1$ について $(a+b)^n = \sum_{k=0}^{n} {}_n\mathrm{C}_k a^k b^{n-k}$ が成り立つ．∎

[補足] 二項係数の計算には**パスカルの三角形 (Pascal's triangle)**[†]（図 A.2）がよく知られている．

パスカルの三角形の作り方は非常に単純である．
1. 最初に 1 を書く．
2. 一つ下の行の数字は，そこの右上と左上の数字の和とする．数字がない場合は 0 があると考える．

[†] フランスの哲学者・物理学者パスカル (Pascal, Blaise) にちなむ．業績は多岐にわたるが，計算機科学の分野では歯車式の計算機を設計・製作したことが有名である．

```
                        1
                     1     1
                  1     2     1
               1     3     3     1
            1     4     6     4     1
         1     5     10    10    5     1
      1     6     15    20    15    6     1
   1     7     21    35    35    21    7     1
1     8     28    56    70    56    28    8     1
   1  9    36    84   126   126   84    36    9     1
1  10    45   120   210   252   210   120   45    10    1
```

図 A.2 パスカルの三角形

こうすることで，n 行目の左から k 番目の数字が ${}_n\mathrm{C}_k$ を表す（ただし，一番上は 0 行目とする）．たとえば，7 行目 3 番目の数字は 35 であるが，${}_7\mathrm{C}_3 = \dfrac{7!}{3!(7-4)!} = \dfrac{7\cdot 6\cdot 5}{3\cdot 2\cdot 1} = 35$ で一致する．

これは偶然でも何でもなく，パスカルの三角形が実は $(a+b)^n$ の展開の係数のみを取り出したものだからである．このことを確認してみよう．低い次数から，公式を使わずに展開していくと理由がよくわかる．

- 1 行目の $(1,\ 1)$ は $1\cdot a + 1\cdot b$ に対応している．
- 2 行目は $(1,\ 2,\ 1)$ となっている．真ん中の 2 が上の行の 1 と 1 を足したものになっているが，これは以下のように解釈できる．
  - $(a+b)^2 = a\cdot (a+b) + b\cdot (a+b)$ である．
  - 係数が a の次数ごとに並んでいるとすると，二つの項は $(1,\ 1,\ 0)$ と $(0,\ 1,\ 1)$ と見なせる．つまり，a がかかっているほうは a の次数が上がるので左に一つずれ（右端に 0 が追加される），b がかかっているほうは次数がそのままなので，左端に 0 が追加される．
  - この二つを足すと $(1,1,0) + (0,1,1) = (1,2,1)$ となる．
- 3 行目の $(1,3,3,1)$ も同様である．$(a+b)^3 = (a+b)(a^2+2ab+b^2) = a(a^2+2ab+b^2) + b(a^2+2ab+b^2)$ で，それぞれの係数は 1 行上の左右に 0 を追加した $(1,2,1,0)$ と $(0,1,2,1)$ である．これらを足して 3 行目は $(1,2,1,0) + (0,1,2,1) = (1,3,3,1)$ となる．

証明中で利用した ${}_n\mathrm{C}_{k-1} + {}_n\mathrm{C}_k = {}_{n+1}\mathrm{C}_k$ は，この性質を少し異なった表現で表したものである．

定理 A.3 関数 $f(x)$，$g(x)$ が $x \to a$ で極限値をもつ（極限値が一意に定まる）とき，以下の性質が成り立つ．

1. $\displaystyle\lim_{x\to a}\{c_1 f(x) + c_2 g(x)\} = c_1 \lim_{x\to a} f(x) + c_2 \lim_{x\to a} g(x)$ （c_1，c_2 は定数）

2. $\displaystyle\lim_{x\to a} f(x)g(x) = \lim_{x\to a} f(x) \cdot \lim_{x\to a} g(x)$

3. $\displaystyle\lim_{x\to a} \frac{f(x)}{g(x)} = \frac{\lim_{x\to a} f(x)}{\lim_{x\to a} g(x)}$ （$\displaystyle\lim_{x\to a} g(x) \neq 0$ の場合）

補題 A.1 $\displaystyle\lim_{x\to 0} \frac{\sin x}{x} = 1$

証明

1. $\displaystyle\lim_{x\to +0} \frac{\sin x}{x} = 1$ を示す．

半径 1，中心角 $\angle AOB = x$ $\left(0 < x < \dfrac{\pi}{2}\right)$ の扇型 OAB を描く（図 A.3）．図のように A における接線と OB を延長した直線との交点を T とする．

すると，包含関係から明らかに，面積は

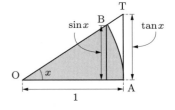

図 A.3 扇形と三角形の包含関係

$$\triangle \text{OAB} < \text{扇型 OAB} < \triangle \text{OAT}$$

の関係が成り立つ．$\triangle$OAB, $\triangle$OAT の底辺の長さは 1，高さはそれぞれ $\sin x$, $\tan x$ である．したがって，以下が得られる．

$$\frac{1}{2} \cdot 1 \cdot \sin x < \frac{1}{2} \cdot 1^2 \cdot x < \frac{1}{2} \cdot 1 \cdot \tan x \quad \Leftrightarrow \quad \sin x < x < \tan x$$

$$\Leftrightarrow \quad 1 < \frac{x}{\sin x} < \frac{1}{\cos x} \quad \Leftrightarrow \quad 1 > \frac{\sin x}{x} > \cos x$$

$\displaystyle\lim_{x\to +0} \cos x = 1$ なので，はさみうちの原理により $\displaystyle\lim_{x\to +0} \frac{\sin x}{x} = 1$ となる．

2. $\displaystyle\lim_{x\to -0} \frac{\sin x}{x} = 1$ を示す．

$\displaystyle\lim_{x\to -0} \frac{\sin x}{x}$ の極限は $x < 0$ から 0 に近づいている．$x < 0$ のとき $-x = t$ とおくと，

$$\lim_{x\to -0} \frac{\sin x}{x} = \lim_{t\to +0} \frac{\sin(-t)}{-t} = \lim_{t\to +0} \frac{-\sin t}{-t} = \lim_{t\to +0} \frac{\sin t}{t} = 1$$

1，2 より，$\displaystyle\lim_{x\to 0} \frac{\sin x}{x} = 1$ である． ∎

定義 A.3（連続な関数・不連続な関数） 関数 $f(x)$ が x で**連続 (continuous)** であるとは，

$$\lim_{\Delta x\to 0} f(x + \Delta x) = f(x) \tag{A.22}$$

が成り立つことである.

また, 関数 $f(x)$ が (任意の実数に対して) **連続関数 (continuous function)** であるとは, $f(x)$ が任意の x で連続であることである.

これに対し, 関数 $f(x)$ が x で**不連続 (discontinuous)** であるとは,

$$\lim_{\Delta x \to 0} f(x + \Delta x) \tag{A.23}$$

が一意に定まらないか存在しないことである. 一例として,

$$\lim_{\Delta x \to +0} f(x + \Delta x) \neq \lim_{\Delta x \to -0} f(x + \Delta x) \tag{A.24}$$

となる場合がある (右からと左からで x に近づいていった値が食い違っている, すなわち値が不連続になっていることを示している).

また, 関数 $f(x)$ が (任意の実数に対して) **不連続関数 (discontinuous function)** であるとは, $f(x)$ が不連続である x が存在することである.

定義 A.4 (微分可能な関数) 関数 $f(x)$ が x で**微分可能 (differentiable)** であるとは, 極限

$$\lim_{\Delta x \to 0} \frac{f(x + \Delta x) - f(x)}{\Delta x} \tag{A.25}$$

が存在する (値が一意に確定する) ことである.

また, 関数 $f(x)$ が (任意の実数に対して) **微分可能な関数 (differentiable function)** であるとは, $f(x)$ が任意の x で微分可能であることである.

定理 A.4 関数 $f(x)$ が微分可能な関数であれば, 連続な関数である.

証明 $f(x)$ は微分可能であるので, 任意の x に対して極限 $\displaystyle\lim_{\Delta \to 0} \frac{f(x + \Delta x) - f(x)}{\Delta x}$ の値が一意に定まる. その値を A とする.

ここで,

$$\lim_{\Delta x \to 0} f(x + \Delta x) = \lim_{\Delta x \to 0} f(x + \Delta x) - f(x) + f(x)$$

$$= \lim_{\Delta x \to 0} \{f(x + \Delta x) - f(x)\} + f(x)$$

$$= \lim_{\Delta x \to 0} \frac{f(x + \Delta x) - f(x)}{\Delta x} \Delta x + f(x) = A \cdot 0 + f(x) = f(x)$$

である. したがって, $f(x)$ が微分可能であれば $\displaystyle\lim_{\Delta x \to 0} f(x + \Delta x) = f(x)$ が成り立つ. つまり, 連続である. ∎

例題 A.1　「連続な関数であれば必ず微分可能な関数である」ことが成り立つかどうか，理由とともに述べよ．

解答　たとえば，$f(x)=|x|$ は $x=0$ で微分可能ではないことが示せる（微分の定義に対し，$x=0$ に対する左右両方からの極限が一致しないことを示す）．反例があるので「連続な関数であれば必ず微分可能な関数である」は成り立たない．

［補足］「とがっている部分がない」，「なめらかである」のような表現は，直観的に理解するのに適しているが，数学的に適切な表現かと聞かれたらそうでもない．

とくに，「関数がなめらかである」ことは「関数がいたるところで微分可能である」と定義されているため，「連続でなめらかでない関数があり，それは微分不可能である」という説明は，定義を繰り返していることになり，この問題の解答にはなっていない．　□

補題 A.2（対数微分）　$\dfrac{d}{dx}\ln|f(x)|$ に対し，$u=\ln|f(x)|$ とおくと，合成関数の微分より

$$\frac{df}{dx}=\frac{df}{du}\cdot\frac{du}{dx}=\frac{d}{du}\ln|u|\cdot\frac{d}{dx}f(x)=\frac{1}{u}\cdot\frac{df(x)}{dx}=\frac{1}{f(x)}\cdot\frac{df(x)}{dx}$$

が成り立つ．

定義 A.5（テイラー展開）　$f(x)$ を任意の回数微分可能な関数とする．このとき，

$$f(x)=\sum_{n=0}^{\infty}\frac{f^{(n)}(a)}{n!}(x-a)^n \tag{A.26}$$

を $f(x)$ の**テイラー展開 (Taylor expansion)** とよぶ．とくに，$a=0$ の場合の

$$f(x)=\sum_{n=0}^{\infty}\frac{f^{(n)}(0)}{n!}x^n \tag{A.27}$$

を**マクローリン展開 (Maclaurin expansion)** とよんで区別することもある[†]．

テイラー展開により，多くの関数 $f(x)$ は $(x-a)$ に関する多項式で表すことができる（正確には，これが成り立つためには $f(x)$ に関する条件が必要だが，本書の範囲を超えるためここでは触れないこととする）．

$f(x)$ が $(x-a)$ に関する多項式で表せるという仮定は，

$$f(x)=a_0+a_1(x-a)+\cdots+a_n(x-a)^n+\cdots=\sum_{n=0}^{\infty}a_n(x-a)^n \tag{A.28}$$

と表される．係数 a_i $(i=0,1,\ldots)$ は，以下の手順で求めることができる．

[†] いずれも 17-18 世紀の数学者にちなむ．

式 (A.28) の両辺に $x=a$ を代入すると，

$$f(a) = a_0 \tag{A.29}$$

が成り立つ．式 (A.28) の両辺を微分すると

$$f'(x) = a_1 + \cdots + a_n n(x-a)^{n-1} + \cdots = \sum_{n=1}^{\infty} a_n n(x-a)^n \tag{A.30}$$

となり，$x=a$ を代入すると，

$$f'(a) = a_1 \tag{A.31}$$

が成り立つ．同様に，式 (A.28) の両辺を k 階微分すると

$$f^{(k)}(x) = a_k k! + a_{k+1} \frac{(k+1)!}{1!}(x-a) + \cdots = \sum_{n=k}^{\infty} a_n \frac{n!}{(n-k)!}(x-a)^{n-k} \tag{A.32}$$

となり，$x=a$ を代入すると，

$$f^{(k)}(a) = a_k k! \quad \Leftrightarrow \quad a_k = \frac{f^{(k)}(a)}{k!} \tag{A.33}$$

が成り立つ．これを式 (A.28) に代入すると式 (A.26) となる．

例 A.22（テイラー展開の利用例）

- 指数関数 e^x

  $f(x) = e^x$ とする．$(e^x)' = e^x$ なので，$f^{(n)}(x) = e^x$, $f^{(n)}(0) = 1$ が任意の n について成り立つ．したがって，テイラー展開は次式となる．

$$e^x = 1 + x + \frac{x^2}{2!} + \frac{x^3}{3!} + \cdots + \frac{x^n}{n!} + \cdots \tag{A.34}$$

- 三角関数 $\sin x$, $\cos x$

  $f(x) = \sin x$ とする．$(\sin x)' = \cos x$, $(\cos x)' = -\sin x$ を利用すると，

$$\begin{cases} f(x) = \sin x, \quad f'(x) = \cos x, \quad f''(x) = -\sin x, \\ f^{(3)}(x) = -\cos x, \quad f^{(4)}(x) = \sin x \end{cases} \tag{A.35}$$

$$f(0) = 0, \quad f'(0) = 1, \quad f''(0) = 0, \quad f^{(3)}(0) = -1, \quad f^{(4)}(x) = 0 \tag{A.36}$$

のように四階微分ごとに周期的に変化する．これを利用すると，三角関数のテイラー展開は次式となる．

$$\sin x = x - \frac{x^3}{3!} + \frac{x^5}{5!} - \cdots, \quad \cos x = 1 - \frac{x^2}{2!} + \frac{x^4}{4!} - \cdots \tag{A.37}$$

テイラー展開を利用すると，非常に重要な公式である**オイラーの公式 (Eular's formula)**[†]を導出できる．

定理 A.5（オイラーの公式）

$$e^{jx} = \cos x + j \sin x \tag{A.38}$$

証明 テイラー展開を利用すると，

$$\begin{aligned} e^{jx} &= 1 + jx + \frac{(jx)^2}{2!} + \frac{(jx)^3}{3!} + \cdots + \frac{(jx)^n}{n!} + \cdots \\ &= \left(1 - \frac{x^2}{2!} + \frac{x^4}{4!} - \cdots\right) + j\left(x - \frac{x^3}{3!} + \frac{x^5}{5!} - \cdots\right) \\ &= \cos x + j \sin x \end{aligned} \tag{A.39}$$

となり，オイラーの公式が導出できる． ■

オイラーの公式を利用すると，複素数の絶対値および偏角に関する重要な性質や，加法定理などを簡単に証明することができる．

定義 A.6（複素数の絶対値と偏角）

複素数 z を $z = \alpha + j\beta$（α, β は実数，j は虚数単位（$j^2 = -1$））とすると，その絶対値 $|z|$ および偏角 $\angle z$ は以下のように定義される．

$$|z|^2 = \alpha^2 + \beta^2, \quad \tan \angle z = \frac{\beta}{\alpha} \tag{A.40}$$

これは，平面上の点 $(\alpha, \beta)^T$ と原点との距離，および原点とその点が x 軸と成す角度にほかならない．

この記法とオイラーの公式を利用すると，複素数 z は

$$\begin{aligned} z = \alpha + j\beta &= \sqrt{\alpha^2 + \beta^2} \left(\frac{\alpha}{\sqrt{\alpha^2 + \beta^2}} + j \frac{\beta}{\sqrt{\alpha^2 + \beta^2}} \right) \\ &= \sqrt{\alpha^2 + \beta^2}(\cos \angle z + j \sin \angle z) = |z|e^{j\angle z} \end{aligned} \tag{A.41}$$

と表すことができる．

定理 A.6（複素数の絶対値と偏角の性質）

複素数 z_1, z_2 に対し，以下の性質が成り立つ．

$$|z_1 z_2| = |z_1||z_2|, \quad \angle(z_1 z_2) = \angle z_1 + \angle z_2 \tag{A.42}$$

証明 $z_1 z_2 = |z_1|e^{j\angle z_1} \cdot |z_2|e^{j\angle z_2} = |z_1||z_2|e^{j(\angle z_1 + \angle z_2)} = |z_1 z_2|e^{j\angle(z_1 z_2)}$．両辺を比較して，$|z_1 z_2| = |z_1||z_2|$, $\angle(z_1 z_2) = \angle z_1 + \angle z_2$ となる． ■

[†] 18 世紀の数学者・物理学者であるオイラー (Eular, Leonhard) にちなむ．

例 A.23（オイラーの公式を利用した加法定理の証明） 議論を単純にするため，$|z_1| = |z_2| = 1$，$\angle z_i = \theta_i$ とする．

$$z_1 z_2 = |z_1|e^{j\angle z_1} \cdot |z_2|e^{j\angle z_2} = e^{j\angle z_1}e^{j\angle z_2} = (\cos\theta_1 + j\sin\theta_1)(\cos\theta_2 + j\sin\theta_2)$$

$$= \cos\theta_1\cos\theta_2 - \sin\theta_1\sin\theta_2 + j(\sin\theta_1\cos\theta_2 + \cos\theta_1\sin\theta_2) \quad \cdots (*)$$

$$z_1 z_2 = |z_1 z_2|e^{j\angle(z_1 z_2)} = e^{j(\theta_1+\theta_2)} = \cos(\theta_1+\theta_2) + j\sin(\theta_1+\theta_2) \quad \cdots (**)$$

$(*)$ と $(**)$ の実部と虚部をそれぞれ比較すると，加法定理が得られる． ∎

A.5 次元（単位）解析

運動方程式など，物理現象を示す方程式は，値だけでなく次元も両辺で一致する必要がある．式内の変数・定数の単位の次元を調べることを**次元解析**とよぶ．次元解析を利用すると，どの**物理量 (physical quantity)** をどのように組み合わせて他の量を表現できるかを調べられる．また，計算誤りを見つける簡易的な手法としても利用できる．

単位はとくに断りのない場合，**MKSA 単位系**を利用する．これは

- 長さ：メートル meter
- 質量：キログラム kilogram
- 時間：秒 second
- 電流：アンペア ampere

の四つを基本単位としたものである†．

例 A.24（ばね・重り系の振動周期） ばね・重り系（図 A.4）の微分方程式は $m\ddot{x} = -kx$ であった．

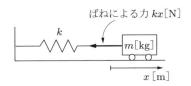

図 A.4　ばね・重り系とその単位

それぞれの単位と，時間による微分は「微小な時間で割ること」であったことを思い出すと，両辺の次元は

$$[\text{kg}] \cdot [\text{m/s}^2] = [k] \cdot [\text{m}] \tag{A.43}$$

の関係が成り立つ．ここで，$[k]$ は定数 k の単位を表すとする．したがって，

---

† MKSA 単位系は力学・電磁気学までを対象とした単位系である．熱力学・化学までを対象とする場合，温度（ケルビン），光度（カンデラ），分子量（モル）を加えた **SI 単位系**を利用する．

$$[k] = [\mathrm{kg/s^2}] = [\mathrm{kg \cdot s^{-2}}] \tag{A.44}$$

である．

この系にはパラメータは k, m の二つしかないので，振動周期 T はこの二つのべき乗で表されると仮定する．

$$T = A k^a m^b \;(A \text{ は定数}) \quad \Leftrightarrow \quad [\mathrm{s}] = [\mathrm{kg \cdot s^{-2}}]^a [\mathrm{kg}]^b = [\mathrm{kg}^{a+b} \cdot \mathrm{s}^{-2a}] \tag{A.45}$$

両辺の単位が一致するので，$a+b=0$, $-2a=1$ であり，これを解くと $a=-\dfrac{1}{2}$, $b=\dfrac{1}{2}$ とわかる．

したがって，

$$T = A k^{-\frac{1}{2}} m^{\frac{1}{2}} = A\sqrt{\dfrac{m}{k}} \quad (A \text{ は定数}) \tag{A.46}$$

であることがわかる．

同じ次元の物理量の比で表される値の単位は次元をもたず，**無次元量**または**無名数**とよばれる．

<u>例 A.25</u>（**無次元量**） 無次元量としてもっとも馴染み深いのは角度の単位 [rad] である．半径 r, 角度 θ の円弧の長さ l は

$$r\theta = l \quad \Leftrightarrow \quad \theta = \dfrac{l}{r} \tag{A.47}$$

の関係にある．r, l それぞれ単位は [m] であるので，θ の単位には次元がない．角度をこれらの長さの比で表した場合の単位として [rad] が定義されているが，次元解析を行う場合は単位を [1] として扱う．

その他のおもな無次元量の例を以下に示す．

- 反発係数 e：衝突前後の速度をそれぞれ v_i, v_o とすると，$e \equiv \dfrac{v_\mathrm{o}}{v_\mathrm{i}}$ と定義され，無次元数である．
- **SN 比 (signal-noise ratio)**：信号と雑音の電力をそれぞれ P_s, P_n とすると，SN 比は $r \equiv \dfrac{P_s}{P_n}$ と定義され，無次元数である．
- **利得 (gain)**：ある装置に入力される信号とそこから出力される信号の電力をそれぞれ P_i, P_o としたとき，その比 $\dfrac{P_\mathrm{o}}{P_\mathrm{i}}$ は無次元数であり，利得もしくはカタカナ読みで**ゲイン**とよばれる．

また，SN 比，利得など信号電力の比は常用対数をとり，10 をかけた値を利用するこ

とが多い．その場合の単位は**デシベル(dB)** とよばれる[†1, †2]．

$$r\,[\mathrm{dB}] = 10\log_{10}\frac{P_s}{P_n} \tag{A.48}$$

対数をとるのは，掛け算が足し算になる性質 $\log(xy) = \log x + \log y$ を利用するためである．

また，常用対数のままでは 2 倍，3 倍が $\log_{10} 2 \simeq 0.301$，$\log_{10} 3 = 0.477$ となって扱いづらいので，10 をかけてそれぞれ $10\log_{10} 2 \simeq 3.01\,[\mathrm{dB}]$，$10\log_{10} 3 \simeq 4.77\,[\mathrm{dB}]$ とする．

たとえば，ある信号が 3 倍，5 倍に増幅される装置を順に通った場合の利得は $3 \times 5 = 15$ 倍であるが，これをデシベルで表すと $4.77\,[\mathrm{dB}] + 6.99\,[\mathrm{dB}] = 17.76\,[\mathrm{dB}]$ となる．

工学上の応用では $\sin x$, $\cos x$, e^x などの関数が頻繁に現れるが，その変数 x は無次元量であることがほとんどである．このことは，**テイラー展開**（定義 A.5）を用いて

$$e^x = 1 + x + \frac{x^2}{2!} + \cdots + \frac{x^n}{n!} + \cdots$$

であることからも理解できる．もし x が無次元量でなく物理的な次元をもつ場合，e^x は無限次元をもつことになってしまうからである．

例 A.26 周波数 $f\,[\mathrm{Hz}]$，振幅 $A\,[\mathrm{m}]$ の正弦波は

$$A\sin(2\pi f t + \alpha) \tag{A.49}$$

で表される．$\sin$ の変数 $2\pi f t + \alpha$ の単位は

$$[\mathrm{rad}] \cdot [\mathrm{Hz}] \cdot [\mathrm{s}] + [\mathrm{rad}] = [\mathrm{rad}] \cdot [\mathrm{s}^{-1}] \cdot [\mathrm{s}] + [\mathrm{rad}] = [\mathrm{rad}] = [1] \tag{A.50}$$

であり，確かに無次元量である．

◻ 演習問題

A.1（重力加速度定数） 自由落下の運動方程式 $m\ddot{x} = -mg$ に対して次元解析を行い，定数 g の単位を求めよ．

■**解答**（与式）$\Leftrightarrow \ddot{x} = -g$ よって，$[g] = [\mathrm{m} \cdot \mathrm{s}^{-2}]$

[†1] 電気工学・通信工学者のアレクサンダー・グラハム・ベル (1847-1922) にちなむ．1888 年にはナショナルジオグラフィック協会の創設者の一員となり，1896 年から 1904 年まで会長を務めている．この協会は協会名を冠した科学雑誌の刊行や，科学ドキュメンタリー番組を多数制作している「ナショナルジオグラフィックチャンネル」でも今日とくに有名である．

[†2] 「デシ」は SI 接頭語で 10^{-1} を意味する "deci" である．$0.3\,[\mathrm{B}] = 3\,[\mathrm{dB}]$ という意味．

A.2 (粘性摩擦係数) 空気抵抗がある自由落下の運動方程式 $m\ddot{x} = -mg - D\dot{x}$ に対して次元解析を行い，以下の設問に答えよ．

(1) 粘性摩擦係数 D の単位を求めよ．

(2) 速度が三つの定数 m, g, D のべき乗で表されるとき，その式の形を求めよ．

(3) 速度に ce^{kt} (c, k は定数) の項が現れる場合，c, k の単位を求めよ．また k を m, g, D のべき乗で表せ．

解答 (1) (与式) $\Rightarrow$ $[\mathrm{kg} \cdot \mathrm{m} \cdot \mathrm{s}^{-2}] = [D] \cdot [\mathrm{m} \cdot \mathrm{s}^{-1}]$ よって，$[D] = [\mathrm{kg} \cdot \mathrm{s}^{-1}]$ となる．

(2) $v = c \cdot m^{a_1} \cdot g^{a_2} \cdot D^{a_3}$ (c は無単位の定数)
$$\Leftrightarrow [\mathrm{m} \cdot \mathrm{s}^{-1}] = [\mathrm{kg}]^{a_1} \cdot [\mathrm{m} \cdot \mathrm{s}^{-2}]^{a_2} \cdot [\mathrm{kg} \cdot \mathrm{s}^{-1}]^{a_3} = [\mathrm{kg}^{a_1+a_3} \cdot \mathrm{m}^{a_2} \cdot \mathrm{s}^{-2a_2-a_3}]$$
よって，$a_1 + a_3 = 0$, $a_2 = 1$, $-2a_2 - a_3 = -1$ を解いて，$a_1 = 1$, $a_2 = 1$, $a_3 = -1$. したがって，$v = c \cdot m^1 \cdot g^1 \cdot D^{-1} = c \cdot \dfrac{mg}{D}$ (c は無単位の定数) となる．

(3) $[\mathrm{m} \cdot \mathrm{s}^{-1}] = [c] \cdot e^{[k] \cdot [s]}$ が成り立たなくてはならないので，$[k] \cdot [s] = [1]$ より，$[c] = [\mathrm{m} \cdot \mathrm{s}^{-1}]$, $[k] = [\mathrm{s}^{-1}]$.

また，$k = c \cdot m^{a_1} \cdot g^{a_2} \cdot D^{a_3}$ (c は無単位の定数) $\Leftrightarrow [\mathrm{s}^{-1}] = [\mathrm{kg}^{a_1+a_3} \cdot \mathrm{m}^{a_2} \cdot \mathrm{s}^{-2a_2-a_3}]$ より，$a_1 + a_3 = 0$, $a_2 = 0$, $-2a_2 - a_3 = -1$ を解いて，$a_1 = -1$, $a_2 = 0$, $a_3 = 1$. したがって，$k = c \cdot m^{-1} \cdot g^0 \cdot D^1 = c \cdot \dfrac{D}{m}$ (c は無単位の定数) となる．

A.3 (振り子) 長さ l に質量 m の重りをつけた振り子の周期 T が三つの定数 m, g, l のべき乗で表されているとする．次元解析により T を求めよ．

解答 $T = c \cdot m^{a_1} \cdot g^{a_2} \cdot l^{a_3}$ (c は無単位の定数) $\Leftrightarrow [\mathrm{s}] = [\mathrm{kg}]^{a_1} \cdot [\mathrm{m} \cdot \mathrm{s}^{-2}]^{a_2} \cdot [\mathrm{m}]^{a_3} = [\mathrm{kg}^{a_1} \cdot \mathrm{m}^{a_2+a_3} \cdot \mathrm{s}^{-2a_2}]$.

よって，$a_1 = 0$, $a_2 + a_3 = 0$, $-2a_2 = 1$ を解いて，$a_1 = 0$, $a_2 = -\dfrac{1}{2}$, $a_3 = \dfrac{1}{2}$. したがって，$T = c \cdot m^0 \cdot g^{-\frac{1}{2}} \cdot l^{\frac{1}{2}} = c \cdot \sqrt{\dfrac{l}{g}}$ (c は無単位の定数) となる．

A.4 (向心力) 質量 m の物体が速度 v で半径 r の円運動をしている場合，向心力 F が m, v, r のべき乗で表されているとする．次元解析により T を求めよ．

解答 $F = c \cdot m^{a_1} \cdot v^{a_2} \cdot r^{a_3}$ (c は無単位の定数) $\cdots (*)$. $ma = F$ より，$[F] = [\mathrm{kg} \cdot \mathrm{m} \cdot \mathrm{s}^{-2}]$. $(*)$ の両辺の単位が等しいので，次式が成り立つ．
$$[\mathrm{kg} \cdot \mathrm{m} \cdot \mathrm{s}^{-2}] = [\mathrm{kg}]^{a_1} \cdot [\mathrm{m} \cdot \mathrm{s}^{-1}]^{a_2} \cdot [\mathrm{m}]^{a_3} = [\mathrm{kg}^{a_1} \cdot \mathrm{m}^{a_2+a_3} \cdot \mathrm{s}^{-a_2}]$$
よって，$a_1 = 1$, $a_2 + a_3 = 1$, $-a_2 = -2$ を解いて，$a_1 = 1$, $a_2 = 2$, $a_3 = -1$. したがって，$F = c \cdot m^1 \cdot v^2 \cdot r^{-1} = c \cdot \dfrac{mv^2}{r}$ (c は無単位の定数) となる．

A.5 （コイル）

(1) コイルの起電力の式 $E_L = -L\dot{I}$ から，インダクタンス L の単位 [H] を MKSA 基本単位およびボルト [V] で表せ．

(2) 直列 RL 回路の電流に ce^{kt}（c, k は定数）の項が現れる場合，c, k の単位を求めよ．また，k を R, L のべき乗で表せ．

解答 (1) $E_L = -L\dot{I} \Leftrightarrow [\text{V}] = [\text{H}] \cdot [\text{A} \cdot \text{s}^{-1}]$．よって，$[\text{H}] = [\text{V} \cdot \text{A}^{-1} \cdot \text{s}]$ となる．

(2) $I = ce^{kt} \Leftrightarrow [\text{A}] = [c] \cdot e^{[k] \cdot [\text{s}]}$．よって，$[c] = [\text{A}]$, $[k] = [\text{s}^{-1}]$．
$k = c_1 \cdot R^{a_1} \cdot L^{a_2}$（$c_1$ は無単位の定数）と仮定すると，

$$[\text{s}^{-1}] = [\text{V} \cdot \text{A}^{-1}]^{a_1} \cdot [\text{V} \cdot \text{A}^{-1} \cdot \text{s}]^{a_2} = [\text{V}^{a_1+a_2} \cdot \text{A}^{-a_1-a_2} \cdot \text{s}^{a_2}]$$

よって，$a_1 + a_2 = 0$, $-a_1 - a_2 = 0$, $a_2 = -1$ を解き，$a_1 = 1$, $a_2 = -1$．
したがって，$k = c_1 \cdot R^1 \cdot L^{-1} = c_1 \cdot \dfrac{R}{L}$（$c_1$ は無単位の定数）となる．

A.6 （コンデンサ）

(1) コンデンサの起電力の式 $E_C = -\dfrac{1}{C}\int I dt$ から，キャパシタンス C の単位 [F] を MKSA 基本単位およびボルト [V] で表せ．

(2) 直列 RC 回路の電流に ce^{kt}（c, k は定数）の項が現れる場合，c, k の単位を求めよ．また，k を R, C のべき乗で表せ．

解答 (1) $E_C = -\dfrac{1}{C}\int I dt \Leftrightarrow [\text{V}] = [\text{F}^{-1}] \cdot [\text{A} \cdot \text{s}]$．よって，$[\text{F}] = [\text{V}^{-1} \cdot \text{A} \cdot \text{s}]$ となる．

(2) $I = ce^{kt} \Leftrightarrow [\text{A}] = [c] \cdot e^{[k] \cdot [\text{s}]}$．よって，$[c] = [\text{A}]$, $[k] = [\text{s}^{-1}]$．
$k = c_1 \cdot R^{a_1} \cdot C^{a_2}$（$c_1$ は無単位の定数）と仮定すると，

$$[\text{s}^{-1}] = [\text{V} \cdot \text{A}^{-1}]^{a_1} \cdot [\text{V}^{-1} \cdot \text{A} \cdot \text{s}]^{a_2} = [\text{V}^{a_1-a_2} \cdot \text{A}^{-a_1+a_2} \cdot \text{s}^{a_2}]$$

よって，$a_1 - a_2 = 0$, $-a_1 + a_2 = 0$, $a_2 = -1$ を解き，$a_1 = -1$, $a_2 = -1$．
したがって，$k = c_1 \cdot R^{-1} \cdot C^{-1} = c_1 \cdot \dfrac{1}{RC}$（$c_1$ は無単位の定数）となる．

A.7 （**LC 回路**）直列 LC 回路では電荷が振動的に変化する．振動周期 T を L, C のべき乗で表せ．

解答 $T = c_1 \cdot L^{a_1} \cdot C^{a_2}$（$c_1$ は無単位の定数）と仮定する．

$$[\text{s}] = [\text{V} \cdot \text{A}^{-1} \cdot \text{s}]^{a_1} \cdot [\text{V}^{-1} \cdot \text{A} \cdot \text{s}]^{a_2} = [\text{V}^{a_1-a_2} \cdot \text{A}^{-a_1+a_2} \cdot \text{s}^{a_1+a_2}]$$

よって，$a_1 - a_2 = 0$, $-a_1 + a_2 = 0$, $a_1 + a_2 = 1$ を解き，$a_1 = \dfrac{1}{s}$, $a_2 = \dfrac{1}{2}$．
したがって，$k = c_1 \cdot L^{\frac{1}{2}} \cdot C^{\frac{1}{2}} = c_1 \cdot \sqrt{LC}$（$c_1$ は無単位の定数）となる．

A.8（**CDのダイナミックレンジ**）音楽 CD では音の振幅を 16 [bit] に量子化して記録する．CD のダイナミックレンジ（最小振幅と最大振幅の比）を [dB] で求めよ．ただし，電力は振幅の 2 乗に比例するとし，$\log_{10} 2 \simeq 0.30$ の近似を利用せよ．

解答 最小振幅を a とすると，最大振幅は $a \times 2^{16}$ なので，CD のダイナミックレンジは以下のように求められる．

$$10 \log_{10} \left(\frac{a \times 2^{16}}{a} \right)^2 = 20 \log_{10} \frac{a \times 2^{16}}{a} = 20 \times 16 \log_{10} 2 \simeq 20 \times 16 \times 0.30$$

$$= 96 \, [\text{dB}] \quad \text{よって，} \quad 96 \, [\text{dB}]$$

参考文献

[1] National Portrait Gallery: http://www.npg.org.uk/collections/search/portraitLarge/mw04660/Sir-Isaac-Newton?search=sp&sText=newton&rNo=1
[2] マルコム・E・ラインズ：物理と数学の不思議な関係　遠くて近い二つの「科学」，＜数理を愉しむ＞シリーズ，早川書房，2004．
[3] チャールズ・サイフェ：異端の数ゼロ，＜数理を愉しむ＞シリーズ，早川書房，2009．
[4] 水谷仁（編）：これならわかる　ニュートンの大発明　微分と積分，サイエンステキストシリーズ，ニュートンプレス，2011．
[5] 大久保ら：電気磁気学，昭晃堂，1993．
[6] 厚生労働省：「平成 22 年度　人口動態統計特殊報告　出生に関する統計　2010 年度」
[7] 総務省統計局：http://www.stat.go.jp/data/kokusei/2010/index.htm．
[8] 宮岡洋一：ネズミ算って知ってる？，日本数学学会数学通信第 16 巻 4 号，http://mathsoc.jp/publication/tushin/1604/1604miyaoka.pdf．
[9] Australian Bureau of Statistics: http://www.abs.gov.au/
[10] ローマクラブ (The club of rome)：「成長の限界」("The Limits to Growth")，1972，http://www.clubofrome.org/?p=1161．
[11] http://mathworld.wolfram.com/Lotka-VolterraEquations.html
[12] http://mathworld.wolfram.com/Kermack-McKendrickModel.html
[13] 小林昭七：微分積分読本（1 変数），裳華房，2007．
[14] E. クライツィグ：常微分方程式，培風館，1987．

索引

あ

アリストテレス (Aristoteles) 115
位置エネルギー (potential energy) 76
一階微分 (first order differential) 23
一般解..............................121, 138
インダクタンス (inductance) 63, 71, 171
インピーダンス (impedance) 171, 217, 218
運動エネルギー (kinetic energy) 77
運動方程式 (equation of motion) 48
SN 比 242
エネルギー (energy) 74, 75
   位置— (potential energy) 76
   運動— (kinetic energy) 77
   力学的— (mechanical energy) 78
MKSA 単位系 241
遠心力................................ 61
オイラー (Eular, Leonhard) 240
オイラーの公式 (Eular's formula) 147, 240
オームの法則 (Ohm's law) 63, 70, 170

か

解 (solution)...................... 120
加速度 (acceleration) ...1, 19, 20, 23
加法定理............................. 224
ガリレオ (Galilo Galilei) 115
基底関数 148
キャパシタンス (capacitance) 65, 72
共鳴 (resonance).............. 172
共鳴周波数 (resonant frequency)......................172
極 (pole) 205
区分求積法 32
ゲイン (gain)..................... 242
原始関数 (primitive function) 34
コイル (coil) 63, 70
高階微分 (high order differential) 24
向心力................................. 60
固有値 (eigenvalue) 178
固有ベクトル (eigenvector) 178
コンデンサ (capacitor)..... 65, 70

さ

三角関数 (trigonometric function).......................224
次元解析 241
仕事 (work) 74, 75

指数関数 (exponential function)....................225
自然対数 (natural logarithm) 231
自然対数の底 (base of natural logarithm)...........97, 101, 226, 231
自明な解 145
周波数 (frequency) 3, 26
自由落下 49, 121
重力加速度定数 49
初期条件 (initial condition) 50, 121
推移定理 194, 197
正弦波 (sinusoidal wave)... 25
斉次 138
   非— 138
積分 (integral)................2, 28
   定— (definite integral) 32
   不定— (indefinite integral) 34
線形 (linear) 137
速度 (velocity) 1, 8, 14, 16

た

対数関数 (logarithmic function)....................226
単位インパルス関数 (unit impulse function) 194
単位円 (unit circle).......... 224

単位ステップ関数 (unit step function) 194
単振動................ 57, 59, 68
ダンパ (damper)............... 57
抵抗 (resistor)........... 62, 170
定式化 (formulation)........... 1
定数変化法...... 138, 146, 158, 161, 173
定積分 (definite integral)... 32
テイラー展開 (Taylor expansion)............ 58, 238
デシベル (dB)................ 243
展開定理.................214, 216
電磁誘導 (electromagnetic induction)................63
電力 (power)................... 79
特殊解.................138, 158
特性方程式 (characteristic equation)... 145, 177

な
二階微分 (second order differential)................22, 23
二項定理 (binominal theorem) 233
ニュートン (Newton, Issac) 1, 16, 48, 113, 114
粘性 (viscosity).......... 54, 244
粘性摩擦係数 (viscous friction coefficient) 54, 244

は
パスカル (Pascal, Blaise) 234
パスカルの三角形 (Pascal's triangle) 234
半減期................ 81
非斉次................ 138
微分 (differential) 1, 16
　一階— (first order differential) 23
　高階— (high order differential) 24
　二階— (second order differential)...............22, 23
微分演算子 (differential operator)....................23
微分可能 (differentiable) 237
微分可能な関数 (differentiable function) 237
微分方程式 (differential equation).............2, 7, 49
　連立—................. 69, 175
複素法.................170, 217
フック (Hooke, Robert) ... 56
フックの法則 (Hooke's law) 56
物理量 (physical quantity) 1, 18, 241
不定積分 (indefinite integral) 34
部分分数分解.... 134, 204, 214
不連続 (discontinuous) 18, 237
不連続関数 (discontinuous function) 237
ヘルツ (Herz, Hz).............. 26

変数分離法 (variable separation method) 106, 125, 126
放物線 (parabola).............. 53

ま
マクローリン展開 (Maclaurin expansion) 238
未定係数法 158, 176
無次元量 242
無名数 242

ら
ライプニッツ (Leibniz, Gottfried Wilhelm) 16
ラジアン (radian) 224
ラプラス逆変換 (inverse Laplace transform) 193
ラプラス変換 (Laplace transform)........3, 69, 191
力学的エネルギー (mechanical energy) 78
利得 (gain)................... 242
連続 (continuous) 236
連続関数 (continuous function) 237
連立微分方程式...........69, 175
ローン (loan).................... 101
ロジスティック式 (logistic equation)..... 88, 134
ロピタルの定理................ 156

著者略歴

小中 英嗣（こなか・えいじ）
- 2005年　名城大学理工学部 講師
- 2007年　名城大学理工学部 助教
- 2009年　名城大学理工学部 准教授
- 現在に至る
- 博士（工学）

編集担当	太田陽喬(森北出版)
編集責任	上村紗帆・石田昇司(森北出版)
組　版	プレイン
印　刷	創栄図書印刷
製　本	同

現象を解き明かす微分方程式の定式化と解法　ⓒ 小中英嗣　2016

2016年12月5日　第1版第1刷発行　【本書の無断転載を禁ず】

著　者　小中英嗣
発行者　森北博巳
発行所　森北出版株式会社
　　　　東京都千代田区富士見 1-4-11（〒102-0071）
　　　　電話 03-3265-8341／FAX 03-3264-8709
　　　　http://www.morikita.co.jp/
　　　　日本書籍出版協会・自然科学書協会　会員
　　　　JCOPY ＜(社)出版者著作権管理機構 委託出版物＞

落丁・乱丁本はお取替えいたします．

Printed in Japan／ISBN 978-4-627-06211-5